U0208543

重庆市社会科学界联合会专项资助成果

《西南大学学报》建设丛书

"领跑者5000"论文集

中国精品科技期刊顶尖学术论文选

西南大学期刊社 / 编

| 主　编　欧　宾 |

西南师范大学出版社

国家一级出版社 全国百佳图书出版单位

图书在版编目(CIP)数据

"领跑者5000"论文集：中国精品科技期刊顶尖学术论文选 / 西南大学期刊社编.—重庆：西南师范大学出版社，2018.10

《西南大学学报》建设丛书

ISBN 978-7-5621-9633-4

Ⅰ.①领… Ⅱ.①西… Ⅲ.①科学技术－中国－文集 Ⅳ.①N12－53

中国版本图书馆CIP数据核字(2018)第222010号

"领跑者5000"论文集：中国精品科技期刊顶尖学术论文选

"LINGPAO ZHE 5000"LUNWENJI:ZHONGGUO JINGPIN KEJI QIKAN DINGJIAN XUESHU LUNWENXUAN

重庆市社会科学界联合会专项资助成果

西南大学期刊社　编

主　编 欧　宾

责任编辑：杜珍辉
责任校对：刘　凯
封面设计：王玉菊
排　　版：重庆大雅数码印刷有限公司·张祥
出版发行：西南师范大学出版社
　　　　　地址:重庆市北碚区天生路1号
　　　　　邮编:400715　市场营销部电话:023-68868624
　　　　　网址:http://www.xscbs.com
经　　销：新华书店
印　　刷：重庆市国丰印务有限责任公司
幅面尺寸：165 mm×235 mm
印　　张：20.5
字　　数：340千字
版　　次：2018年11月　第1版
印　　次：2018年11月　第1次印刷
书　　号：ISBN 978-7-5621-9633-4

定　　价：68.00元

分册主编

《马克思主义与哲学文集》　主　　编　黄大宏

　　　　　　　　　　　　　执行主编　毛兴贵　高阿蕊

《文学与中国侠文化文集》　主　　编　黄大宏

　　　　　　　　　　　　　执行主编　韩云波

《明清史研究文集》　　　　主　　编　黄大宏

　　　　　　　　　　　　　执行主编　张颖超

《教育学研究文集》　　　　主　　编　李远毅

　　　　　　　　　　　　　执行主编　曹　莉

《心理学研究文集》　　　　主　　编　李远毅

　　　　　　　　　　　　　执行主编　曹　莉

《"领跑者5000"论文集》　　主　　编　欧　宾

　　本丛书是《西南大学学报》改版10年来，首次精选所刊发的各学科领域代表性论文编纂而成的系列文集，比较全面地展示了办刊的成绩，并作为创刊60周年的纪念。

　　《西南大学学报》的前身是创自1957年的《西南师范学院学报》（人文社会科学版）和《西南农学院学报》，两刊都属1949年以来，创办时间最悠久的高校综合性学术期刊之一。1985年以后，随着两校办学的发展，先后分别改为《西南师范大学学报》（人文社会科学版）和《西南农业大学学报》（自然科学版），至2005年两校合并组建西南大学，各自走过了近半个世纪的发展历程。

　　2005年，世所熟知的"西师""西农"两校，皆源出于1906年创建之官立川东师范学堂，在各经百年发展后，又重新融合，合并组建为西南大学。在2016年迎来合并组建10周年暨办学110周年的历史节点。在这12年间，随着西南大学成为国家"211工程"建设高校，并获准为"985工程优势学科创新平台"，原来的两刊也变更为《西南大学学报》社会科学版和自然科学版，秉承"含弘光大　继往开来"的校训，以新的面貌继续发挥着沟通西南大学与学界、业界的纽带与桥梁的作用。

两刊创立伊始，就以繁荣学术、发展科学文化事业、促进社会全面进步为宗旨。几代编辑同仁数十年如一日，在各自的学科领域内，孜孜矻矻，甘作嫁衣，以广交天下英才，提高办刊质量和学术水准，扩大期刊学术影响力，使之成为学界重要成果的主要发表平台为追求。以今视往，《西南大学学报》在政治与学术上的导向作用、优秀学术成果的推广作用、对外交流中的形象作用、对学术人才的扶持作用、反映本校教学科研水平的窗口作用日臻显著，也锻炼了一支业务精湛的学术型编辑队伍，得到学界和业界的高度认可。《西南大学学报》（社会科学版）是CSSCI（中文社会科学引文索引）来源期刊，被重庆市人民政府授予"第一届重庆出版政府奖"，获得"全国高校三十佳社科期刊""全国高校精品社科期刊"称号，作为重庆市社会科学学术期刊界的代表性刊物，在全国同类学术期刊中位居前列。《西南大学学报》（自然科学版）近年来四次荣获"百种中国杰出学术期刊"称号，多次荣获"中国精品科技期刊"及"中国高校百佳科技期刊"称号。两刊多次被重庆市评为一级期刊，2012年以来各年度均获得重庆市重点学术期刊建设工程出版专项资金资助。总结和展示两刊60年来的办刊成绩以及组建后的西南大学办学成就，是我们编集本丛书的源起和初衷。

在2017年6月动议之时，本丛书只是基于《西南大学学报》（社会科学版）多年设立的几个主要栏目，精选历年高转载、高被引论文，分别编集系列专题论文集，即《马克思主义与哲学文集》《文学与中国侠文化文集》《教育学研究文集》《心理学研究文集》和《明清史研究文集》5种，拟入选论文100余篇，暂定名为"《西南大学学报》（社会科学版）建设丛书"，共一百多万字，由西南师范大学出版社出版。

在社科版论文集的编纂过程中，我们一直希望涵容自然科学版刊发的高质量论文，使本丛书真正成为《西南大学学报》创刊60周年暨改版10周年的纪念文集。但因编选体例难于确定，这一想法一直悬而未决。10月底，国家科技部中国科学技术信息研究所发布"2017年中国科技论文统计结果"，知自然科学版第3次入选"中国精品科技期刊"，即"中国精品科技期刊顶尖学术论文（F5000）"项目来源期刊，又新入选3篇"'领跑者5000'（F5000）中国精品科技期刊顶尖学术论文"（即各学科年度所发表论文中的前1%高被引论文）。至此，共有30多篇论文入选"领跑者5000"项目，既体现了自然科学版的学术影响力，也落实了文集编选体例，使《"领跑者5000"论文集》与前5种社科文集一起，共同构成"《西南大学学报》建设丛书"的完整面貌。

本丛书的编纂，固然是基于本刊同仁数十年来励志耕耘的心血，也有赖于西南大学领导、各院系及党政部门的大力支持，学界大批专家学者的信任，以及业界先进的指引，我们对此深怀感激。这次旧文新刊，就是一次总结性的汇报。"嘤其鸣矣，求其友声"！我们希望得到来自各方面的批评和指导，使我们能不忘初心，继续前进。

西南大学期刊社

2017年12月

关于不定方程 $x^3-1=26y^2$[①]

罗　明[1]，　黄勇庆[2]

1.西南大学数学与统计学院，重庆　400715；

2.重庆师范大学数学与计算机科学学院，重庆　400047

摘　要：用递归数列方法证明了方程 $x^3-1=26y^2$ 全部整数解是 $(1,0)$，$(3,\pm1)$，$(313,\pm1086)$.

关于不定方程 $x^3\pm1=Dy^2(D>0)$ 已有不少研究工作[1-5].但当 D 有 $6k+1$ 形素因数时，方程的求解较困难.对于 $D=26$ 的情形，文献[2]指出了 $x^3-1=26y^2$ 有整数解 $(1,0)$，$(3,\pm1)$，但是没有求出其全部整数解.本文运用递归数列方法证明了不定方程 $x^3-1=26y^2$ 仅有整数解 $(1,0)$，$(3,\pm1)$，$(313,\pm1086)$.

定理　不定方程

$$x^3-1=26y^2 \tag{1}$$

仅有整数解 $(x,y)=(1,0)$，$(3,\pm1)$，$(313,\pm1086)$.

证　因 $(x-1,x^2+x+1)$ 等于1或者3，故我们由(1)得出下列4种可能的分解：

(I) $x-1=26a^2$，$x^2+x+1=b^2$，$y=ab$；

(II) $x-1=6a^2$，$x^2+x+1=39b^2$，$y=3ab$；

(III) $x-1=78a^2$，$x^2+x+1=3b^2$，$y=3ab$；

(IV) $x-1=2a^2$，$x^2+x+1=13b^2$，$y=ab$.

以下分别讨论这4种情形所给的(1)的整数解.

(I) 由 $x^2+x+1=b^2$ 得 x 等于0或 -1，均不适合 $x-1=26a^2$，故该情形无(1)的解.

---

①本书成文较早，故保留原排版符号，"."未改"。"下同.

(Ⅱ) 若 $2 \mid a$，由 $x-1=6a^2$ 得 $x \equiv 1 \pmod 8$，由 $x^2+x+1=39b^2$ 得 $5b^2 \equiv 1 \pmod 8$，这不可能. 若 $a \equiv 1 \pmod 2$，由 $x-1=6a^2$ 可得 $x \equiv 7 \pmod 8$，再由 $x^2+x+1=39b^2$ 得 $7b^2 \equiv 1 \pmod 8$，这不可能. 故该情形无(1)的解.

(Ⅲ) 由 $x^2+x+1=3b^2$ 得 $(2b)^2-3\left(\dfrac{2x+1}{3}\right)^2=1$，将 $x-1=78a^2$ 代入得 $(2b)^2-3(52a^2+1)^2=1$，故有

$$|2b|+(52a^2+1)\sqrt{3}=x_n+y_n\sqrt{3}=(2+\sqrt{3})^n$$

$n \in \mathbf{Z}$，其中 $2+\sqrt{3}$ 是 Pell 方程 $x^2-3y^2=1$ 的基本解. 故有

$$52a^2+1=y_n \tag{2}$$

易知有：$y_{n+2}=4y_{n+1}-y_n, y_0=0, y_1=1, n \in \mathbf{Z}$.

如果 $2 \mid n$，那么 $2 \mid y_n$. 由(2)有 $0 \equiv 1 \pmod 2$，这不可能；如果 $n \equiv 3 \pmod 4$，有 $y_n \equiv 7 \pmod 8$，由(2)有 $2a^2 \equiv 3 \pmod 4$，这也不可能. 所以必有 $n \equiv 1 \pmod 4$. 令 $n=4k+1$，有

$$52a^2=4y_{4k+1}-1=x_{4k}+2y_{4k}-1=x_{2k}^2+3y_{2k}^2+4x_{2k}y_{2k}-1=$$
$$6y_{2k}^2+4x_{2k}y_{2k}=2y_{2k}x_{2k+1}$$

即 $26a^2=y_{2k}x_{2k+1}$. 又因

$$(y_{2k},x_{2k+1})=(y_{2k},3y_{2k}+2x_{2k})=(y_{2k},2x_{2k})=(y_{2k},2)=2$$

所以有下列情形之一成立：

$$x_{2k+1}=u^2 \qquad y_{2k}=26v^2 \tag{3}$$
$$x_{2k+1}=26u^2 \qquad y_{2k}=v^2 \tag{4}$$
$$x_{2k+1}=2u^2 \qquad y_{2k}=13v^2 \tag{5}$$
$$x_{2k+1}=13u^2 \qquad y_{2k}=2v^2 \tag{6}$$

其中 $a=uv, u,v \in \mathbf{Z}$. 因 $x_{2k+1} \equiv 2 \pmod 4$，所以(3)中的 $x_{2k+1}=u^2$ 与(6)中的 $x_{2k+1}=13u^2$ 都不成立，故都无解. 由(4)的 $y_{2k}=v^2$ 得到：$x_{2k}^2-3v^4=1$，由文献[1]知 y_{2k} 等于 $0,1$ 或 $x^2-3y^4=1$，但 $2 \mid y_{2k}$，故 y_{2k} 等于 0 或 4，即 k 等于 0 或 1. 当 $k=0$ 时，(4)中的 $x_{2k+1}=26u^2$ 不成立. 当 $k=1$ 时，得 $a=2$，得到(1)的整数解 $(x,y)=(313,\pm 1086)$. 由(5)中的 $x_{2k+1}=2u^2$ 有：$4u^4-3y_{2k+1}^2=1$，由文献[1]知 $y_{2k+1}=\pm 1$，有 k 等于 0 或 -1. 当 $k=-1$ 时，(5)中的

$y_{2k} = 13v^2$ 不能成立;当 $k=0$ 时,得到(1)的整数解 $(x,y) = (1,0)$.故该情形给出(1)的整数解 $(x,y) = (1,0),(313,\pm 1086)$.

(Ⅳ) 由 $x^2 + x + 1 = 13b^2$ 变形为 $(2x+1)^2 - 13(2b)^2 = -3$,再将 $x - 1 = 2a^2$ 代入有:$(4a^2 + 3)^2 - 13(2b)^2 = -3$,因为方程 $x^2 - 13y^2 = -3$ 有两个结合类解[6],其基本解分别是:$\pm 7 + 2\sqrt{13}$,故其全部整数解 (x,y) 由

$$x + y\sqrt{13} = \pm(7 + \sqrt{13})(649 + 180\sqrt{13})^n$$
$$= \pm(7 + 2\sqrt{13})\left(\frac{3 + \sqrt{13}}{2}\right)^{6n} = \pm\sqrt{13}\left(\frac{u_{6n} + v_{6n}\sqrt{13}}{2}\right)$$

$$x + y\sqrt{13} = \pm(-7 + 2\sqrt{13})(649 + 180\sqrt{13})^n$$
$$= \pm(-7 + 2\sqrt{13})\left(\frac{3 + \sqrt{13}}{2}\right)^{6n}$$
$$= \pm(-7 + 2\sqrt{13})\left(\frac{u_{6n} + v_{6n}\sqrt{13}}{2}\right)$$

给出,其中 $n \in \mathbf{Z}$. $\pm\dfrac{u_{6n}}{2}$,$\pm\dfrac{v_{6n}}{2}$ 给出 Pell 方程 $u^2 - 13v^2 = 1$ 的全部整数解,其中

$$649 + 180\sqrt{13} = \left(\frac{3 + \sqrt{13}}{2}\right)^6$$

是其基本解.而 $\dfrac{3 + \sqrt{13}}{2}$ 是 $x^2 - 13y^2 = -4$ 的基本解,因此,对 $n \in \mathbf{Z}$,有

$$8a^2 + 6 = \pm(7u_{6n} + 26v_{6n})$$
或者 $$8a^2 + 6 = \pm(-7u_{6n} + 26v_{6n})$$

但对 $n \in \mathbf{Z}$,易知

$$\pm(-7u_{6n} + 26v_{6n}) = \pm(-7u_{-6n} - 26v_{-6n}) = \mp(7u_{-6n} + 26v_{-6n})$$

故只需考虑 $8a^2 + 6 = \pm(7u_{6n} + 26v_{6n})$.易验证下列关系成立

$$u_{n+2} = 3u_{n+1} + u_n \qquad u_0 = 2, u_1 = 3$$
$$v_{n+2} = 3v_{n+1} + v_n \qquad v_0 = 0, v_1 = 1$$
$$u_{n+2k} \equiv -u_n \pmod{u_k} \qquad v_{n+2k} \equiv -v_n \pmod{u_k}$$

其中,$k \equiv \pm 2 \pmod 6$.

令 $m = 6n$,则 $8a^2 + 6 = 7u_m + 26v_m$.对递归数列 $\{7u_m + 26v_m\}$ 取模 3,则有 $7u_m + 26v_m \equiv 2 \pmod 3$,对于 $8a^2 + 6 = -(7u_{6n} + 26v_{6n})$,此时有 $8a^2 \equiv$

$-2 \pmod 3$，即 $4a^2 \equiv -1 \pmod 3$，矛盾，故

$$8a^2 + 6 = 7u_m + 26v_m$$

对递归数列 $\{7u_m + 26v_m\}$ 取模 51，其剩余类序列周期是 24，当 $m \equiv 6$，$12 \pmod{24}$ 时，有

$$7u_m + 26v_m \equiv 20, 31 \pmod{51}$$

从而有 $8a^2 + 6 \equiv 20, 31 \pmod{51}$，即 $4a^2 \equiv 7 \pmod{51}$ 与 $8a^2 \equiv 25 \pmod{51}$，所以

$$1 = \left(\frac{4a^2}{51}\right) = \left(\frac{7}{51}\right) = -1$$

$$1 = \left(\frac{25}{51}\right) = \left(\frac{8a^2}{51}\right) = -1$$

产生矛盾.

对递归数列 $\{7u_m + 26v_m\}$ 取模 57，其剩余类序列周期是 24，当 $m \equiv 18 \pmod{24}$ 时，有

$$7u_m + 26v_m \equiv 52 \pmod{57}$$

从而有 $8a^2 + 6 \equiv 52 \pmod{57}$，即 $4a^2 \equiv 23 \pmod{57}$，所以 $1 = \left(\frac{4a^2}{57}\right) = \left(\frac{23}{57}\right) = -1$，产生矛盾. 所以 $m \equiv 0 \pmod{24}$.

如果 $m \neq 0$，则令 $m = 3^r 2t$，其中 $t \equiv \pm 4 \pmod{12}$，$r \geqslant 1$. 那么有

$$8a^2 \equiv 7u_{3^r \cdot 2t} + 26v_{3^r \cdot 2t} - 6 \equiv -7u_0 - 26v_0 - 6 \equiv -20 \pmod{u_t}$$

即 $2a^2 \equiv -5 \pmod{u_t}$. 当 $t \equiv \pm 4 \pmod{12}$ 时，有 $u_t \equiv 7 \pmod 8$，$u_t \equiv 4 \pmod 5$，故

$$1 = \left(\frac{2a^2}{u_t}\right) = \left(\frac{-5}{u_t}\right) = -1$$

矛盾.

最后仅剩下 $m = 0$，即 $n = 0$，从而有 $8a^2 + 6 = 14$，得 $a^2 = 1$，所以该情形给出方程 (1) 的整数解 $(x, y) = (3, \pm 1)$.

综合 4 种情形的讨论结果知：方程 (1) 仅有整数解 $(x, y) = (1, 0)$，$(3, \pm 1)$，$(313, \pm 1086)$.

参考文献：

[1]曹珍富.丢番图方程引论[M].哈尔滨:哈尔滨工业大学出版社,1989:209—213.

[2]佟瑞洲,王镇江.关于丢番图方程 $x^3-1=Dy^2$[J].江汉大学学报,1991(6):40—48.

[3]LJUNGGREN W. Sätze uber Unbestimmte Gleichungen[J].Skr Norske Vid Akad Oslo L,1942,9:53.

[4]WEGER.A Diophantine Equation of Antoniadis[J].Number Theory and Application,1988,(AB):575—588.

[5]罗 明.关于不定方程 $x^3\pm1=14y^2$[J].重庆交通学院学报,1995,14(3):112—116.

[6]柯 召,孙 琦.谈谈不定方程[M].上海:上海教育出版社,1980:28—35.

作者简介： 罗 明(1958-)，男，重庆人，教授，博士，主要从事数论的研究.

基金项目： 重庆市教委科研基金资助项目(010204).

原载：《西南大学学报》(自然科学版)2007年第6期.

收录： 2012年入选"领跑者5000平台".

责任编辑 覃吉康

高温胁迫对水稻可溶性糖及膜保护酶的影响研究

刘媛媛， 滕中华， 王三根， 何光华

西南大学农学与生物科技学院，重庆 400716

摘 要:以水稻 K30 为材料,探讨高温胁迫对抽穗灌浆结实期的水稻超氧化物歧化酶(SOD),过氧化物酶(POD),丙二醛(MDA)及可溶性糖含量的影响.结果表明:高温使水稻剑叶中 POD、SOD 活性降低,同时光合产物可溶性糖含量也下降;而 MDA 含量明显提高.讨论了高温对水稻的热伤害机理,为防御水稻的高温危害及抗性育种提供参考.

水稻是重要的粮食作物,在我国南方尤其是长江流域地区种植广泛.但其产量及品质等性状易受环境条件的影响[1].尤其是灌浆结实期的温度,对其品质变化的影响最大、最明显[2].据研究,播期调整、海拔、地域特征等因素所引起的水稻品质差异均与温度的变化有直接的联系[3].

近年来随着全球气候逐渐变暖,我国长江流域的水稻产区,夏季经常出现极端高温的情况.尤其如重庆地区,在抽穗灌浆期则常常是 37 ℃左右的天气,且这种高温趋势正在加大,对水稻产量损害的程度也日趋严重,这已成为南方水稻生产的主要限制因素之一[4].本文通过探讨高温对水稻灌浆结实期剑叶中 POD、SOD、MDA、可溶性糖等的影响,旨在深入了解高温危害水稻的生理生化机制,为防御水稻热害提供科学依据.另外,也为进一步研究在高温环境下稻米的形成机制,主要营养成分的变化规律,推动水稻优质育种和调控栽培措施提供参考依据.

1 材料与方法

1.1 试验材料

供试水稻品种为 K30,由西南大学水稻研究所提供.

1.2 培养和处理方法

1.2.1 试验材料的培养方法

人工气候箱的控温试验在水稻灌浆结实期进行,利用气候箱制备所需的实验样品.具体方法:水稻样品用常规方法播种育秧,待各供试材料生长至孕穗期,分别选取发育进程与长势基本一致的材料,移入盆钵中(或直接选用盆钵中稻株),每盆3—4株,继续培养数日,在水稻齐穗当日,将盆钵移到不同温度处理的气候箱中,以后每隔6 d取样(功能叶),液氮或冰箱冷冻保存样品,待水稻成熟收获后,统一进行有关指标的测试分析.

1.2.2 相关的温度处理

a. 高温:日均温度34 ℃;白天平均温度36.5 ℃,其中5:30—9:30期间设为35 ℃;9:30—15:30期间设为38 ℃;15:30—19:30期间设为35 ℃;夜间温度29 ℃.

b. 普通温度:日均温度24.7 ℃;白天平均温度26 ℃,其中5:30—9:30期间设为25 ℃;9:30—15:30期间设为27 ℃;15:30—19:30期间设为25 ℃;夜间温度22 ℃.

除温度处理外,各台气候箱中的其他气候因子保持完全一致:相对湿度60%,光强30 000 lx.另外,在处理期间为防止人工气候室内温度、光照等条件不完全均等,每天调换1次盆钵的位置.

1.3 测定方法

1.3.1 SOD活性

按照李忠光[5]方法改进:反应液为50 mmol/L,pH7.8,Tris-HCl缓冲液,内含0.1 mmol/L EDTA,0.1 mmol/L NBT(氮蓝四唑),13.37 mmol/L Met.测定时,反应混合液和0.1 mmol/L核黄素溶液(用内含0.1 mmol/L EDTA的pH7.8的50 mmol/L Tris-HCl缓冲液预制)预先于25 ℃水浴中预热.取反应混合液2.85 mL,加入酶液0.05 mL,再加入核黄素溶液0.1 mL,终体积为3 mL,25 ℃下,距离120 W日光灯7 cm(光强约1 500 lx)进行光反应30 min,对照用酶提取液代替酶液,其中一支放在黑暗中,另一支和其他待测酶液一起放在光下反应.反应结束,立即用黑布蒙住所有试管.用黑暗下的对照管调零,用 725 分光光度计快速测定 OD_{560}.以抑制光还原氮蓝四唑 50％为一个酶活性单位(U),按下列公式计算:

$$SOD 活性单位(U) = \frac{2(A_{CK} - A_E) \times V}{A_{CK}}$$

$$SOD 活力[U \cdot (g \cdot FW)^{-1}] = \frac{活性单位 \times 酶提取液体积}{测定时所用的酶体积 \times 材料质量}$$

1.3.2 POD 活性

按照李忠光[5]方法改进:反应液为 50 mmol/L,pH7.8,Tris-HCl 缓冲液,内含 0.1 mmol/L EDTA,10 mmol/L 愈创木酚,5 mmol/L H_2O_2.反应混合液现配现用.测定时,反应混合液先于 25 ℃水浴中预热.取反应混合液 2.950 mL,立即加入酶液 0.05 mL 以启动反应,立即放在 470 nm 处比色.空白管用酶提取液代替酶液.每隔 5 s 读数 1 次,取 50～110 s 时间段的数据.计算如下:

$$POD 活性[U \cdot (g \cdot min)^{-1}] = \frac{\Delta A_{470} \times V_T}{W \times V_S \times 0.01 \times T}$$

ΔA_{470} 为反应时间内吸光光度值的变化,V_T 为提取液总体积,W 是测定样品质量,V_S 为测定用酶液体积,T 为反应时间,以每分钟内 A_{470} 变化 0.01 为 1 个过氧化物酶活性单位(U).

1.3.3 MDA 含量

参照邹琦[6]等方法,略有改动.称取水稻叶片 0.5 g 加入少许石英砂和 10％TCA 5 mL,研磨成匀浆,再用 4 mL 冲洗研钵,转入离心管,以 4 000 g 离心 10 min,取上清液 2 mL,加 0.67％TBA 2 mL,混合后在沸水浴中煮沸 30 min,冷却后再离心 1 次.722 型分光光度计分别测定上清液在 450 nm,532 nm 和 600 nm 处的 OD 值,同时制作标准曲线.

1.3.4 可溶性糖含量

采用蒽酮比色法[7,8].材料取剑叶 0.5 g.最终反应液于 620 nm 波长下测定 OD 值.用蔗糖标准液代替上清液,制作标准曲线,以确定植物叶片中可溶性糖的含量,单位 mg/g.

试验数据采用 EXCEL 和 DPS 软件包进行统计分析.图中数据均为 3 次重复的平均值.

2 结果与分析

2.1 高温胁迫对水稻剑叶 SOD 活性的影响

由图 1 可看出,总体上高温胁迫使水稻叶片中 SOD 活性比普通温度下的叶片 SOD 活性降低.且高温条件下,SOD 活性极不稳定,出现较大波动,其活性前期有一个提高过程,而中后期又明显降低;而普通温度中的 SOD 活性则比较稳定,且表现出缓慢地变化趋势.

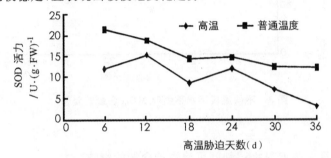

图 1 不同温度下水稻剑叶 SOD 活性的变化

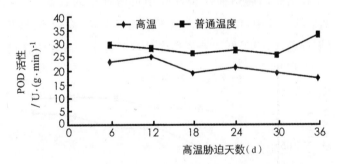

图 2 不同温度下水稻剑叶 POD 活性的变化

2.2 高温胁迫对水稻剑叶 POD 活性的影响

高温胁迫下,叶片中的 POD 活性比普通温度下叶片中 POD 的活性降低(图 2).高温条件下水稻叶片中 POD 活性前期较为稳定,随着胁迫时间的延长,POD 活性在后期有所降低;而普通温度处理的水稻叶片中 POD 活性在后期则明显提高.

2.3 高温胁迫对水稻剑叶 MDA 含量的影响

高温胁迫下水稻叶中 MDA 含量明显比普通温度处理下叶片中的 MDA 含量高(图 3).高温条件下,叶片中 MDA 含量在前期有明显提高,之后就趋于稳定,而普通温度处理下,叶片中 MDA 含量则表现出不断变化的特点.

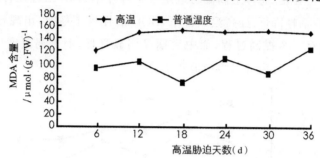

图 3   不同温度下水稻剑叶 MDA 含量的变化

2.4 高温胁迫对水稻剑叶可溶性糖含量的影响

由图 4 可看出高温胁迫使水稻叶片中可溶性糖的含量.随着时间的延长,普通温度下的叶片中可溶性糖含量逐渐趋于稳定,高温下剑叶中的可溶性糖含量有上升趋势,但仍低于普通温度处理叶片中可溶性糖含量.

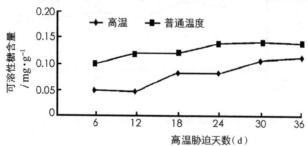

图 4   不同温度水稻剑叶可溶性糖含量的变化

3　讨论

在膜保护酶系统中,SOD是最有效的抗氧化酶之一,可以清除有潜在危险的超氧阴离子和过氧化氢,从而减轻超氧自由基和过氧化氢对植物细胞的危害[9].另外,SOD可以催化SOD阴离子自由基的歧化作用成为分子氧或过氧化氢,控制脂质氧化,减少膜系统的伤害[10].高温逆境胁迫的本质是氧化胁迫,而过氧化氢(H_2O_2)是植物体内活性氧之一,它能与植物体内许多有机物发生反应而引起细胞毒害.POD活性的提高有利于植物细胞迅速清除活性氧,消除过氧化氢的危害,控制脂质氧化,减少膜系统的伤害[11].从图1、图2可以看出,高温胁迫明显降低水稻叶片中SOD与POD活性.

本试验结果还表明,SOD活性在高温胁迫期间先升高后降低,即胁迫初期,活性增加,活性氧清除能力较强,随着胁迫时间延长,活性下降,清除能力降低,维持细胞膜的稳定性能力减弱.加之POD活性也一直低于对照,使得高温胁迫下水稻抗氧化能力显著下降.作物抗高温逆境的能力与保护酶活性的大小及其防御功能是相关联的[12].这个结果为抗逆指标筛选和作物抗性育种提供了有价值的信息,如何稳定或者提高高温胁迫下水稻SOD与POD活性,有重要的生产实践意义.

MDA作为脂质过氧化程度的指标,是脂质过氧化的一种典型产物,它能与蛋白质的氨基或核酸反应生成Shiff碱,MDA的积累可对膜和细胞造成进一步的伤害,进而引起一系列生理生化变化[13].图3中高温胁迫下水稻剑叶中MDA含量明显比普通温度中的含量提高,表明了膜系统的损伤程度严重.联系到POD和SOD活性的降低,这意味着高温胁迫会弱化水稻自身清除活性氧及防止膜脂过氧化的作用,使其保护膜结构等生理功能完整性能力下降,从而导致细胞膜的损伤,这可能是高温胁迫造成水稻热伤害的主要生理原因.

水稻灌浆期是受精颖花接受光合产物进行灌浆充实的重要时期,此时光合产物及其向籽粒运输和分配积累与产量的关系最密切[14,15].本试验结果中,高温胁迫导致水稻剑叶中可溶性糖明显下降,这可能与高温影响了叶片的光合能力有关.高温胁迫下,光合作用的关键酶Rubisco活化酶失活,RuBP羧化酶活性降低[16],这会影响同化二氧化碳的能力,使得叶片中光合产物总量降低[14].这就意味着高温胁迫破坏了稻叶内自由基的产生与清除的动态平衡关系,稻叶自身清除活性氧、防止膜脂过氧化作用、保护膜结构与功能的能力下降,致使活性氧大量增加,使得膜脂过氧化作用加剧,最终导致膜结构和功能的破坏,质膜透性显著增加,从而影响到叶片的生理生化机能[17].这可能是高温胁迫导致灌浆期水稻叶片衰老加速及光合能力降低的主要生理原因.高温使水稻剑叶中 POD、SOD 活性降低,同时光合产物可溶性糖含量也下降;而 MDA 含量明显提高.这些结果与水稻抽穗、灌浆期遭遇高温导致不孕、结实率和千粒重下降的关系值得进一步探讨.

参考文献:

[1]郭咏梅,卢义宣,谭春艳,等.不同生态环境下籼粳中间型恢复系的主要农艺性状的比较研究[J].西南农业学报,2004,17(4):422—425.

[2]杨立炯,崔继林,汤玉根.水稻作物科学技术[M].南京:江苏科学技术出版社,1990:286—323.

[3]王才林,仲维功.高温对水稻结实率的影响及其防御对策[J].江苏农业科学,2004(1):15—18.

[4]于沪宁.气候变化与中国农业的持续发展[J].生态农业研究,1995,3(4):38—43.

[5]李忠光,李江鸿,杜朝昆,等.在单一提取系统中同时测定五种植物抗氧化酶[J].云南师范大学学报(自然科学版),2002,22(6):44—48.

[6]邹 琦.植物生理学实验指导[M].北京:中国农业出版社,2000.

[7]熊庆娥.植物生理学实验教程[M].成都:四川科学技术出版社,2003.

[8]申宗坦.作物育种学实验[M].北京:中国农业出版社,1995.

[9]NOCTOR G,FOYER C H.Ascorbate and Glutathione:Keeping Active Oxygen Under Control[J].Annu. Rev. Plant Physiol. Plant Mol. Biol.,1998,49(1):249—279.

[10]陈一舞,邵桂花,常汝镇.盐胁迫对大豆幼苗子叶各细胞器超氧化物歧化酶(SOD)的影响[J].作物学报,1997,23(2):214—219.

[11]QUARTACCI M F,NAVARI-LZZO F.Water-Stress and Free-Radical Mediated Changes in Sunflower Seedling[J].Plant Physiol.,1992,139(5):621—625.

[12]王三根.细胞分裂素在植物抗逆和延衰中的作用[J].植物学通报,2000,17(2):121—126,167.

[13]CHAOUI A,MAZHOUDI S,GHORBAL M H,et al.Cadmium and Zinc Induction of Lipid Peroxidation and Effects on Antioxidant Enzyme Activities in Bean (*Phaseolus vulgaris* L.)[J].Plant Sci.,1997,127(2):139—147.

［14］汤日圣,郑建初,陈留根,等.高温对杂交水稻籽粒灌浆和剑叶某些生理特性的影响［J］.植物生理与分子生物学学报,2005,31(6):657－662.

［15］程方民,钟连进,孙宗修.灌浆结实期温度对早籼水稻籽粒淀粉合成代谢的影响［J］.中国农业科学,2003,36(5):492－501.

［16］CRAFTS-BRANDNER S J, SALVUCCI M E. Rubisco activase Constrains the Photosynthetic Potential of Leaves at High Temperature and CO_2［J］. Proc. Natl. Acad. Sci. USA,2000,97(24):13430－13435.

［17］朱雪梅,柯永培,邵继荣,等.高温胁迫对重穗型水稻品种叶片活性氧代谢的影响［J］.种子,2005,24(3):25－27,32.

作者简介：刘媛媛(1982－),女,山东威海人,硕士研究生,主要从事植物抗性生理研究.

基金项目：重庆市水稻玉米良种创新重大专项资助项目（CSTC,2007AB1033;CSTC,2007AA1019）；重庆市科技攻关计划项目（CSTC,2007AC1051）.

原载：《西南大学学报》(自然科学版)2008 年第 2 期.

收录：2013 年入选"领跑者 5000 平台".

责任编辑　夏　娟

非交换图与群的结构

曹 慧, 曹洪平

西南大学数学与统计学院,重庆 400715

摘 要:研究固定阶非交换群 G 的非交换图和其结构之间的一些联系,得到了:

命题 1 若 $\nabla(G) \cong \nabla(S_4)$,则 $G \cong S_4$.

命题 2 设 $|G| = 2p$(p 为奇素数).若 $\nabla(H) \cong \nabla(G)$,则 $H \cong G$.

人们研究代数结构时常常考虑到与之有关的图.利用图的性质研究群的结构也一直是一个十分活跃的课题[1-10].此外,有限群的交换图也曾引起广泛关注.本文研究的非交换图即为交换图的补图.

设 G 为有限群,记它的非交换图为 $\nabla(G)$,$\nabla(G)$ 的顶点集 $V(G) = G/Z(G)$,点 $(x, y) \in V(G)$,x, y 由一条边连接当且仅当 $[x, y] \neq 1$,记作 $x \sim y$.

与顶点 g 相连的边数称作 g 的度数,记为 $\deg(g)$.两个非交换图 $\nabla(G_1)$ 和 $\nabla(G_2)$ 称作同构的,如果它们的顶点集间存在一一映射 $\varphi: V(G_1) \longrightarrow V(G_2)$,使得任意的 $u, v \in V(G_1)$,$u \sim v$ 当且仅当 $\varphi(u) \sim \varphi(v)$.这样的映射 φ 称作一个图同构.对于同构的图 $\nabla(G_1)$ 和 $\nabla(G_2)$,记作 $\nabla(G_1) \cong \nabla(G_2)$.

注意到 G 是交换群当且仅当 $V(G) = \emptyset$.除特别说明外,本文的符号都是标准的[3,4].

为了叙述方便,我们给出下列两个引理.

引理 1[5] 设 $|G| = 4p$(p 为奇素数),G 是非交换群,则 G 有且只有以下几类:

(I)$G_1 = \langle a_1, b_1 \mid a_1^{2p} = b_1^2 = 1, b_1^{-1} a_1 b_1 = a_1^{-1} \rangle$;

(II)$G_2 = \langle a_2, b_2 \mid a_2^{2p} = 1, b_2^2 = a_2^p, b_2^{-1} a_2 b_2 = a_2^{-1} \rangle$;

(III)$G_3 = \langle a_3, b_3, c_3 \mid a_3^p = b_3^2 = 1, b_3^{-1} a_3 b_3 = a_3^{-1}, c_3^2 = b_3, b_3 c_3 = c_3 b_3$,

$c_3^{-1}a_3c_3=a_3^k\rangle$,其中 $k^2\equiv-1(\bmod\ p)$,仅在 $p\equiv1(\bmod\ 4)$ 时才出现此类型;

（Ⅳ）$G_4=\langle a_4,b_4,c_4\mid a_4^2=b_4^2=c_4^3=1,c_4^{-1}a_4c_4=b_4,c_4^{-1}b_4c_4=a_4b_4=b_4a_4\rangle$,仅在 $p=3$ 时才出现此类型,这时 $G_4\cong A_4$.

引理 2[5]　设 $|G|=2p^2$（p 为奇素数）,G 是非交换群,则 G 有且只有以下几类:

（Ⅰ）$G_5=\langle a_5,b_5\mid a_5^{p^2}=b_5^2=1,b_5^{-1}a_5b_5=a_5^{-1}\rangle$;

（Ⅱ）$G_6=\langle a_6,b_6,c_6\mid a_6^p=b_6^p=c_6^2=[a_6,b_6]=1,c_6^{-1}a_6c_6=a_6^{-1},c_6^{-1}b_6c_6=b_6^{-1}\rangle$;

（Ⅲ）$G_7=\langle a_7,b_7,c_7\mid a_7^p=b_7^p=c_7^2=[a_7,b_7]=1,c_7^{-1}a_7c_7=a_7,c_7^{-1}b_7c_7=b_7^{-1}\rangle$.

命题 1　若 $\nabla(G)\cong\nabla(S_4)$,则 $G\cong S_4$.

证　由文献[3]的定理 4 知 $|G|=|S_4|=24$,又 $|Z(S_4)|=1$,则 $|Z(G)|=1$,即 G 为 24 阶非交换且中心为 1 的群.由文献[6]的定理 4.2 知,G 为如下两种群:

（Ⅰ）S_4;

（Ⅱ）$G'=\langle a,b,g\mid a^4=1,b^2=a^2,b^{-1}ab=a^{-1},g^3=1,g^{-1}ag=b,g^{-1}bg=ab\rangle$.

S_4 中与 (1 2 3) 共轭的元素个数为 8.令所在共轭类为 C,则由

$$|g^G|=|G|/|C_G(g)|$$

知 $|C_{S_4}(g_i)|$（$g_i\in C$）为 3,由此知 $\nabla(S_4)$ 中有 8 个顶点的度数为 21.

另一方面,G' 中 3 阶元只有 6 个,则至多有 6 个元 g_i 使得 $|C_{G'}(g_i)|=3$,即 $\nabla(G')$ 中至多有 6 个顶点的度数为 21.

由此 $\nabla(S_4)\ncong\nabla(G')$,则 $G\cong S_4$.

命题 2　设 $|G|=2p$（p 为奇素数）.若 $\nabla(H)\cong\nabla(G)$,则 $H\cong G$.

证　由文献[5]的 4.3 的例 1 的推论知 $G=\langle a,b\mid a^p=b^2=1,b^{-1}ab=a^{-1}\rangle$.

由计算知 $|Z(G)|=1$,$C_G(b)=\{1,b\}$,即 $\deg(b)=|G|-2$,由文献[3]的命题 11 知

$$|G|=|H|=2p$$

又由文献[5]的 4.3 的例 1 的推论知 $H\cong G$.

命题 3　设 $|G|=4p$（p 为奇素数）,那么

（Ⅰ）若 $\nabla(H)\cong\nabla(G_1)$,则 $H\cong G_1$ 或 $h\cong G_2$;

（Ⅱ）若 $\nabla(H) \cong \nabla(G_3)$，则 $H \cong G_3$；

（Ⅲ）若 $\nabla(H) \cong \nabla(G_4)$，则 $H \cong G_4$.

证 （1）当 $p \neq 3$ 时，G 可为 G_1, G_2, G_3 三类群，由计算知：

$$Z(G_1) = \{1, a_1^p\} \qquad Z(G_2) = \{1, a_2^p\} \qquad Z(G_3) = 1$$

$$\deg(a_1^i) = 2p(i \neq 0, p) \quad \deg(a_2^i) = 2p(i \neq 0, p) \quad \deg(a_3^i) = 3p$$

$$\deg(a_1^i b_1) = 4p - 4 \qquad \deg(a_2^i b_2) = 4p - 4 \qquad \deg(b_3) = 4p - 4$$

下证 $\nabla(G_1) \cong \nabla(G_2) \not\cong \nabla(G_3)$.

$V(G_1) = \{a_1^i, a_1^i b_1 \mid i = 0, 1, \cdots, p-1, p+1, \cdots, 2p-1; j = 0, 1, \cdots, 2p-1\}$

$V(G_2) = \{a_2^i, a_2^i b_2 \mid i = 0, 1, \cdots, p-1, p+1, \cdots, 2p-1; j = 0, 1, \cdots, 2p-1\}$

建立一一映射如下：

$$\varphi : V(G_1) \longrightarrow V(G_2)$$

其中 $a_1^i \longrightarrow a_2^i, a_1^i b_1 \longrightarrow a_2^i b_2, i = 0, 1, \cdots, p-1, p+1, \cdots, 2p-1; j = 0, 1, \cdots, 2p-1$.

易知对任意的 $u, v \in V(G_1), u \sim v$ 当且仅当 $\varphi(u) \sim \varphi(v)$，故 $\nabla(G_1) \cong \nabla(G_2)$. 又 $Z(G_3) = 1$，

$|Z(G_1)| = |Z(G_2)| = 2 \neq 1$，则必有 $\nabla(G_1) \cong \nabla(G_2) \not\cong \nabla(G_3)$.

先证（Ⅰ）.

若 $\nabla(H) \cong \nabla(G_1)$，则 $|H| - |Z(H)| = 4p - 2$. 由 $|Z(H)| \mid (|H| - |Z(H)|)$ 知 $|Z(H)|$ 可能为 $1, 2, m$（其中 $m \mid (2p-1), m \neq 1$）及 $2k$（其中 $k \mid (2p-1), k \neq 1$）.

（a）若 $|Z(H)| = 1$，则 $|H| = 4p - 1$. 由 $\deg(a_1) = 2p$ 知，存在 $h \in H$，使得 $|C_H(h)| = 2p - 1$，于是 $(2p - 1) \mid (4p - 1)$，矛盾.

（b）若 $|Z(H)| = m$（其中 $m \mid (2p-1), m \neq 1$），则 $|H| = 4p - 2 + m$. 由 $\deg(b_1) = 4p - 4$ 知，存在 $h \in H$，使得 $|C_H(h)| = 2 + m$，于是 $m \mid (2 + m)$，则 $m = 2$，与 $m \mid (2p - 1)$ 矛盾.

（c）若 $|Z(H)| = 2k$（其中 $k \mid (2p-1), k \neq 1$），则 $|H| = 4p - 2 + 2k$. 由 $\deg(b_1) = 4p - 4$ 知，存在 $h \in H$，使得 $|C_H(h)| = 2 + 2k$，于是 $2k \mid (2 + 2k)$，矛盾.

综上可知：$|Z(H)| = 2, |H| = |G_1|$. 由 $\nabla(G_1) \cong \nabla(G_2) \not\cong \nabla(G_3)$ 知，$H \cong G_1$ 或 $H \cong G_2$.

再证（Ⅱ）.

若 $\nabla(H) \cong \nabla(G_3)$，则 $|H| - |Z(H)| = 4p - 1$. 由

$$|Z(H)| \mid (|H| - |Z(H)|)$$

知 $|Z(H)| \big| (4p-1)$. 若 $|Z(H)| \neq 1$, 不妨设 $|Z(H)|=m(m \neq 1)$, 则 $|H|=4p-1+m$. 由 $\deg(a_3)=3p$ 及 $\deg(b_3)=4p-4$ 知, 存在 $h_1,h_2 \in H$, 使得

$$|C_H(h_1)|=p-1+m \qquad |C_H(h_2)|=m+3$$

则 $m \mid (m+3)$ 且 $(p-1+m) \mid (4p-1+m)$, 又 $m \neq 1$, 由此知 $m=3$, 则 $(p+2) \mid (4p+2)$, 矛盾. 故 $|Z(H)|=1$, $|H|=|G_3|$. 又由 $\nabla(G_1) \cong \nabla(G_2) \ncong \nabla(G_3)$ 知 $H \cong G_3$.

(2) 当 $p=3$ 时, G 可为 G_1,G_2,G_4 三类型. 同上可证 $\nabla(G_1) \cong \nabla(G_2) \ncong \nabla(G_4)$.

先证 (Ⅰ).

若 $\nabla(H) \cong \nabla(G_1)$, 也同上可证 $H \cong G_1$ 或 $H \cong G_2$.

再证 (Ⅱ).

若 $\nabla(H) \cong \nabla(G_4)$, 又 $G_4 \cong A_4$, 即 $\nabla(H) \cong \nabla(A_4)$, 则由文献[4] 的定理 2 知

$$H \cong A_4 \cong G_4$$

命题 4 设 $|G|=2p^2$ (p 为奇素数), 那么

(Ⅰ) 若 $\nabla(H) \cong \nabla(G_5)$, 则 $H \cong G_5$ 或 $H \cong G_6$;

(Ⅱ) 若 $\nabla(H) \cong \nabla(G_7)$, 则 $H \cong G_7$.

证 由计算知:

$$Z(G_5)=1 \qquad\qquad Z(G_6)=1 \qquad\qquad Z(G_7)=\langle a_7 \rangle$$

$$\deg(a_5^i)=p^2 \ (i \neq 0) \qquad \deg(a_6)=p^2 \qquad\qquad \deg(b_7)=p^2$$

$$\deg(a_5^i b_5)=2p^2-2 \qquad \deg(c_6)=2p^2-2 \qquad \deg(c_7)=2p$$

下证 $\nabla(G_5) \cong \nabla(G_6) \ncong \nabla(G_7)$. 对

$$V(G_5)=\{a_5,a_5^2,\cdots,a_5^{p-1},a_5^p,a_5^{p+1},\cdots,a_5^{2(p-1)},a_5^{2p-1},\cdots,a_5^{3(p-1)},a_5^{3p-2},\cdots,a_5^{4(p-1)},\cdots,$$
$$a_5^{p(p-1)},\cdots,a_5^{p^2-1},\cdots\}$$

$$V(G_6)=\{a_6,a_6^2,\cdots,a_6^{p-1},b_6,b_6^2,\cdots,b_6^{p-1},a_6 b_6,\cdots,a_6 b_6^{p-1},a_6^2 b_6,\cdots,a_6^2 b_6^{p-1},\cdots,a_6^{p-1} b_6,\cdots,$$
$$a_6^{p-1} b_6^{p-1},\cdots\}$$

建立一一映射 $(V(G_5) \longrightarrow V(G_6))$, 易知对任意的 $u,v \in V(G_5)$, $u \sim v$ 当且仅当 $\varphi(u) \sim \varphi(v)$, 故 $\nabla(G_5) \cong \nabla(G_6)$. 又 $Z(G_7)=\langle a_7 \rangle \neq 1$, 则 $\nabla(G_5) \cong \nabla(G_6) \ncong \nabla(G_7)$.

先证（Ⅰ）.

设 $\nabla(H)\cong\nabla(G_5)$.因为 $Z(G_5)=1$ 且 $\deg(b_5)=2p^2-2$,所以由文献[3]的命题 11 知

$$|H|=|G_5|=2p^2$$

又

$$\nabla(G_5)\cong\nabla(G_6)\ncong\nabla(G_7)$$

故 $H\cong G_5$ 或 $H\cong G_6$.

再证（Ⅱ）.

设 $\nabla(H)\cong\nabla(G_7)$.因为 $Z(G_7)=\langle a_7\rangle$,所以 $|Z(G_7)|=p$,于是

$$|H|-|Z(H)|=p(2p-1)$$

由此知 $|Z(H)|$ 可能为 $1,p,m$（其中 $m\mid(2p-1),m\neq1$）及 kp（其中 $k\mid(2p-1),k\neq1$）.

(a) 若 $|Z(H)|=1$,则 $|H|=2p^2-p+1$.由 $\deg(c_7)=2p$ 知,存在 $h\in H$,使得

$$|C_H(h)|=2p^2-3p+1$$

于是 $(2p^2-3p+1)\mid(2p^2-p+1)$,矛盾.

(b) 若 $|Z(H)|=m$（其中 $m\mid(2p-1),m\neq1$）,则 $|H|=2p^2-p+m$.由 $\deg(b_7)=p^2$ 和 $\deg(c_7)=2p$ 知,存在 $h_1,h_2\in H$,使得

$$|C_H(h_1)|=p^2-p+m \qquad |C_H(h_2)|=2p^2-3p+m$$

于是 $m\mid(p^2-p+m)$ 且 $m\mid(2p^2-3p+m)$,矛盾.

(c) 若 $|Z(H)|=kp$（其中 $k\mid(2p-1),k\neq1$）,则 $|H|=2p^2+kp-p$.由 $\deg(b_7)=p^2$ 知,存在 $h\in H$,使得 $|C_H(h)|=p^2+kp-p$.于是 $kp\mid(p^2+kp-p)$,矛盾.

综上可知：$|Z(H)|=p$,$|H|=|G_7|$.由 $\nabla(G_5)\cong\nabla(G_6)\ncong\nabla(G_7)$,知 $H\cong G_7$.

参考文献：

[1]WILLIAMS J S.Prime Graph Components of Finite Group[J].J. Algebra,1981,69(2):487—513.

[2]ABE S,IIYORI N.A Generalization of Prime Graphs of Finite Groups[J].Hokkaido Math J.,2000,29(2):391—407.

[3]MOGHADDAMFAR A R,SHI W J,ZHOU W,et al.On the Noncommuting Graph Associated with a Finite Group[J].Siberian Mathematical Journal,2005,46 (2):325－332.

[4]翟　婷,冯爱芳,段泽勇.非交换图的一些有趣的性质[J].西南大学学报(自然科学版),2007,29(2):8－10.

[5]张远达.有限群构造(上册)[M].北京:科学出版社,1982:284－294.

[6]张远达.有限群构造(下册)[M].北京:科学出版社,1982:687－713.

[7]ZHANG L C,SHI W J,WANG L L,et al.A New Characterization of the Simple Group of Lie Type $U_3(q)$ by its Non-commuting Graph [J].西南大学学报(自然科学版),2007,29(8):8－12.

[8]王玲丽,施武杰,张良才,等.用非交换图刻画某些单群[J].西南大学学报(自然科学版),2007,29(6):159－160.

[9]LI D X.Hamiltonian Circuits in Cayley Digraphs of Cyclic Groups[J].西南师范大学学报(自然科学版),2003,28(5):687－689.

[10]CHEN G Y.On the Numbers of Connected Components of Hattori Graph[J].西南师范大学学报(自然科学版),1995,20(4):345－347.

作者简介: 曹　慧(1984－),女,湖北嘉鱼人,硕士研究生,主要从事有限群的研究.

基金项目: 国家自然科学基金资助项目(10771172).

原载:《西南大学学报》(自然科学版)2008 年第 8 期.

收录: 2013 年入选"领跑者 5000 平台".

责任编辑　覃吉康

子群的性质对有限群结构的影响

李方方， 曹洪平

西南大学数学与统计学院,重庆 400715

摘 要：设 G 为有限群,N 是 G 的正规子群.证明了

定理 1 设 $N \triangleleft G$,N 幂零,G/N 幂零.只要满足下列条件之一,则 G 幂零.

(1)$G/\Phi(N)$ 幂零(此条件可以不需要 G/N 幂零).

(2)G/N' 幂零.

(3)G 没有真子群 A,使 $G = NA$.

(4) 存在 $M \leqslant G$,使得 $N \leqslant \Phi(M)$.

进一步利用 S-半正规、付正规与弱左 Engle 元之间的关系给出了幂零群的一些充分条件.

在有限群论中,人们常常利用 $N \triangleleft G$,N 可解,G/N 可解来证明有限群 G 可解.但是这一证明方法却不能用在幂零群中,即 $N \triangleleft G$,N 幂零,G/N 幂零时在一般情况下推不出 G 幂零.而且利用子群来研究有限群的结构是一个许多人都非常感兴趣的课题.本文就 G 的正规子群 N 在何种情况下可以推出 G 幂零作了讨论,并进一步利用 S-半正规、付正规与弱左 Engle 元之间的关系给出了幂零群的一些充分条件.

文中的群 G 都是有限群,所用的概念和符号都是标准的,具体可参见文献[1].

在给出主要结果前,我们首先给出要用到的几个主要引理.

引理 1[1] 设群 A 是群 G 的一个幂零子群,则 $Z_\infty(G)A$ 也是幂零的.

引理 2[1] 设 G 是有限群,$a,b,c \in G$,则 $[a,b]^c = [a^c,b^c]$.

推论 设 G 是有限群,$a,b,c \in G$,n 是自然数,则 $[a,\underbrace{b,b,\cdots,b}_{n}]^c = [a^c,\underbrace{b^c,b^c,\cdots,b^c}_{n}]$.

证 当 $n=1$ 时,由引理 2 知命题显然成立.

当 $n=k-1$ 时,假设命题正确,则有 $[a,\underbrace{b,b,\cdots,b}_{k-1}]^c = [a^c,\underbrace{b^c,b^c,\cdots,b^c}_{k-1}]$.

当 $n=k$ 时,我们有

$$[a,\underbrace{b,b,\cdots,b}_{k}]^c = [[a,\underbrace{b,b,\cdots,b}_{k-1}],b]^c = [[a,\underbrace{b,b,\cdots,b}_{k-1}]^c,b^c]$$

$$= [[a^c,\underbrace{b^c,b^c,\cdots,b^c}_{k-1}],b^c] = [a^c,\underbrace{b^c,b^c,\cdots,b^c}_{k}]$$

即

$$[a,\underbrace{b,b,\cdots,b}_{k}]^c = [a^c,\underbrace{b^c,b^c,\cdots,b^c}_{k}]$$

由此可知结论成立.

引理 3[2] $H \lhd G$ 当且仅当 H 次正规于 G,同时付正规于 G.

下面给出本文的几个主要定理及其证明.

定理 1 设 $N \lhd G$,N 幂零,G/N 幂零.只要满足下列条件之一,则 G 幂零.

(1)$G/\Phi(N)$ 幂零(此条件可以不需要 G/N 幂零).

(2)G/N' 幂零.

(3)G 没有真子群 A,使 $G=NA$.

(4)存在 $M \leqslant G$,使得 $N \leqslant \Phi(M)$.

证 (1) 因为 $N \lhd G$,所以 $\Phi(N) \leqslant \Phi(G)$.由于 $G/\Phi(N)$ 幂零,而

$$G/\Phi(N)/\Phi(G)/\Phi(N) \cong G/\Phi(G)$$

所以 $G/\Phi(G)$ 幂零.故 G 幂零.

(2) 因为 N 幂零,所以由 Wielandt 定理知 $N' \leqslant \Phi(N)$.由于 G/N' 幂零,所以 $G/\Phi(N)$ 幂零,由(1)知 G 幂零.

(3) 对任意的 $x \in N$,设 S 是 G 的满足 $\langle x,S \rangle = G$ 的任一子集,则 $\langle S \rangle = G$.否则令 $A = \langle S \rangle$,则 A 为 G 的真子群,且 $NA \geqslant \langle x,S \rangle = G$,这与已知矛盾.故 x 为 G 的非生成元,从而 $x \in \Phi(G)$,于是 $N \leqslant \Phi(G)$.故由 G/N 幂零.可得 $G/\Phi(G)$ 幂零,所以 G 幂零.

（4）由文献[1]的定理3.4和推论3.9知 G 幂零.

定理2 若 G 的素数阶子群均在 $Z_\infty(G)$ 里，$2 \in \pi(G)$，且 G 的每个4阶循环子群均在 G 中 S-半正规.则 G 幂零.

证 假设定理不成立，G 是极小反例.

由文献[5]的引理1和文献[4]的引理5可推知，此定理条件是子群闭的，所以 G 内幂零.由文献[3]的定理1.1知，$|G| = p^\alpha q^\beta$，$p \neq q$，$G = PQ$，$P \in \mathrm{Syl}_p(G)$，$Q \in \mathrm{Syl}_q(G)$，$Q = \langle a \rangle$ 不正规于 G.

若 $p > 2$，则由文献[3]的定理1.1知 $\exp(P) = p$.由定理条件知，$P \leqslant Z_\infty(G)$，由引理1知 $Z_\infty(G)Q$ 幂零，从而由 $G = PQ \leqslant Z_\infty(G)Q$ 知 G 幂零，产生矛盾.

若 $p = 2$，则由文献[3]的定理1.1知 $\exp(P) \leqslant 4$，若 P 交换，则由文献[3]的定理1.1知 P 为初等交换群，所以 P 有生成元 c，且 c 的阶为2，由上可知产生矛盾.则 P 非交换，这时 P 必有4阶生成元 c，由于 P 非交换，所以 $\langle c \rangle < P$.从而由 $\langle c \rangle$ 在 G 中 S-半正规得 $\langle c \rangle Q$ 成群.又 $\langle c \rangle Q < G$，由 G 内幂零知 $\langle c \rangle Q$ 幂零，故 $\langle c \rangle Q = \langle c \rangle \times Q$，$c$ 与 a 可换，这与 c 为 P 的生成元矛盾.

故极小反例不存在，所以定理成立.

定理3 若 G 的素数阶子群均在 $Z_\infty(G)$ 里，$2 \in \pi(G)$，且 G 的每个4阶循环子群均在 G 中付正规.则 G 幂零.

证 假设定理不成立，G 是极小反例.

由文献[5]的引理1和文献[4]的引理5可推知，此定理条件是子群闭的，所以 G 内幂零.由文献[3]的定理1.1知，$|G| = p^\alpha q^\beta$，$p \neq q$，$G = PQ$，$P \in \mathrm{Syl}_p(G)$，$Q \in \mathrm{Syl}_q(G)$，$Q = \langle a \rangle$ 不正规于 G.

若 $p > 2$，则由文献[3]的定理1.1知 $\exp(P) = p$，由定理条件知，$P \leqslant Z_\infty(G)$，由引理1知 $Z_\infty(G)Q$ 幂零，从而由 $G = PQ \leqslant Z_\infty(G)Q$ 知 G 幂零，产生矛盾.

若 $p = 2$，则由文献[3]的定理1.1知 $\exp(P) \leqslant 4$.若 P 交换，则由文献[3]的定理1.1知 P 为初等交换群，所以 P 有生成元 c，且 c 的阶为2，由上可知产生矛盾.则 P 非交换，这时 P 必有4阶生成元 c，由于 P 非交换，所以 $\langle c \rangle < P$.从而由 P 幂零知 $\langle c \rangle \lhd \lhd P$，而 $P \lhd G$，所以 $\langle c \rangle \lhd \lhd G$，又由 $\langle c \rangle$ 在 G 中付正规，由引理3知 $\langle c \rangle \lhd G$，得 $\langle c \rangle Q$ 成群.又 $\langle c \rangle Q < G$，由 G 内幂零知 $\langle c \rangle Q$ 幂零，故 $\langle c \rangle Q = \langle c \rangle \times Q$，$c$ 与 a 可换，这与 c 为 P 的生成元矛盾.

故极小反例不存在,所以定理成立.

定理 4 设 $N \lhd G, G/N$ 幂零,$2 \in \pi(G)$,若 N 的素数阶子群均在 $Z_\infty(G)$ 里,且 N 的每个 4 阶循环子群也均在 G 中 S-半正规.则 G 幂零.

证 假设定理不成立,G 是极小反例.

定理条件显然是子群闭的,这是因为对 G 的任意子群 K,有 $K \cap N \lhd K$.由 G/N 幂零,及

$$KN/N \cong K/K \cap N$$

得 $K/K \cap N$ 幂零.由文献[4] 的引理 5 知 $K \cap N$ 的素数阶子群包含在 $Z_\infty(G) \cap K \leqslant Z_\infty(K)$ 中;再由 $K \cap N$ 的 4 阶循环子群在 G 中 S-半正规,那么由文献[5] 的引理 1 易知它们在 K 中也 S-半正规.$K, K \cap N$ 满足题设,由 G 是极小反例知 G 为内幂零群.由文献[3] 的定理 1.1 知 $|G| = p^\alpha q^\beta, p \neq q$,$G = PQ, P \in \mathrm{Syl}_p(G), Q \in \mathrm{Syl}_q(G), Q = \langle a \rangle$ 不正规于 G.

(1) 若 $P \nleqslant N$,则 $P_1 = P \cap N < P$.而 $P_1 \lhd G$,从而 $(P \cap N)Q = P_1 Q < PQ = G$,于是 $P_1 Q$ 为幂零群.所以 $P_1 Q = P_1 \times Q$.又 $G/P_1 = P/P_1 \cdot QP_1/P_1, QP_1/P_1 \in \mathrm{Syl}_q(G/P_1)$ 为幂零.由 G/P 及 G/N 幂零,知 G/P_1 幂零,所以 $QP_1/P_1 \lhd G/P_1$.所以 $Q\mathrm{char}QP_1 \lhd G$,从而 $Q \lhd G$.与文献[3] 的定理 1.1 中 Q 不正规于 G 矛盾.所以 $P \leqslant N$.

(2) 若 $p > 2$,则由文献[3] 的定理 1.1 知 $\exp(P) = p$,由定理条件知,$P = P \cap N \leqslant Z_\infty(G)$,由引理 1 知 $G = PQ \leqslant Z_\infty(G)Q$ 幂零,产生矛盾.

若 $p = 2$,由 $P \lhd G$ 知 G 的 2 阶元及 4 阶元均在 P 内.又由(1)知它们也均在 N 内.这样由定理条件知 G 的 2 阶元及 4 阶元均在 $Z_\infty(G)$ 中,而 4 阶循环子群在 G 中 S-半正规.则由定理 2 知 G 为幂零群,矛盾.

故极小反例不存在,所以定理成立.

仿照定理 3 及定理 4 可得

定理 5 设 $N \lhd G, G/N$ 幂零,$2 \in \pi(G)$,若 N 的素数阶子群均在 $Z_\infty(G)$ 里,且 N 的每个 4 阶循环子群也均在 G 中付正规.则 G 幂零.

推论 1 设 $N \lhd G, G/N$ 幂零,$2 \in \pi(G)$,若 N 的素数阶子群均在 G 的中心里,且 N 的每个 4 阶循环子群也均在 G 中 S-半正规.则 G 幂零.

推论 2 设 $N \lhd G, G/N$ 幂零,$2 \in \pi(G)$,若 N 的素数阶子群均在 G 的中心里,且 N 的每个 4 阶循环子群也均在 G 中付正规.则 G 幂零.

定理6 设 $N \triangleleft G, G/N$ 幂零,$2 \in \pi(G)$,若 N 的素数阶元均为 G 的弱左 Engle 元;且 N 的每个 4 阶循环子群也在 G 中 S-半正规(付正规),则 G 幂零.

证 假设定理不成立,G 是极小反例.

定理条件显然是子群闭的由 G 是极小反例知 G 为内幂零群.由文献[3]的定理 1.1 知 $|G|=p^\alpha q^\beta, p \neq q, G=PQ, P \in \mathrm{Syl}_p(G), Q \in \mathrm{Syl}_q(G), Q = \langle a \rangle$ 不正规于 G.

(1) 若 $P \nleqslant N$,则 $P_1 = P \cap N < P$.而 $P_1 \triangleleft G$,从而 $(P \cap N)Q = P_1 Q < PQ = G$,于是 $P_1 Q$ 为幂零群.所以 $P_1 Q = P_1 \times Q$.又 $G/P_1 = P/P_1 \cdot QP_1/P_1$. $QP_1/P_1 \in \mathrm{Syl}_q(G/P_1)$ 为幂零.由 G/P 及 G/N 幂零,知 G/P_1 幂零,所以 $QP_1/P_1 \triangleleft G/P_1$.故 $Q\mathrm{char}QP_1 \triangleleft G$,从而 $Q \triangleleft G$.与文献[3]的定理 1.1 中 Q 不正规于 G 矛盾.所以 $P \leqslant N$.

(2) 若 $p > 2$,则由文献[3]的定理 1.1 知 $\exp(P)=p$,P 有 p 阶生成元 c.由定理条件知,c 为 G 的弱左 Engle 元,即可得自然数 n,使

$$[c,\underbrace{a,a,\cdots,a}_{n}]=1$$

由文献[3]的定理 1.1 知 $[c,a]$ 仍是 P 的生成元,产生矛盾,所以 $p=2$.若 P 交换,则由文献[3]的定理 1.1 知 P 是初等交换群,同上知矛盾.所以 $p=2$,P 不交换.

(3) 若 $N=P$,由(2)和题中的条件知,P 有 4 阶生成元 c 且 $\langle c \rangle$ 在 G 中 S-半正规(付正规).所以有 $\langle c \rangle$ 在 G 中 S-半正规(付正规).由 P 不交换知 $\langle c \rangle \neq P$.因为 $\langle c \rangle$ 在 G 中 S-半正规,所以 $\langle c \rangle Q < G$(当 $\langle c \rangle$ 在 G 中付正规时,由 P 为 p-群知 $\langle c \rangle$ 次正规于 P,而 $P \triangleleft G$,所以 $\langle c \rangle \triangleleft \triangleleft G$.由引理 3 知 $\langle c \rangle \triangleleft G$,所以 $\langle c \rangle Q < G$),由 G 是内幂零群知 $\langle c \rangle Q$ 幂零.故 $\langle c \rangle Q = \langle c \rangle \times Q$,所以 c 与 a 可换,与文献[3]的定理 1.1 产生矛盾.所以 $P < N$.

(4) 设 $b \in N, |b|=p$.由文献[3]的定理 1.1 知 G 的 Sylow-q 子群都循环,故 G 的 Sylow-q 子群的 q 阶元共轭,于是对任意 $g \in G$ 有 b^g 肯定是 G 的某个 Sylow-q 子群的 q 阶元.由 $P \triangleleft G$ 知对任意 $c \in P, g \in G$,有 $c^g \in P$,由题中条件知 b 为 G 的弱左 Engle 元,即存在自然数 n,使

$$[b,\underbrace{c,c,\cdots,c}_{n}]=1$$

而由引理 2 的推论知

$$[b^g,\underbrace{c^g,c^g,\cdots,c^g}_{n}]=[b,\underbrace{c,c,\cdots,c}_{n}]^g=g^{-1}[b,\underbrace{c,c,\cdots,c}_{n}]g=g^{-1}g=1$$

由此可知,G 的所有 q 阶元都为 G 的弱左 Engle 元.

(5) 若 $p=2$,由 $P \triangleleft G$ 知 G 的 2 阶元及 4 阶元均在 P 内.又由(1)知它们也均在 N 内.这样由定理条件知 G 的 2 阶元及 4 阶元均为 G 的弱左 Engle 元,而 4 阶循环子群在 G 中 S-半正规(付正规).则由(4)和文献[5]的推论 1(推论 2)知 G 为幂零群,产生矛盾.

故极小反例不存在,所以定理成立.

推论 3　设 $N \triangleleft G,G/N$ 幂零,$2 \in \pi(G)$,若 N 的素数阶子群均为 G 的弱左 Engle 元;且 N 的每个 4 阶循环子群也在 G 中半正规(S-拟正规、拟正规).则 G 幂零.

证　仿照定理 6 和文献[5]的引理 1 易证.

参考文献:

[1]徐明曜.有限群导引(上)[M].北京:科学出版社,1987.

[2]GORENSTEIN D. Weakly Left Engle Element Fitine Groups[M]. New York:Chelsea Publishing Company,1980.

[3]陈重穆.内外-Σ群与极小非Σ群[M].重庆:西南师范大学出版社,1988.

[4]陶司兴,王品超.幂零群的若干充分条件[J].商丘师范学院学报,2006,22(5):33-35.

[5]王坤仁.极小子群与幂零性[J].四川师范大学学报(自然科学版),1995,18(2):16-20.

作者简介: 李方方(1984-),女,河南商丘人,硕士研究生,主要从事有限群的研究.

基金项目: 国家自然科学基金资助项目(10771172).

原载:《西南大学学报》(自然科学版)2008 年第 8 期.

收录: 2013 年入选"领跑者 5000 平台".

责任编辑　覃吉康

降序有限部分变换半群的幂等元秩

高荣海[1,2], 徐 波[1]

1. 贵州师范大学数学与计算机科学学院,贵阳 550001;

2. 贵州师范大学学报编辑部,贵阳 550001

摘 要: 设 X_n 是包含 n 个元素的全序集, P_n 是 X_n 上的所有部分变换构成的半群, S_n 是 n 次对称群, $SP_n^- = \{\alpha \in P_n \backslash S_n : \forall x \in \mathrm{dom}\,\alpha, x\alpha \leqslant x\}$. 证明了: SP_n^- 是幂等元生成的,并且是由顶端 J_{n-1}^* 的 $n(n+1)/2$ 个幂等元生成.

在半群代数理论中,对变换半群及其子半群的秩的研究,始于 20 世纪 60 年代.大量的学者对变换半群及其子半群的秩和幂等元生成秩进行了深入广泛的研究[1-6],也有学者对一些特殊半群的生成元、性质进行研究[7].1992 年,文献[8]给出了有限全变换半群的一个子半群——降序有限全变换半群,并刻画了该半群的格林关系和格林星关系,同时得到该半群是由顶端 J_{n-1}^* 的 $n(n-1)/2$ 个幂等元生成.受该文的启发,我们考虑了降序有限部分变换半群的幂等元秩问题.

设 $X_n = \{1, 2, \cdots, n\}$ 并赋予自然序, P_n 和 S_n 分别是 X_n 上的部分变换半群和 n 次对称群,令 $SP_n = P_n \backslash S_n$.对于 $\alpha \in SP_n$,若 α 满足:对 $\forall x \in \mathrm{dom}\,\alpha$,有 $x\alpha \leqslant x$,则称 α 是 SP_n 中的降序变换.

记

$$SP_n^- = \{\alpha \in SP_n : \forall x \in \mathrm{dom}\,\alpha, x\alpha \leqslant x\}$$

则 SP_n^- 是 SP_n 中所有的降序部分映射所构成的子集,易见 SP_n^- 是 SP_n 的一个子半群.

对于半群理论的标准概念及术语见文献[10].称 SP_n^- 中的元 α 具有类 (k, r) 或者属于集 $[k, r]$,如果 $|\mathrm{dom}\,\alpha| = k$ 且 $|\mathrm{im}\,\alpha| = r$.设 $E(SP_n^-)$ 与

$E(J_{n-1}^{*})$ 分别是 SP_n^- 和 J_{n-1}^{*} 中的所有幂等元所构成的集合.

首先给出几个引理.

引理 1   设 $\alpha \in SP_n^-$,则 α 是幂等元当且仅当对 $\forall t \in \mathrm{im}\alpha, t = \min\{x : x \in t\alpha^{-1}\}$.

证   这个引理的证明与文献[9]的引理 1.3 类似.

引理 2   设 $\alpha \in SP_n^-$ 且 α 属于集 $[k,k]$,则 α 是幂等元当且仅当 $\mathrm{dom}\alpha = \mathrm{im}\alpha$.

证   **必要性**   若 α 是幂等元,则由幂等元的性质可知 $\mathrm{im}\alpha \subseteq \mathrm{dom}\alpha$,又因 $\alpha \in [k,k]$,进而可得

$$\mathrm{dom}\ \alpha = \mathrm{im}\ \alpha$$

充分性   若 $\mathrm{dom}\ \alpha = \mathrm{im}\ \alpha$,不妨假定 $\mathrm{dom}\ \alpha = \mathrm{im}\ \alpha = \{t_1, t_2, \cdots, t_k\}$ 且 $t_1 < t_2 < \cdots < t_k$.由于 $\alpha \in SP_n^-$,于是有 $t_1\alpha \leqslant t_1$,进而可得 $t_1\alpha = t_1$.同样,由 $t_2\alpha \leqslant t_2$ 可推出 $t_2\alpha = t_1$ 或者 $t_2\alpha = t_2$,由于 $t_1\alpha = t_1$,所以只有 $t_2\alpha = t_2$ 成立,依次递推得出:对 $\forall t_i \in \mathrm{dom}\ \alpha$ $(i=1,2,\cdots,k)$,都有 $t_i\alpha = t_i$,因此 α 是幂等元.

对 SP_n^- 中的元 α,定义 α 的支撑集 $S(\alpha) = \{x \in \mathrm{dom}\ \alpha : x\alpha \neq x\}$ 和它的基数 $S_\alpha = |S(\alpha)|$.

引理 3   设 $\alpha \in SP_n^-$ 且 $\alpha \in [r+1, r]$,则 $S_\alpha = 1$ 当且仅当 α 是幂等元.

证   若 $S_\alpha = 1$,设 $S(\alpha) = \{t\}$,则对任意 $x \in \mathrm{dom}\ \alpha \setminus \{t\}$,都有 $x\alpha = x\alpha^2 = x$.另外,$t\alpha \neq t$,于是 $t\alpha \in \mathrm{dom}\ \alpha \setminus \{t\}$ 且 $t\alpha = t\alpha^2$.从而 α 是幂等元.反之显然.

引理 4   设 $\alpha \in SP_n^- \setminus E(SP_n^-)$ 且 $\alpha \in [k,r]$ $(k \neq r+1)$,则在 SP_n^- 中一定存在 $\beta \in [r+1, r]$ 和幂等元 $\varepsilon \in E(SP_n^-)$,使得 $\alpha = \varepsilon\beta$.

证   分两种情形讨论.

情形 1   如果 $k = r$,则 α 可表示为

$$\alpha = \begin{bmatrix} a_1 & a_2 & \cdots & a_r \\ b_1 & b_2 & \cdots & b_r \end{bmatrix} \in SP_n^-$$

此时令

$$\varepsilon = \begin{bmatrix} a_1 & a_2 & \cdots & a_r \\ a_1 & a_2 & \cdots & a_r \end{bmatrix}$$

因 α 是非幂等元,由引理 2,我们有 $\mathrm{dom}\,\alpha \neq \mathrm{im}\,\alpha$.于是存在 $b_j \in \mathrm{im}\,\alpha \backslash \mathrm{dom}\,\alpha$ (在这里不妨假定 $a_j = b_j\alpha^{-1}$).

令

$$\beta = \begin{pmatrix} a_1 & a_2 & \cdots & \{a_j,b_j\} & \cdots & a_r \\ b_1 & b_2 & \cdots & b_j & \cdots & b_r \end{pmatrix}$$

则 $\alpha = \varepsilon\beta, \varepsilon^2 = \varepsilon, \beta \in SP_n^-$ 且 $\beta \in [r+1, r]$.

情形 2 如果 $k > r$,可以假设 $\alpha = \begin{pmatrix} A_1 & A_2 & \cdots & A_r \\ b_1 & b_2 & \cdots & b_r \end{pmatrix} \in SP_n^- $ (A_1, $A_2, \cdots, A_r$ 中至少有一个的基数大于 1).令

$$a_i = \min\{x_i : x_i \in A_i\} \qquad 1 \leqslant i \leqslant r$$

此时对任意 $x \in A_i$ ($1 \leqslant i \leqslant r$),定义 $\varepsilon: x\varepsilon = a_i$.

由 α 是非幂等元,则一定存在某个 $i \in \{1,2,\cdots,r\}$,有 $a_i \neq b_i$.令

$$\beta = \begin{pmatrix} a_1 & a_2 & \cdots & \{a_i,b_i\} & \cdots & a_r \\ b_1 & b_2 & \cdots & b_i & \cdots & b_r \end{pmatrix}$$

则有 $\alpha = \varepsilon\beta$ 且 ε, β 满足引理条件.

引理 5 设 $\alpha \in SP_n^- \backslash E(SP_n^-)$ 且 $\alpha \in [r+1, r]$,则在 SP_n^- 中存在 $\beta \in [r+1, r]$ 和幂等元 ε,使得 $\alpha = \varepsilon\beta$ 且 $S_\beta = S_\alpha - 1$.

证 设

$$S(\alpha) = \{a_1, a_2, \cdots, a_k : k > 1, a_i\alpha = b_i \neq a_i\}$$

$$\mathrm{dom}\,\alpha \backslash S(\alpha) = \{c_1, c_2, \cdots, c_{r+1-k} : c_j\alpha = c_j, j = 1, 2, \cdots, r+1-k\}$$

注意到 $|\mathrm{im}\,\alpha| = r$,且诸 c_j 互不相同,$\mathrm{im}\,\alpha = \{b_1, \cdots, b_k\} \bigcup \{c_1, \cdots, c_{r+1-k}\}$,故有诸 b_i 中有两个相等或有某个 b_i 与某个 c_j 相等.

对于第一种情形,不妨设 $b_1 = b_2$ 且 $a_1 < a_2$,则 α 可表示为

$$\alpha = \begin{pmatrix} \{a_1,a_2\} & a_3 & \cdots & a_k & c_1 & c_2 & \cdots & c_{r+1-k} \\ b_1 & b_3 & \cdots & b_k & c_1 & c_2 & \cdots & c_{r+1-k} \end{pmatrix}$$

此时令

$$\varepsilon = \begin{pmatrix} \{a_1,a_2\} & a_3 & \cdots & a_k & c_1 & c_2 & \cdots & c_{r+1-k} \\ a_1 & a_3 & \cdots & a_k & c_1 & c_2 & \cdots & c_{r+1-k} \end{pmatrix}$$

$$\beta = \begin{pmatrix} \{a_1,b_1\} & a_3 & \cdots & a_k & c_1 & c_2 & \cdots & c_{r+1-k} \\ b_1 & b_3 & \cdots & b_k & c_1 & c_2 & \cdots & c_{r+1-k} \end{pmatrix}$$

显然 $\varepsilon \in E(SP_n^-), \beta \in SP_n^-$ 且 $\beta \in [r+1,r]$, 满足 $\alpha = \varepsilon\beta$ 且 $S_\beta = S_\alpha - 1$.

对后一种情形, 不妨设 $b_1 = c_1$, 则 α 可表示为

$$\alpha = \begin{bmatrix} \{a_1,c_1\} & a_2 & \cdots & a_k & c_2 & c_3 & \cdots & c_{r+1-k} \\ c_1 & b_2 & \cdots & b_k & c_2 & c_3 & \cdots & c_{r+1-k} \end{bmatrix}$$

令

$$\varepsilon = \begin{bmatrix} \{a_1,c_1\} & a_2 & \cdots & a_k & c_2 & c_3 & \cdots & c_{r+1-k} \\ c_1 & a_2 & \cdots & a_k & c_2 & c_3 & \cdots & c_{r+1-k} \end{bmatrix}$$

$$\beta = \begin{bmatrix} \{a_2,b_2\} & a_3 & \cdots & a_k & c_1 & c_2 & \cdots & c_{r+1-k} \\ b_2 & b_3 & \cdots & b_k & c_1 & c_2 & \cdots & c_{r+1-k} \end{bmatrix}$$

则 $\alpha = \varepsilon\beta, \varepsilon \in E(SP_n^-), \beta \in SP_n^-$ 且 $\beta \in [r+1,r]$, 同时 $S_\beta = S_\alpha - 1$.

综合上面的引理可以得到下面的重要结果.

定理 1 设 $\alpha \in SP_n^-$, 则 α 可表示成 $E(SP_n^-)$ 中元素的乘积.

证 设 $\alpha \in SP_n^-$ 且 $\alpha \in [k,r]$. 由引理 4 知 α 可表示为 SP_n^- 中属于集 $[r+1,r]$ 的元 β 与 $E(SP_n^-)$ 中的元 ε 的乘积, 即 $\alpha = \varepsilon\beta$. 再根据引理 5 知 β 又可表示为 SP_n^- 中属于集 $[r+1,r]$ 的元 β_1 与 $E(SP_n^-)$ 中的元 ε_1 的乘积, 即 $\beta = \varepsilon_1\beta_1$ 且 $S_{\beta_1} = S_\beta - 1$. 对 $[r+1,r]$ 中元 β 的 S_β 用归纳法, 再结合引理 3 知 α 可表示成 $E(SP_n^-)$ 中元素的乘积, 从而 SP_n^- 是幂等元生成的, 定理得证.

从文献[9]的引理 2.10、推论 2.11、引理 2.14、引理 3.1, 在 SP_n^- 中可以直接得到下面的几个引理.

引理 6 $D^* = R^* \circ L^* \circ R^* = L^* \circ R^* \circ L^*$.

引理 7 设 $\alpha, \beta \in SP_n^-$, 则 $(\alpha, \beta) \in D^*$ 当且仅当 $|\operatorname{im} \gamma| = |\operatorname{im} \beta|$.

引理 8 在半群 SP_n^- 中, $D^* = J^*$.

引理 9 设 $\alpha, \beta \in SP_n^-$, 若 $(\alpha, \beta) \in D^*$ 且 $(\alpha, \alpha\beta) \in D^*$, 则 $(\alpha, \alpha\beta) \in R^*$ 且 $(\beta, \alpha\beta) \in L^*$.

从引理 7, 8 知半群 SP_n^- 有 n 个 J^*-类, 即 $J_0^*, J_1^*, \cdots, J_{n-1}^*$.

$$J_r^* = \{\alpha \in SP_n^- : |\operatorname{im} \alpha| = r\}$$

引理 10 设 $\varepsilon \in E(SP_n^-)$, 则 ε 可表示为 $E(J_{n-1}^*)$ 中元素的乘积.

证 设 $\varepsilon \in E(SP_n^-)$ 且 $\varepsilon \in [k,r]$, 分两种情形讨论.

情形 1   如果 $k = r$，由引理 2 直接可令

$$\varepsilon = \begin{bmatrix} a_1 & a_2 & \cdots & a_r \\ a_1 & a_2 & \cdots & a_r \end{bmatrix}$$

不失一般性，不妨假设 $r < n-1$，则存在 $x \in X_n \setminus \{a_1, a_2, \cdots, a_r\}$.

令 $A = \{x, a_1, a_2, \cdots, a_r\}$ 和 $B = X_n \setminus \{x\}$. 此时定义：$\alpha = 1_{\mathrm{dom}\,A}$ 和 $\beta = 1_{\mathrm{dom}\,B}$，则 $\alpha \in E(SP_n^-)$，$\beta \in E(J_{n-1}^*)$，使得 $\varepsilon = \alpha\beta$ 且 $|\mathrm{im}\,\alpha| = |\mathrm{im}\,\varepsilon| + 1$，对 ε 的象集的基数作归纳法可知命题成立.

情形 2   如果 $k > r$，可令

$$\varepsilon = \begin{bmatrix} A_1 & A_2 & \cdots & A_r \\ a_1 & a_2 & \cdots & a_r \end{bmatrix}$$

注意到 $a_i = \min A_i$. 由于 $k > r$，则 $A_1, A_2, \cdots, A_r$ 中至少存在某个 A_i，有 $|A_i| \geqslant 2$. 再设 $b_i \in A_i \setminus \{a_i\}$.

此时对任意 $x \in X_n$，令

$$\alpha = \begin{bmatrix} A_1 & \cdots & A_i \setminus \{b_i\} & b_i & \cdots & A_r \\ a_1 & \cdots & a_i & b_i & \cdots & a_r \end{bmatrix} \qquad x\beta = \begin{cases} a_i, x = b_i \\ x, x \neq b_i \end{cases}$$

则 $\varepsilon = \alpha\beta$，且 $\beta \in E(J_{n-1}^*)$，α 是 $E(SP_n^-)$ 中属于集 $[k, r+1]$ 的元. 再对 ε 的象集的基数作归纳法，并结合情形 1 的证明可知命题成立.

从引理 9 可以直接看出半群 SP_n^- 的生成集必须覆盖 J_{n-1}^* 中的 R^*-类和 L^*-类. 注意到 SP_n^- 在 J_{n-1}^* 中有 $n(n+1)/2$ 个 R^*-类和 $\begin{bmatrix} n \\ n-1 \end{bmatrix}$ 个 L^*-类. 因此 SP_n^- 的生成集的基数必须是大于或等于 $n(n+1)/2$（因 $n(n+1)/2 > \begin{bmatrix} n \\ n-1 \end{bmatrix}$）. 再由引理 1 可知每一个 R^*-类恰有一个幂等元. 因而有下面的推论和重要结果.

推论 1 $|E(J_{n-1}^*)| = n(n+1)/2 \leqslant \mathrm{rank}\,SP_n^- \leqslant \mathrm{idrank}\,SP_n^-$.

定理 2 $\mathrm{rank}\,SP_n^- = \mathrm{idrank}\,SP_n^- = |E(J_{n-1}^*)| = n(n+1)/2$.

证   由定理 1 和引理 10 直接有

$$\langle E(J_{n-1}^*) \rangle = SP_n^-$$

再由推论 1 直接可得命题结论.

参考文献：

［1］HOWIE J M. The Subsemigroup Generated by the Idempotents of a full Transformation Semigroup［J］.J. London Math Soc.，1966，41：707－716.

［2］HOWIE J M.Idempotent Generators in Finite Full Transformation Semigroups［J］.Proc. Roy. Soc. Edinburgh Section：A mathematics，1978，A81：317－323.

［3］HOWIE J M，McFadden R B.Idempotent Rank in Finite Full Transformation Semigroups［J］.Proc. Roy. Soc. Edinburgh Section：A mathematics，1990，A114：161－167.

［4］游泰杰.变换半群中的幂等元生成性质［J］.贵州师范大学学报（自然科学版），2002，20（2）：7－9.

［5］杨秀良.严格部分变换半群的幂等元秩［J］.数学研究与评论，2000，20（3）：441－446.

［6］高荣海，徐　波，龙伟锋，等.有限部分变换半群的幂等元生成集［J］.贵州师范大学学报（自然科学版），2007，25（4）：70－72.

［7］赵文强，李　嘉.Markov 积分半群的生成元［J］.西南师范大学学报（自然科学版），2007，32（5）：14－17.

［8］UMAR A.On the Semigroups of Order-Decreasing Finite Full Transformations［J］.Proc. Roy. Soc. Edinburgh，Section：A mathematics，1992，120：129－142.

［9］HOWIE J M.An Introduction to Semigroup Theory［M］.London：Academic Press，1976.

作者简介：高荣海（1978－），男，贵州兴义人，讲师，主要从事半群代数理论的研究.

基金项目：贵州省科学技术基金资助项目〔黔科合 2007（2008）〕；贵州师范大学青年教师科研发展基金资助项目（校青科 2007－1－20）.

原载：《西南大学学报》（自然科学版）2008 年第 8 期.

收录：2013 年入选"领跑者 5000 平台".

责任编辑　覃吉康

基于二进制的空间挖掘算法
在移动智能系统中的应用

方　刚，　刘雨露

重庆三峡学院数学与计算机科学学院，重庆万州　404000

摘　要:介绍了一种基于二进制的空间关联规则挖掘算法，针对确定的目标对象、空间对象和空间关系，从数据库中提取空间关联规则，为移动用户提供实用的决策信息.实验证明其提取效率高于现有的挖掘算法，能有效地提高移动智能系统的性能.

移动用户如何在移动环境中通过移动设备获取周围空间对象的位置关系是急需解决的问题之一.空间数据挖掘技术可以帮助移动智能系统提取空间对象的位置.而提高空间数据挖掘算法的效率则可改善移动智能系统的性能，进而快速地响应用户请求.采用基于二进制的空间关联规则挖掘算法 ASARMB(algorithm of spatial association rules mining based on binary)在空间数据库中进行关联规则的提取以满足处于驾驶状态中的移动用户提出的简单需求[1].实验表明该算法能够有效地提高移动智能系统的性能，其效率高于算法 B_Apriori[2]和 Armab[3].

1　移动智能系统的工作原理

系统针对相应的空间需求而设计.考虑到空间计算的复杂性，仅针对确定的空间谓词、目标对象和空间对象来介绍算法的性能.简单空间需求为驾驶状态中的移动用户想通过移动设备快速了解加油站附近有没有宾馆或超市等信息.确定的空间谓词为 close_to；目标对象为加油站；与加油站相关的空间对象有宾馆、超市、医院、银行(ATM)、娱乐中心、车辆维修站等.

1.1　智能系统的工作流程

在移动环境下，软件智能化是数据挖掘关键技术之一.移动用户、移动设备、智能应用软件和网络构成整个移动智能系统，其工作流程可以简化为图 1.

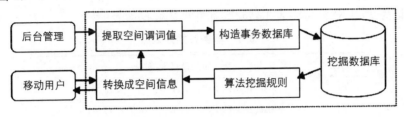

图 1　移动智能系统的工作流程图

1.2　提取空间谓词值

在空间数据挖掘中，研究空间数据之间的关系集中在 3 个方面：① 同一个主题层（关系模式）中的同类对象属性之间的关联；② 一个主题层中不同对象之间的空间关联；③ 不同主题层之间的不同对象间的关联. 空间关系主要有方位关系、距离关系和拓扑关系等 3 种，算法在同一空间关系模式下对表示距离关系的空间谓词 close_to 进行研究.

系统把目标对象加油站及其周围空间对象都看作一个空间数据库的点实体. 用 Circle[1] 方法建立以加油站为中心的点缓冲区. 缓冲区半径 r 有 2 种取值方法：① 由系统根据移动环境中的具体情况预先选定，虽然可以节省时间，但并不能使每个移动用户达到最大满意度；② 由每个移动用户根据自己的具体情况在提交任务时给出. 数据库采用了矢量数据结构的点实体，在空间数据库中每个点实体均存在坐标位置. 用 Circle 方法在空间数据库中提取加油站和属于其缓冲区内的周围空间对象［宾馆、超市、医院、银行（ATM）、娱乐中心和车辆维修站等］形成空间谓词值，如 close_to(T_i,O_j) 的空间谓词值为 close_to（加油站 1，车辆维修站），close_to（加油站 2，ATM）等等.

1.3　构造事务数据库

构造的事务数据库由事务号 TID 和对应的事务项 ID 组成. 将不同的加油站 T_i 作为事务数据库的事务号 TID，与该加油站对应的空间谓词值，如 close_to(T_i,O_j) 作为该事务号对应的事务项 ID 的集合. 令 O_1 为宾馆，O_2 为超市，O_3 为医院，O_4 为银行（ATM），O_5 为娱乐中心，O_6 为车辆维修站……，则将空间数据库中的数据转换后得到事务数据库（表 1）. 然后将

close_to(T_i, O_j)概化为 close_to(T, O_j)，T 泛指所有的加油站，将 close_to (T, O_j)记为标准事务项的形式 I_j. 设事务数据库中有 m 个事务，事务号 T_i 记为 TI_i，这样可将表 1 转化为标准事务数据库表(表 2).

表 1　事务数据库表

TID	项 ID 的列表
T_1	close_to (T_1, O_1), close_to(T_1, O_2), …
T_2	close_to (T_2, O_2), close_to(T_2, O_3), …
…	…
T_n	close_to (T_n, O_n), close_to(T_n, O_{n+1}), …

表 2　标准事务数据库表

TID	项 ID 的列表
TI_1	$I_1, I_2, …$
TI_2	$I_2, I_3, …$
…	…
TI_n	$I_n, I_{n+1}, …$

1.4　基于二进制的空间挖掘算法

1.4.1　相关定义及性质

设项目集 $I=\{i_1, i_2, …, i_m\}$，$i_k(i_k \in I)$的属性值为布尔量.

定义 1　二进制事务(Binary Transaction)就是用二进制数表示数据事务，记为 BT. 如果一个事务中包含某些项目，则这些项目对应的二进位为 1，其他位为 0. 即如果项目有 m 个，二进制事务表示为 $BT=(b_1, b_2, …, b_m)$，$b_k \in [0, 1]$，$k=1, …, m$. 若存在 $i_k \in T$，则 $b_k=1$，否则 $b_k=0$.

例如，项目集 $I=\{1, 2, 3, 4, 5\}$，若一个事务 T_i 为$\{1, 3, 4\}$，则对应 $BT_i=(10110)$.

定义 2　二进制项目(Binary Item)表示数据事务中属性项目的二进制事务，记为 BI.

例如，$I=\{1, 2, 3, 4\}$，其二进制项目共有 4 个，分别表示为 $BI_1=(1000)$，$BI_2=(0100)$，$BI_3=(0010)$，$BI_4=(0001)$.

定义 3　数字事务(Digital Transaction)是一个整数，其值为二进制事务转换成十进制的值，记为 DT.

例如，$BT_i = (01010)$，则它的 $DT_i = 10$.

定义 4 频繁数字事务（Frequent Digital Transaction）表示支持度大于最小的支持度的数字事务，记为 FDT.

定义 5 候选数字事务区间（Candidate Digital Transaction Extent）是一个特定的正整数区间，它包括所有可能成为频繁数字事务的值，不含二进制项目，记为 CDTE. 其最大值 max 为频繁二进制项目的"或"值，最小值 min 为 3（3 是代表二元关系的最小值），CDTE=[min, max].

定义 6 数字事务支持关系（Digital Transaction Support Relation），记为 DTSR，如果数字事务 DT_m 和 DT_n 满足 $DT_m \& DT_n = DT_m$，则称数字事务 DT_n 支持数字事务 DT_m，记为 $DT_m \subseteq DT_n$. 记 DT_m 为 DT_n 的子集，而 DT_n 为 DT_m 的超集.

性质 1 对于 m 位二进制事务 p 和 q：p 对应的事务为 T_p；q 对应的为 T_q，$T_p \subseteq T_q$ 的充要条件是 $p \wedge q = p$.

推论 1 对于 m 位二进制事务 p 和 q：p 对应的数字事务为 DT_p；q 对应的为 DT_q，如果 $p \wedge q = p$，那么 $DT_p \leqslant DT_q$.

推论 2 对于 m 位二进制事务 p 和 q：p 对应的事务为 T_p，对应的数字事务为 DT_p；q 对应的事务为 T_q，对应的数字事务为 DT_q，如果 $DT_p < DT_q$，那么 $T_q \not\subseteq T_p$.

性质 2 对于 m 位二进制事务 p 和 q：p 对应事务为 T_p，q 对应的事务为 T_q，满足 $p \wedge q = p$

（1）若 T_q 为频繁项，则 T_p 为频繁项；

（2）若 T_p 为非频繁项，则 T_q 为非频繁项.

1.4.2 二进制挖掘算法的步骤

设数据库中事务的项目个数为 m，事务总数为 N，不重复事务数为 n，显然 $n \leqslant N$，$n \leqslant 2^m - 1$. 设 D 为存放原始数据库数字事务的数据库，D_1 为存放不重复事务的数据库，包含域 value 和 count；F 为存放挖掘得到的频繁数字事务的集合；L 为存放非频繁二进制项目的集合.

（1）数据转换，由定义 1 和 2 将原始数据库 D 中事务转换成数字事务，并降序存入 D_1.

（2）计算二进制项目的支持数，将非频繁项存放在 L 中，用频繁项求得 max.

（3）建立候选数字事务区间，根据 2）和定义 5，建立 $CDTE = [\min, \max]$.

（4）计算 L 中非频繁二进制项目的"或"值 S，用以修剪冗余候选项.

（5）搜索频繁数字事务，从 CDTE 中 max 的值递减开始产生候选数字事务 $DT(DT \notin F, DT \notin BI, DT \wedge S = 0)$，并计算 DT 的支持数，若 DT 为 FDT，则存入 F 中，否则继续产生候选数字事务，直到最小值.

（6）产生关联规则，在 F 中计算相应频繁数字事务的置信度，产生数字关联规则.

（7）转换关联规则，将数字关联规则转换成标准关联规则.

关联规则挖掘算法中主要是寻找频繁项目集，最后找出关联规则的方法与此类似.

1.4.3　产生关联规则的算法

按前定义的符号，设候选数字事务区间为 $[3, \max]$，数据库 D_1 已存放了数字事务的相关信息，与确定目标对象相关的数字事务有 N 个. 产生频繁数字事务集的算法如下：

For $(DT = \max; DT \geqslant \min; DT--)\{$

s_count $= 0$；

If $((DT \& S = 0) \&\& (DT \notin F) \&\& (DT \notin BI))\{$

While $((DT \leqslant D_1^i . \text{value}) \&\& (i \leqslant n))\{$

If $(DT \subseteq D_1^i . \text{value})$ s_count $+= D_1^i . \text{count}$；

　　$i++$；$\}$//计算满足条件的候选项支持数

　$\}$//用非频繁二进制项目"或"值、子集和数字区间定义修剪候选项

　If $(s\_\text{count}/N \geqslant \text{support})$ //判断是否属频繁数字事务？

　　Write DT to F on descending；

　$\}$

1.5　标准关联规则转化为空间关联规则

将前述算法挖掘出的规则转换为空间关联规则的步骤：

1）将数字关联规则转换成二进制形式. 对有"1"的位转换成对应的 I_j 事务项，形成可理解的关联规则. 若挖掘得到的数字关联规则为：$48 \rightarrow 3[10\%, 20\%]$，则转换后为 $\{I_1, I_2\} \rightarrow \{I_5, I_6\}[10\%, 20\%]$.

2）将上一步得到的事务项 I_j 复原为 close_to (T, O_j)，即转化为形如

close_to(T, O_1)∧close_to(T, O_2)→close_to(T, O_5)∧close_to (T, O_6) [10%，20%]的形式.

3) 将上面的形式转化为标准的空间关联规则形式，如：is_a(X, T)∧ close_to(T, O_1)∧close_to(T, O_2)→close_to(T, O_5)∧close_to (T, O_6) [10%，20%]，X 代表目标对象. 在确定 X 为 T（加油站），此规则表明 20% 靠近 O_1（宾馆）和 O_2（超市）的加油站，同时也靠近 O_5（娱乐中心）和 O_6（车辆维修站），在相应的事务数据库中有 10% 的数据符合这一规则.

2 算法性能比较

目前研究类似课题的文献不多，文献[1]采用 Apriori 算法进行空间关联规则的提取，但效率不高，文献[4]的算法效率也不高. 用文献[2]提出的算法 B_Apriori 和文献[3]提出的基于二进制的关联规则挖掘算法 Armab 和算法 ASARMB 进行比较：Apriori 算法以 k -频繁项构造($k+1$)-频繁候选项，即按构造频繁项的超集方式产生频繁候选项，重复多次扫描数据库；Armab 算法按求非频繁事务的所有真子集产生候选项，但 2 个事务有交集时，会有重复计算真子集的操作，扫描一次数据库计算支持数时要扫描所有不重复事务；ASARMB 算法按数字事务的递减方式产生后选项，扫描一次数据库计算支持数时只需扫描数值不小于候选数字事务的所有不重复事务.

例 $I=\{a, b, c, d, e\}$，频繁候选项为$\{ade, bde\}$，其数字事务为 19 和 11，数据库有 50 个，不重复事务的数字事务有 26 个为$\{31, 30, \cdots, 17, 15, 14, 13, 12, 11, 10, 9, 7, 6, 5, 3\}$.

则 3 种算法候选项产生过程分别为：Apriori 算法产生 1 项$\{a, b, d, e\}$，2 项$\{ab, ad, ae, de, bd, be\}$，3 项$\{abd, abe, bde, ade\}$，每次计算支持数扫描 50 个事务；Armab 算法产生非频繁事务 15＝$(01111)_2$，其产生真子集为$\{14, 13, 12, 11, \cdots, 1\}$，计算得到 11，非频繁项 23＝$(10111)_2$，其产生真子集为$\{22, 21, 20, 19, 18, 17, 16, 7, 6, 5, 4, 3, 2, 1\}$，计算得到 19，因 15&23＝7，故重复计算$\{7, 6, 5, 4, 3, 2, 1\}$，计算支持数时每次扫描 26 个事务；ASARMB 算法从数字事务 20 递减产生 19，计算支持数时扫描事务介于$\{31, \cdots, 19\}$，共 13 个事务数，得到 19，从数字事务 12 递减产生 11，计算支持数时扫描事务介于$\{31, \cdots, 11\}$，共 20 个事务，得到 11.

现用一组数据来测试性能，实验环境为：Intel(R) Celeron(R) M CPU 420 @ 1.60 GHz，512 的内存，操作系统为 Windows XP Professional. 数据事务为 4 083 个，表示数字事务为 3 到 4 095 除去二进制项目即 2 的幂. 用 Visual 2005 C#.Net 的开发平台编程实现上述算法. 3 种算法挖掘关联规则的结果如图 2，执行时间随项目集的支持度变化的情况如图 3. 从实验结果可以看出 ASARMB 算法效率优于其他算法.

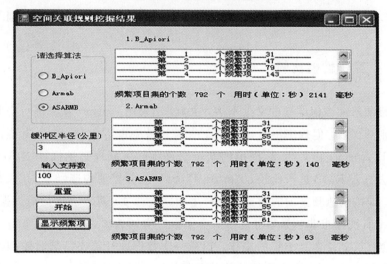

图 2　关联规则挖掘结果

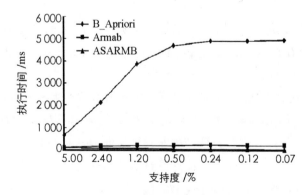

图 3　执行时间随支持度的变化情况

3 结束语

提出了一种基于二进制的空间关联规则挖掘算法. 这种算法有效地减少了移动智能系统响应用户的请求时间, 大大地提高了移动智能系统的性能, 可以应用到移动智能系统中为移动用户提供简单实用的决策信息.

参考文献:

[1]施颖男, 李德敏, 薛 丹, 等. 移动计算中基于 Apriori 算法的空间关联规则提取 [J]. 计算机工程与应用, 2003(35): 55-56.

[2]陈 耿, 朱玉全, 杨鹤标, 等. 关联规则挖掘中若干关键技术的研究 [J]. 计算机研究与发展, 2005, 42(10): 1785-1789.

[3]范 平, 梁家荣, 李天志, 等. 基于二进制的关联规则挖掘算法 [J]. 计算机应用研究, 2007, 24(8): 79-80,115.

[4]张学斌, 丁晓明. 一种基于关联规则的属性值约简算法 [J]. 西南师范大学学报(自然科学版), 2005, 30(3): 440-443.

作者简介: 方 刚(1978-), 男, 重庆垫江人, 讲师, 硕士研究生, 主要从事数据挖掘、GIS、数据库的研究.

原载:《西南大学学报》(自然科学版)2009 年第 1 期.

收录: 2013 年入选"领跑者 5000 平台".

责任编辑 张 枸

一个零齐次核的 Hilbert 型积分不等式及逆式

杨必成

广东教育学院数学系，广州　510303

摘　要：通过引入权函数及多参数，应用实分析的方法及技巧，建立了一个零齐次核的 Hilbert 型积分不等式，还考虑了其等价形式及逆式.

设 (p,q) 为一对共轭指数 $\left(\dfrac{1}{p}+\dfrac{1}{q}=1\right)$，$p>1$，$f(x)$，$g(x)$ 为 $(0,\infty)$ 上的非负可测函数，且

$$0<\int_0^\infty f^p(x)\mathrm{d}x<\infty$$

$$0<\int_0^\infty g^q(x)\mathrm{d}x<\infty$$

则有如下 Hardy-Hilbert 积分不等式[1]：

$$\int_0^\infty\int_0^\infty\frac{f(x)g(y)}{x+y}\mathrm{d}x\mathrm{d}y<\frac{\pi}{\sin\frac{\pi}{p}}\left(\int_0^\infty f^p(x)\mathrm{d}x\right)^{\frac{1}{p}}\left(\int_0^\infty g^q(x)\mathrm{d}x\right)^{\frac{1}{q}}\quad(1)$$

这里，常数因子 $\dfrac{\pi}{\sin\frac{\pi}{p}}$ 为最佳值. 其后，文献[2-3]引入独立参数 $\lambda>0$ 及另一对共轭指数 $(r,s)(r>1)$，在右边积分都为正数的情况下，推广式(1)为如下两种形式：

$$\int_0^\infty\int_0^\infty\frac{f(x)g(y)}{x^\lambda+y^\lambda}\mathrm{d}x\mathrm{d}y<\frac{\pi}{\lambda\sin\frac{\pi}{r}}\left\{\int_0^\infty x^{p(1-\frac{\lambda}{r})-1}f^p(x)\mathrm{d}x\right\}^{\frac{1}{p}}\left\{\int_0^\infty x^{q(1-\frac{\lambda}{s})-1}g^q(x)\mathrm{d}x\right\}^{\frac{1}{q}}\quad(2)$$

$$\int_0^\infty\int_0^\infty\frac{f(x)g(y)}{(x+y)^\lambda}\mathrm{d}x\mathrm{d}y<B\left(\frac{\lambda}{r},\frac{\lambda}{s}\right)\left\{\int_0^\infty x^{p(1-\frac{\lambda}{r})-1}f^p(x)\mathrm{d}x\right\}^{\frac{1}{p}}\left\{\int_0^\infty x^{q(1-\frac{\lambda}{s})-1}g^q(x)\mathrm{d}x\right\}^{\frac{1}{q}}\quad(3)$$

这里，常数 $\dfrac{\pi}{\lambda\sin\frac{\pi}{r}}$ 及 $B\left(\dfrac{\lambda}{r},\dfrac{\lambda}{s}\right)$ 为最佳值；$B(u,v)=\int_0^1(1-t)^{u-1}t^{v-1}\mathrm{d}t$ $(u,v>0)$ 为 Beta 函数.

注意到式(2)及式(3)都是负数齐次的(若 $k(ux,uy)=u^{a}k(x,y)(u,x,$ $y>0)$,则称函数 $k(x,y)$ 为 α 齐次的),最近,文献[4—6]讨论了一些特殊核的 Hilbert 型不等式;文献[7]系统讨论了核 $k(x,y)$ 为一般负数齐次的 Hilbert 型积分算子及其不等式.在 $p>1,\lambda\geqslant0$ 的条件下,还有如下核为实数齐次的 Hilbert 型积分不等式[8]

$$H=\int_{0}^{\infty}\int_{0}^{\infty}\frac{(\min\{x,y\})^{\lambda}}{\max\{x,y\}}f(x)g(y)\mathrm{d}x\mathrm{d}y<\frac{pq}{1+\lambda}\left(\int_{0}^{\infty}x^{\lambda}f^{p}(x)\mathrm{d}x\right)^{\frac{1}{p}}$$

$$\left(\int_{0}^{\infty}x^{\lambda}g^{q}(x)\mathrm{d}x\right)^{\frac{1}{q}} \tag{4}$$

$$H<\frac{pq}{1+\lambda}\left(\int_{0}^{\infty}x^{(p-1)(1+\lambda)-1}f^{p}(x)\mathrm{d}x\right)^{\frac{1}{p}}\left(\int_{0}^{\infty}x^{(q-1)(1+\lambda)-1}g^{q}(x)\mathrm{d}x\right)^{\frac{1}{q}} \tag{5}$$

这里,常数因子 $\frac{pq}{1+\lambda}$ 为最佳值.当 $\lambda=0$ 时,式(4)与式(5)分别变为

$$\int_{0}^{\infty}\int_{0}^{\infty}\frac{f(x)g(y)}{\max\{x,y\}}\mathrm{d}x\mathrm{d}y<pq\left(\int_{0}^{\infty}f^{p}(x)\mathrm{d}x\right)^{\frac{1}{p}}\left(\int_{0}^{\infty}g^{q}(x)\mathrm{d}x\right)^{\frac{1}{q}} \tag{6}$$

$$\int_{0}^{\infty}\int_{0}^{\infty}\frac{f(x)g(y)}{\max\{x,y\}}\mathrm{d}x\mathrm{d}y<pq\left(\int_{0}^{\infty}x^{p-2}f^{p}(x)\mathrm{d}x\right)^{\frac{1}{p}}\left(\int_{0}^{\infty}x^{q-2}g^{q}(x)\mathrm{d}x\right)^{\frac{1}{q}} \tag{7}$$

式(6)为经典的 -1 齐次核的 Hilbert 型积分不等式[9],式(7)为它的对偶形式[10];当 $p=q=2,\lambda=1$ 时,式(4)及式(5)都变为如下零齐次核的 Hilbert 型积分不等式

$$\int_{0}^{\infty}\int_{0}^{\infty}\frac{\min\{x,y\}}{\max\{x,y\}}f(x)g(y)\mathrm{d}x\mathrm{d}y<2\left(\int_{0}^{\infty}xf^{2}(x)\mathrm{d}x\int_{0}^{\infty}xg^{2}(x)\mathrm{d}x\right)^{\frac{1}{2}} \tag{8}$$

本文通过引入权函数及多参数,应用实分析的方法及技巧,建立一个零齐次核的 Hilbert 型积分不等式,还考虑了其等价形式及逆式.

引理 1 设 $p>1,\dfrac{1}{p}+\dfrac{1}{q}=1,0<\alpha<1,\beta\in R,f(x)$ 在 $(0,\infty)$ 上非负可测,则有不等式

$$J=\int_{0}^{\infty}\frac{1}{y}\left[\int_{0}^{\infty}\left(\frac{\min\{x,y\}}{|x-y|}\right)^{\alpha}\arctan\left(\frac{x}{y}\right)^{\beta}f(x)\mathrm{d}x\right]^{p}\mathrm{d}y\leqslant\left[\frac{\pi}{2}B(1-\alpha,\alpha)\right]^{p}$$

$$\int_{0}^{\infty}x^{p-1}f^{p}(x)\mathrm{d}x \tag{9}$$

证 定义如下权函数

$$\omega(x) = \int_0^\infty \left(\frac{\min\{x, y\}}{|x-y|}\right)^\alpha \arctan\left(\frac{x}{y}\right)^\beta \frac{1}{y} dy \qquad x \in (0, \infty) \quad (10)$$

$$\tilde{\omega}(y) = \int_0^\infty \left(\frac{\min\{x, y\}}{|x-y|}\right)^\alpha \arctan\left(\frac{x}{y}\right)^\beta \frac{1}{x} dx \qquad y \in (0, \infty) \quad (11)$$

对式(10)、式(11) 右边积分同作变换 $u = \dfrac{y}{x}$，因 $\arctan\dfrac{1}{u^\beta} + \arctan u^\beta = \dfrac{\pi}{2}$（$u > 0$），于是有

$$\tilde{\omega}(y) = \omega(x) = \int_0^\infty \left(\frac{\min\{1, u\}}{|1-u|}\right)^\alpha \frac{1}{u} \arctan\frac{1}{u^\beta} du$$

$$= \int_0^1 (1-u)^{-\alpha} u^{\alpha-1} \arctan\frac{1}{u^\beta} du + \int_1^\infty \frac{1}{u(u-1)^\alpha} \arctan\frac{1}{u^\beta} du \quad (12)$$

$$= \int_0^1 (1-u)^{-\alpha} u^{\alpha-1} \arctan\frac{1}{u^\beta} du + \int_0^1 (1-v)^{-\alpha} v^{\alpha-1} \arctan v^\beta dv$$

$$= \int_0^1 (1-u)^{(1-\alpha)-1} u^{\alpha-1} \left(\arctan\frac{1}{u^\beta} + \arctan u^\beta\right) du$$

$$= \frac{\pi}{2} \int_0^1 (1-u)^{(1-\alpha)-1} u^{\alpha-1} du = \frac{\pi}{2} B(1-\alpha, \alpha)$$

设 $y > 0$，配方并由带权的 Hölder 不等式[11] 及式(10) ~ (12)，有

$$\left[\int_0^\infty \left(\frac{\min\{x, y\}}{|x-y|}\right)^\alpha \arctan\left(\frac{x}{y}\right)^\beta f(x) dx\right]^p$$

$$= \left\{\int_0^\infty \left(\frac{\min\{x, y\}}{|x-y|}\right)^\alpha \arctan\left(\frac{x}{y}\right)^\beta \left[\frac{x^{\frac{1}{q}}}{y^{\frac{1}{p}}} f(x)\right] \left[\frac{y^{\frac{1}{p}}}{x^{\frac{1}{q}}}\right] dx\right\}^p$$

$$\leqslant \int_0^\infty \left(\frac{\min\{x, y\}}{|x-y|}\right)^\alpha \arctan\left(\frac{x}{y}\right)^\beta \frac{x^{p-1}}{y} f^p(x) dx \times$$

$$\left\{\int_0^\infty \left(\frac{\min\{x, y\}}{|x-y|}\right)^\alpha \arctan\left(\frac{x}{y}\right)^\beta \frac{y^{q-1}}{x} dx\right\}^{p-1}$$

$$= [\tilde{\omega}(y)]^{p-1} y \int_0^\infty \left(\frac{\min\{x, y\}}{|x-y|}\right)^\alpha \arctan\left(\frac{x}{y}\right)^\beta \frac{x^{p-1}}{y} f^p(x) dx$$

$$= \left[\frac{\pi}{2} B(1-\alpha, \alpha)\right]^{p-1} y \int_0^\infty \left(\frac{\min\{x, y\}}{|x-y|}\right)^\alpha \frac{x^{p-1}}{y} \arctan\left(\frac{x}{y}\right)^\beta f^p(x) dx \quad (13)$$

$$J \leqslant \left[\frac{\pi}{2}B(1-\alpha,\alpha)\right]^{p-1} \int_0^\infty \left[\int_0^\infty \left(\frac{\min\{x,y\}}{|x-y|}\right)^\alpha \frac{x^{p-1}}{y}\arctan\left(\frac{x}{y}\right)^\beta f^p(x)\mathrm{d}x\right]\mathrm{d}y$$

$$= \left[\frac{\pi}{2}B(1-\alpha,\alpha)\right]^{p-1} \int_0^\infty \left[\int_0^\infty \left(\frac{\min\{x,y\}}{|x-y|}\right)^\alpha \frac{x^{p-1}}{y}\arctan\left(\frac{x}{y}\right)^\beta \mathrm{d}y\right] f^p(x)\mathrm{d}x$$

$$= \left[\frac{\pi}{2}B(1-\alpha,\alpha)\right]^{p-1} \int_0^\infty \omega(x)x^{p-1}f^p(x)\mathrm{d}x \tag{14}$$

再由式(12),有式(9).

定理1 设 $p>1$, $\frac{1}{p}+\frac{1}{q}=1$, $0<\alpha<1$, $\beta\in R$, $f(x),g(x)\geqslant 0$, 及

$$0<\int_0^\infty x^{p-1}f^p(x)\mathrm{d}x<\infty$$

$$0<\int_0^\infty x^{q-1}g^q(x)\mathrm{d}x<\infty$$

则有如下等价不等式:

$$I = \int_0^\infty \int_0^\infty \left(\frac{\min\{x,y\}}{|x-y|}\right)^\alpha \arctan\left(\frac{x}{y}\right)^\beta f(x)g(y)\mathrm{d}x\mathrm{d}y$$

$$< \frac{\pi}{2}B(1-\alpha,\alpha)\left\{\int_0^\infty x^{p-1}f^p(x)\mathrm{d}x\right\}^{\frac{1}{p}}\left\{\int_0^\infty x^{q-1}g^q(x)\mathrm{d}x\right\}^{\frac{1}{q}} \tag{15}$$

$$J < \left[\frac{\pi}{2}B(1-\alpha,\alpha)\right]^p \int_0^\infty x^{p-1}f^p(x)\mathrm{d}x \tag{16}$$

这里,常数因子 $\frac{\pi}{2}B(1-\alpha,\alpha)$ 及 $\left[\frac{\pi}{2}B(1-\alpha,\alpha)\right]^p$ 都为最佳值(J 依式(9)所设).

证 若式(13)中间对某个 $y>0$ 取等号,则由文献[8]有不全为0的常数 A,B,使

$$A\frac{x^{p-1}}{y}f^p(x)=B\frac{y^{q-1}}{x}$$

a. e. 于 $(0,\infty)$,即有 $Ar^pf^p(x)=By^q$ a. e. 于 $(0,\infty)$. 显然 $A\neq 0$(不然,$B=A=0$),有

$$x^{p-1}f^p(x)=y^q\frac{B}{Ax}$$

a. e. 于 $(0,\infty)$,这矛盾于 $0<\int_0^\infty x^{p-1}f^p(x)\mathrm{d}x<\infty$. 因而式(13)取严格不等号;式(9)亦然. 故式(16)成立. 配方并由 Hölder 不等式[11],有

$$I = \int_0^\infty \left[y^{\frac{-1}{p}} \int_0^\infty \left(\frac{\min\{x,\,y\}}{|\,x-y\,|} \right)^\alpha \arctan\left(\frac{x}{y} \right)^\beta f(x)\mathrm{d}x \right] \left[y^{\frac{1}{p}} g(y) \right] \mathrm{d}y$$

$$\leqslant J^{\frac{1}{p}} \left\{ \int_0^\infty y^{q-1} g^q(y)\mathrm{d}y \right\}^{\frac{1}{q}}$$

$$(17)$$

再由式(16)，有式(15).

反之，设式(15)成立. 令

$$g(y) = \frac{1}{y} \left[\int_0^\infty \left(\frac{\min\{x,\,y\}}{|\,x-y\,|} \right)^\alpha \arctan\left(\frac{x}{y} \right)^\beta f(x)\mathrm{d}x \right]^{p-1}$$

则有 $J = \int_0^\infty y^{q-1} g^q(y)\mathrm{d}y$. 由式(9)知 $J < \infty$. 若 $J = 0$，则有式(16)；若 $0 < J < \infty$，则由式(15)，有

$$0 < \int_0^\infty y^{q-1} g^q(y)\mathrm{d}y = J = I < \frac{\pi}{2} B(1-\alpha,\,\alpha) \left\{ \int_0^\infty x^{p-1} f^p(x)\mathrm{d}x \right\}^{\frac{1}{p}}$$

$$\left\{ \int_0^\infty y^{q-1} g^q(y)\mathrm{d}y \right\}^{\frac{1}{q}}$$

$$\left\{ \int_0^\infty y^{q-1} g^q(y)\mathrm{d}y \right\}^{\frac{1}{p}} = J^{\frac{1}{p}} < \frac{\pi}{2} B(1-\alpha,\,\alpha) \left\{ \int_0^\infty x^{p-1} f^p(x)\mathrm{d}x \right\}^{\frac{1}{p}}$$

故式(16)成立且它与式(15)等价.

任给 $\varepsilon > 0$，设 $\widetilde{f}(x) = \widetilde{g}(x) = 0$，$x \in (0,\,1]$；$\widetilde{f}(x) = x^{-1-\frac{\varepsilon}{p}}$，$\widetilde{g}(x) = x^{-1-\frac{\varepsilon}{q}}$，$x \in [1,\,\infty)$. 若有 $0 < K \leqslant \frac{\pi}{2} B(1-\alpha,\,\alpha)$，使取代式(15)的常数因子 $\frac{\pi}{2} B(1-\alpha,\,\alpha)$ 后仍然成立，则有

$$\widetilde{I} = \int_0^\infty \int_0^\infty \left(\frac{\min\{x,\,y\}}{|\,x-y\,|} \right)^\alpha \arctan\left(\frac{x}{y} \right)^\beta \widetilde{f}(x)\widetilde{g}(y)\mathrm{d}x\,\mathrm{d}y$$

$$(18)$$

$$< K \left\{ \int_0^\infty x^{p-1} \widetilde{f}^p(x)\mathrm{d}x \right\}^{\frac{1}{p}} \left\{ \int_0^\infty x^{q-1} \widetilde{g}^q(x)\mathrm{d}x \right\}^{\frac{1}{q}} = \frac{K}{\varepsilon}$$

$$\widetilde{I} = \int_1^\infty \left[\int_1^\infty \left(\frac{\min\{x,\,y\}}{|\,x-y\,|} \right)^\alpha \arctan\left(\frac{x}{y} \right)^\beta x^{-1-\frac{\varepsilon}{p}} y^{-1-\frac{\varepsilon}{q}} \mathrm{d}y \right] \mathrm{d}x$$

$$\overset{u=y/x}{=} \int_1^\infty x^{-1-\varepsilon} \left[\int_{\frac{1}{x}}^\infty \left(\frac{\min\{1,\,u\}}{|\,1-u\,|} \right)^\alpha u^{-1-\frac{\varepsilon}{q}} \arctan\frac{1}{u^\beta} \mathrm{d}u \right] \mathrm{d}x$$

$$= \int_1^\infty x^{-1-\varepsilon} \left[\int_{\frac{1}{x}}^1 (1-u)^{-\alpha} u^{\alpha-1-\frac{\varepsilon}{q}} \arctan\frac{1}{u^\beta} \mathrm{d}u \right] \mathrm{d}x +$$

$$\frac{1}{\varepsilon}\int_1^\infty (u-1)^{-\alpha}u^{-\frac{\varepsilon}{q}-1}\arctan\frac{1}{u^\beta}\mathrm{d}u$$

$$=\int_0^1\left(\int_{\frac{1}{u}}^\infty x^{-1-\varepsilon}\,\mathrm{d}x\right)(1-u)^{-\alpha}u^{\alpha-1-\frac{\varepsilon}{q}}\arctan\frac{1}{u^\beta}\mathrm{d}u+$$

$$\frac{1}{\varepsilon}\int_0^1 (1-v)^{-\alpha}v^{\alpha+\frac{\varepsilon}{q}-1}\arctan v^\beta\mathrm{d}v \qquad (19)$$

$$=\frac{1}{\varepsilon}\int_0^1 (1-u)^{-\alpha}\left[u^{\alpha+\frac{\varepsilon}{p}-1}\arctan\frac{1}{u^\beta}+u^{\alpha+\frac{\varepsilon}{q}-1}\arctan u^\beta\right]\mathrm{d}u$$

不妨设 $p \geqslant q$，由式(18)、式(19)，有

$$\frac{\pi}{2}B\left(1-\alpha,\,\alpha+\frac{\varepsilon}{q}\right)=\int_0^1 (1-u)^{(1-\alpha)-1}u^{\alpha+\frac{\varepsilon}{q}-1}\left(\arctan\frac{1}{u^\beta}+\arctan u^\beta\right)\mathrm{d}u$$

$$\leqslant \int_0^1 (1-u)^{-\alpha}\left[u^{\alpha+\frac{\varepsilon}{p}-1}\arctan\frac{1}{u^\beta}+u^{\alpha+\frac{\varepsilon}{q}-1}\arctan u^\beta\right]\mathrm{d}u<K$$

及 $\dfrac{\pi}{2}B(1-\alpha,\,\alpha)\leqslant K$ ($\varepsilon\to 0^+$). 故 $K=\dfrac{\pi}{2}B(1-\alpha,\,\alpha)$ 为式(15)的最佳值.

式(16)的常数因子 $\left[\dfrac{\pi}{2}B(1-\alpha,\,\alpha)\right]^p$ 必为最佳值，不然，由式(17)，易得式(15)的常数因子也非最佳值的矛盾.

定理2　设 $0<p<1$，$\dfrac{1}{p}+\dfrac{1}{q}=1$，$0<\alpha<1$，$\beta\in R$，$f(x),\,g(x)\geqslant 0$，且

$$0<\int_0^\infty x^{p-1}f^p(x)\mathrm{d}x<\infty$$

$$0<\int_0^\infty x^{q-1}g^q(x)\mathrm{d}x<\infty$$

则有如下等价不等式：

$$I>\frac{\pi}{2}B(1-\alpha,\,\alpha)\left\{\int_0^\infty x^{p-1}f^p(x)\mathrm{d}x\right\}^{\frac{1}{p}}\left\{\int_0^\infty x^{q-1}g^q(x)\mathrm{d}x\right\}^{\frac{1}{q}} \qquad (20)$$

$$J>\left[\frac{\pi}{2}B(1-\alpha,\,\alpha)\right]^p\int_0^\infty x^{p-1}f^p(x)\mathrm{d}x \qquad (21)$$

$$L=\int_0^\infty \frac{1}{x}\left[\int_0^\infty \left(\frac{\min\{x,\,y\}}{|x-y|}\right)^\alpha \arctan\left(\frac{x}{y}\right)^\beta g(y)\mathrm{d}y\right]^q\mathrm{d}x$$

$$<\left[\frac{\pi}{2}B(1-\alpha,\,\alpha)\right]^q\int_0^\infty y^{q-1}g^q(y)\mathrm{d}y \qquad (22)$$

这里，常数因子 $\dfrac{\pi}{2}B(1-\alpha,\alpha)$ 及 $\left[\dfrac{\pi}{2}B(1-\alpha,\alpha)\right]^{\rho}$ $(\rho=p,q)$ 为最佳值(I，J 依定理 1 所设).

证 应用逆向的 Hölder 不等式，有式(13)及式(17)的逆式. 由定理 1 开头的证明知式(13)的逆式不取等号，故式(21)成立. 再由式(17)的逆式知式(20)亦成立.

反之，设式(20)成立，仍设

$$g(y)=\frac{1}{y}\left[\int_0^\infty\left(\frac{\min\{x,y\}}{|x-y|}\right)^\alpha\arctan\left(\frac{x}{y}\right)^\beta f(x)\mathrm{d}x\right]^{p-1}$$

则有 $J=\int_0^\infty y^{q-1}g^q(y)\mathrm{d}y$. 显然，由式(9)的逆式及条件知 $J>0$. 若 $J=\infty$，则式(21)自然成立；若 $0<J<\infty$，则由式(20)，有

$$\int_0^\infty y^{q-1}g^q(y)\mathrm{d}y=J=I>\frac{\pi}{2}B(1-\alpha,\alpha)\left\{\int_0^\infty x^{p-1}f^p(x)\mathrm{d}x\right\}^{\frac{1}{p}}\left\{\int_0^\infty y^{q-1}g^q(y)\mathrm{d}y\right\}^{\frac{1}{q}}$$

$$\left\{\int_0^\infty y^{q-1}g^q(y)\mathrm{d}y\right\}^{\frac{1}{p}}=J^{\frac{1}{p}}>\frac{\pi}{2}B(1-\alpha,\alpha)\left\{\int_0^\infty x^{p-1}f^p(x)\mathrm{d}x\right\}^{\frac{1}{p}}$$

故式(21)成立且与式(20)等价. 设

$$E=(0,\infty)\qquad[g(y)]_n=g(y)\qquad y\in E\left[\frac{1}{n}\leqslant g\leqslant n\right]$$

$$[g(y)]_n=0\qquad y\in E\left[g<\frac{1}{n}\right]\bigcup E[g>n]$$

$$f_n(x)=\frac{1}{x}\left[\int_{\frac{1}{n}}^n\left(\frac{\min\{x,y\}}{|x-y|}\right)^\alpha\arctan\left(\frac{x}{y}\right)^\beta[g(y)]_n\mathrm{d}y\right]^{q-1}\qquad x\in\left[\frac{1}{n},n\right]$$

$$f_n(x)=0\qquad x\in(0,\infty)\backslash\left[\frac{1}{n},n\right]$$

$$L_n=\int_{\frac{1}{n}}^n\frac{1}{x}\left[\int_{\frac{1}{n}}^n\left(\frac{\min\{x,y\}}{|x-y|}\right)^\alpha\arctan\left(\frac{x}{y}\right)^\beta[g(y)]_n\mathrm{d}y\right]^q\mathrm{d}x$$

则存在 $n_0\in N$，使当 $n\geqslant n_0$ 时有 $\int_{\frac{1}{n}}^n y^{q-1}[g(y)]_n^q\mathrm{d}y>0$ 及 $L_n>0$. 由式(20)，注意到 $q<0$ 及 $n\geqslant n_0$，有

$$\int_{\frac{1}{n}}^n x^{p-1}f_n^p(x)\mathrm{d}x=L_n=\int_{\frac{1}{n}}^n\int_{\frac{1}{n}}^n\left(\frac{\min\{x,y\}}{|x-y|}\right)^\alpha\arctan\left(\frac{x}{y}\right)^\beta f_n(x)[g(y)]_n\mathrm{d}x\mathrm{d}y\quad(23)$$

$$>\frac{\pi}{2}B(1-\alpha,\alpha)\left\{\int_{\frac{1}{n}}^n x^{p-1}f_n^p(x)\mathrm{d}x\right\}^{\frac{1}{p}}\left\{\int_{\frac{1}{n}}^n y^{q-1}[g(y)]_n^q\mathrm{d}y\right\}^{\frac{1}{q}}$$

$$0 < \int_{\frac{1}{n}}^{n} x^{p-1} f_n^p(x) \mathrm{d}x = L_n < \left[\frac{\pi}{2} B(1-\alpha, \alpha)\right]^q \int_0^\infty y^{q-1} g^q(y) \mathrm{d}y < \infty \quad (24)$$

即有 $0 < \int_0^\infty x^{p-1} f_\infty^p(x) \mathrm{d}x < \infty$. 当 $n \to \infty$ 时，应用式(20)、式(23)仍保持严格不等号；式(24)亦然，故式(22)成立. 反之，设式(22)成立，配方并由逆向的 Hölder 不等式，有

$$I = \int_0^\infty \left[x^{\frac{1}{q}} f(x)\right] \left[x^{-\frac{1}{q}} \int_0^\infty \left(\frac{\min\{x, y\}}{|x-y|}\right)^\alpha \arctan\left(\frac{x}{y}\right)^\beta g(y) \mathrm{d}y\right] \mathrm{d}x \geqslant$$

$$\left\{\int_0^\infty x^{p-1} f^p(x) \mathrm{d}x\right\}^{\frac{1}{p}} L^{\frac{1}{q}} \quad (25)$$

再由式(22)，有式(20)且与式(22)等价. 故式(20)~(22)都等价. 若有正数 $K \geqslant \frac{\pi}{2} B(1-\alpha, \alpha)$，使取代式(20)的 $\frac{\pi}{2} B(1-\alpha, \alpha)$ 后仍成立，于是对 $0 < \varepsilon < |q|\alpha$，可得式(18)的逆式及等式(19)，即有

$$\frac{\pi}{2} B\left(1-\alpha, \alpha+\frac{\varepsilon}{q}\right) = \int_0^1 (1-u)^{(1-\alpha)-1} u^{\alpha-1+\frac{\varepsilon}{q}} \left(\arctan\frac{1}{u^\beta} + \arctan u^\beta\right) \mathrm{d}u$$

$$> \int_0^1 (1-u)^{-\alpha} \left(u^{\alpha-1+\frac{\varepsilon}{p}} \arctan\frac{1}{u^\beta} + u^{\alpha-1+\frac{\varepsilon}{q}} \arctan u^\beta\right) \mathrm{d}u > K$$

及 $\frac{\pi}{2} B(1-\alpha, \alpha) \geqslant K (\varepsilon \to 0^+)$. 故 $K = \frac{\pi}{2} B(1-\alpha, \alpha)$ 为式(20)的最佳值. 式(21)式(22)的常数因子必为最佳值，不然，由式(17)的逆式[式(25)]，易得出式(21)式(22)的常数因子也不是最佳值的矛盾.

  注 当 $\beta=0$，$0<\alpha<1$ 时，式(15)变为如下零齐次核的 Hilbert 型积分不等式

$$\int_0^\infty \int_0^\infty \left(\frac{\min\{x, y\}}{|x-y|}\right)^\alpha f(x) g(y) \mathrm{d}x \mathrm{d}y < 2B(1-\alpha, \alpha) \left\{\int_0^\infty x^{p-1} f^p(x) \mathrm{d}x\right\}^{\frac{1}{p}}$$

$$\left\{\int_0^\infty x^{q-1} g^q(x) \mathrm{d}x\right\}^{\frac{1}{q}} \quad (26)$$

参考文献：

[1]HARDY G H. Note on a Theorem of Hilbert Concerning Series of Positive Term [J]. Proceedings London Math Soc, 1925, 23(2):45—46.

[2]YANG B C.On an Extension of Hilbert's Integral Inequality with Some Parameters [J]. The Australian Journal of Mathematical Analysis and Applications, 2004, 1(1):1—8.

［3］YANG B C，Brnetic I，Krnic M，et al.Generalization of Hilbert and Hardy-Hilbert Integral Inequalities［J］. Mathematical Inequalities and Applications，2005，8(2)：259－272.

［4］杨必成. 一个 Hardy-Hilbert 型不等式的逆［J］. 西南师范大学学报（自然科学版），2005，30(6)：1012－1015.

［5］杨必成. 一个多参数的 Hilbert 型积分不等式［J］. 西南师范大学学报（自然科学版），2007，32(5)：33－38.

［6］钟五一，杨必成. 关于反向 Hardy-Hilbert 积分不等式的推广［J］. 西南大学学报（自然科学版），2007，29(4)：44－48.

［7］杨必成. 算子范数与 Hilbert 型不等式［M］. 北京：科学出版社，2009.

［8］杨必成. 一个 Hilbert 型积分不等式［J］. 浙江大学学报（理学版），2007，34(2)：121－124.

［9］HARDY G H，Littlewood J E，Polya G. Inequalities［M］. Cambridge：Cambridge University Press，1952.

［10］杨必成. 一个新的 Hilbert 型积分不等式［J］. 吉林大学学报（理学版），2007，45(1)：63－67.

［11］匡继昌. 常用不等式(第 3 版)［M］. 济南：山东科学技术出版社，2004.

作者简介： 杨必成(1947－)，男，广东汕尾人，教授，主要从事可和性、算子理论与解析不等式方面的研究.

基金项目： 广东省高等学校自然科学基金重点研究项目(05Z026)；广东省自然科学基金资助项目(7004344).

原载：《西南大学学报》(自然科学版)2009 年第 10 期.

收录： 2013 年入选"领跑者 5000 平台".

责任编辑　覃吉康

涉及无限族严格伪压缩映象的广义混合平衡问题的混合迭代算法

饶若峰， 何庆高

宜宾学院数学系,四川宜宾 644007

摘 要:用 KKM 技巧研究了涉及无限族严格伪压缩映象的广义混合平衡问题解的迭代逼近,得到了该迭代算法强收敛于无限族严格伪压缩映象的公共不动点集与广义混合平衡问题的解集之公共元素的结论.

设 H 是 Hilbert 空间,C 是 H 的非空闭凸集,$\varphi: C \longrightarrow R$ 是实值函数,$\Theta: C \times C \longrightarrow R$ 是平衡双变元函数,即对任意 $u \in C$,有 $\Theta(u, u) = 0$. 我们考虑推广的混合平衡问题(AMEP),即找 $x^* \in C$,使得

$$\Theta(x^*, y) + \langle Ax^*, y - x^* \rangle + \varphi(y) - \varphi(x^*) \geqslant 0 \qquad \forall y \in C$$

其中映象 A 是逆强单调的. 受文献[1—10]的工作的影响,特别文献[1]的影响,本文拟将文献[1]的结果从有限族非扩张映象推广到无限族严格伪压缩映象. 以下假设平衡双变元函数 $\Theta: C \times C \longrightarrow R$ 满足条件:

(H1) Θ 是单调的,即对一切 $x, y \in C$,有 $\Theta(x, y) + \Theta(y, x) \leqslant 0$;

(H2) 对任给 $y \in C$,$x \longrightarrow \Theta(x, y)$ 是凹的和上半连续的;

(H3) 对任给 $x \in C$,$y \longrightarrow \Theta(x, y)$ 是凸的.

设 r 是一正的参数,对给定一点 $x \in C$,考虑 AMEP 的辅助问题(简称 AMEP(x, r)),即找一点 $y \in C$ 使得

$$\Theta(y, z) + \langle Ay, z - y \rangle + \varphi(z) - \varphi(y) + \frac{1}{r} \langle K'(y) - K'(x), \eta(z, y) \rangle \geqslant 0$$

$$\forall z \in C$$

其中 $\eta: C \times C \longrightarrow H$,$K'(x)$ 是泛函 $K: C \longrightarrow R$ 在点 x 处的 Fréchet 导数. 设 $S_r: C \longrightarrow C$ 是一映象,使得对每一 $x \in C$,$S_r(x)$ 是辅助问题 AMEP(x, r) 的解集,即

$$S_r(x) = \left\{ y \in C: \Theta(y, z) + \langle Ay, z - y \rangle + \varphi(z) - \varphi(y) + \frac{1}{r} \langle K'(y) - K'(x), \eta(z, y) \rangle \right.$$

$$\geqslant 0, \forall z \in C \} \qquad \forall x \in C$$

下面我们引进涉及无限族严格伪压缩映象的一迭代式. 设 $S_1, S_2, \cdots$ 是 C 到 C 的无限可列个 k-严格伪压缩映象, 对任给 $n \in \mathbb{N}$, 如下定义映象 W_n: $C \longrightarrow C$, 即

$$
\begin{cases}
U_{n, n+1} = I \\
U_{n, n} = \lambda_n (\gamma I + (1 - \gamma) S_n) U_{n, n+1} (1 - \lambda_n) I \\
\vdots \\
W_n = U_{n, 1} = \lambda_1 (\gamma I + (1 - \gamma) S_1) U_{n, 2} + (1 - \lambda_1) I
\end{cases}
\tag{1}
$$

称 W_n 是由 $S_1, S_2, \cdots, S_n$ 和 $\gamma, \lambda_1, \lambda_2, \cdots, \lambda_n$ 产生的 W-映象. 以下我们通篇假定常数 $\gamma \in [k, 1)$. 现我们引进如下混合迭代算法:

$$
\begin{cases}
\Theta(y_n, x) + \langle A y_n, x - y_n \rangle + \varphi(x) - \varphi(y_n) + \dfrac{1}{r} \langle K'(y_n) - K'(x_n), \\
\eta(x, y_n) \rangle \geqslant 0 \qquad\qquad\qquad\qquad\qquad \forall x \in C \qquad (2) \\
x_{n+1} = \alpha_n f(W_n x_n) + \beta_n x_n + \gamma_n W_n y_n
\end{cases}
$$

其中 $\{\alpha_n\}, \{\beta_n\}$ 和 $\{\gamma_n\}$ 是 $(0, 1)$ 中的数列, 且 $\alpha_n + \beta_n + \gamma_n = 1$, 参数 r 是正的.

定理 1 设 C 是 Hilbert 空间 H 的非空闭凸子集, 凸泛函 $\varphi: C \longrightarrow R$ 是下半连续的, $\Theta: C \times C \longrightarrow R$ 是平衡双变元泛函, 满足条件 (H1) — (H3). 设 $S_1, S_2, \cdots$ 是 C 到 C 的无限可列个 k-严格伪压缩映象, 且

$$
\left(\bigcap_{n=1}^{\infty} F(S_n) \right) \bigcap \Omega \neq \varnothing
$$

设 $\lambda_1, \lambda_2, \cdots$ 是实数, 且 $0 < \lambda_i \leqslant b < 1$, $\forall i = 1, 2, \cdots$. 假设 $A: C \longrightarrow C$ 是 a-逆强单调的; $\{\alpha_n\}, \{\beta_n\}$ 和 $\{\gamma_n\}$ 是 $(0, 1)$ 中的数列, 满足 $\alpha_n + \beta_n + \gamma_n = 1$. 参数 r 是给定的正数.

假设:

(i) $\eta: C \times C \longrightarrow H$ 是常数为 $\lambda > 0$ 的 Lipschitz 连续的映象, 并且

(a) $\eta(x, y) + \eta(y, x) = 0$, $\forall x, y \in C$;

(b) $\eta(\cdot, \cdot)$ 关于第一变元是仿射的;

(c) 对任给 $y \in C$, $x \longrightarrow \eta(y, x)$ 是弱拓扑到弱拓扑上序列连续的.

(ii) $K: C \longrightarrow R$ 是常数为 $\mu > 0$ 的 η-强凸泛函, 其 Fréchet 导数 K' 是弱拓扑到强拓扑上序列连续的, 并且还是常数 $\nu > 0$ 的 Lipschitz 连续的, 其中 $\nu \leqslant \dfrac{\mu}{\lambda}$;

(iii) 对任给 $x \in C$, 存在有界子集 $D_x \subset C$ 以及点 $z_x \in C$ 使得对任给 $y \in C \backslash D_x$, 有

$$\Theta(y, z_x) + \langle Ay, z_x - y \rangle + \varphi(z_x) - \varphi(y) + \frac{1}{r} \langle K'(y) - K'(x),$$

$$\eta(z_x, y) \rangle < 0$$

(iv) $\lim\limits_{n\to\infty} \alpha_n = 0$, $\sum\limits_{n=0}^{\infty} \alpha_n = \infty$, 以及 $0 < \liminf\limits_{n\to\infty} \beta < 1$. 假设 $f: C \longrightarrow C$ 是压缩映象, $x_0 \in C$ 是任意给定的一点, W_n 为(1)式给出.

若 S_r 是强非扩张的, 则(2)式给出的序列 $\{x_n\}$ 和 $\{y_n\}$ 强收敛于 $x_* = P_\Gamma f(x_*)$, 其中 $\Gamma = (\bigcap\limits_{n=1}^{\infty} F(S_n)) \bigcap \Omega$.

证 首先, 利用 KKM 技巧, 类似于文献[1], 不难得到 S_r 是单值的; 且

$$\langle K'(x_1) - K'(x_2), \eta(u_1, u_2) \rangle \geqslant \langle K'(u_1) - K'(u_2), \eta(u_1, u_2) \rangle$$

$$\forall (x_1, x_2) \in C \times C$$

其中 $u_i = S_r(x_i)$, $i = 1, 2$; S_r 是非扩张的, 如果 K' 是 Lipschitz 连续的, 其 Lipschitz 常数 $\nu > 0$ 满足 $\mu \geqslant \lambda\nu$; $F(S_r) = \Omega$; 以及 Ω 是闭凸的.

其次我们不难证明 $\{\gamma I + (1-\gamma)S_1, \gamma I + (1-\gamma)S_2, \cdots, \gamma I + (1-\gamma)S_i, \cdots\}$ 是非扩张映象族. 从而由迭代式(1), $S_1, S_2, \cdots$ 和 $\gamma, \lambda_1, \lambda_2, \cdots$ 生成的 W-映象的确存在, 这个映象不妨就记为 W.

接着, 对任给 $i \in \mathbb{N}$, 我们易知 $F(T_i) = F(\gamma I + (1-\gamma)S_i) = F(S_i)$. 从而我们知(参见文献[11])

$$F(W) = \bigcap\limits_{n=1}^{\infty} F(S_n) = \bigcap\limits_{n=1}^{\infty} F(T_n)$$

再由 Banach 压缩映象原理知, 存在唯一元 $x_* \in C$ 使得 $x_* = P_\Gamma f(x_*)$. 类似于文献[1], 我们不难得到 $\{x_n\}$ 和 $\{y_n\}$ 有界. 从而 $\{y_n\}, \{W_n x_n\}, \{W_n y_n\}$ 以及 $\{f(W_n x_n)\}$ 均有界.

为方便起见, 我们用 M 表示下文出现的各种可能不同的常数.

设 $x_{n+1} = \beta_n x_n + (1-\beta_n)z_n$, $\forall n \geqslant 0$, 我们断言

$$\limsup\limits_{n\to\infty}(\| z_{n+1} - z_n \| - \| x_{n+1} - x_n \|) \leqslant 0 \tag{3}$$

事实上, 由于

$$\| z_{n+1} - z_n \| \leqslant \frac{\alpha\alpha_{n+1}}{1 - \beta_{n+1}} \| W_{n+1} x_{n+1} - W_n x_n \| +$$

$$| \frac{\alpha_{n+1}}{1 - \beta_{n+1}} - \frac{\alpha_n}{1 - \beta_n} | (\| f(W_n x_n) \| + \| W_n y_n \|) +$$

$$\frac{\gamma_{n+1}}{1 - \beta_{n+1}} \| W_{n+1} y_{n+1} - W_n y_n \|$$

以及

$$\| W_{n+1}x_n - W_n x_n \| \leqslant \lambda_1 \lambda_2 \cdots \lambda_n \lambda_{n+1} \| T_{n+1}x_n - x_n \| \leqslant b^{n+1}M$$

因而

$$\| W_{n+1}x_{n+1} - W_n x_n \| \leqslant \| W_{n+1}x_{n+1} - W_{n+1}x_n \| + \| W_{n+1}x_n - W_n x_n \|$$
$$\leqslant \| x_{n+1} - x_n \| + b^{n+1}M$$

类似地可得

$$\| W_{n+1}y_{n+1} - W_n y_n \| \leqslant \| y_{n+1} - y_n \| + b^{n+1}M$$

从而

$$\| z_{n+1} - z_n \| \leqslant \| x_{n+1} - x_n \| + | \frac{\alpha_{n+1}}{1-\beta_{n+1}} - \frac{\alpha_n}{1-\beta_n} | (\| f(W_n x_n) \| +$$
$$\| W_n y_n \|) + 2b^{n+1}M$$

再由 $\alpha_n \to 0$ 和 $0 < b < 1$ 我们证得(3)式.

显然 $\liminf_{n\to\infty} \gamma_n > 0$. 由此,利用 S_r 的强非扩张性以及 $\| \cdot \|^2$ 的凸性,类似于文献[1],不难证得

$$\lim_{n\to\infty} \| W_n y_n - y_n \| = 0$$

我们断言

$$\limsup_{n\to\infty} \langle f(x_*) - x_*, x_n - x_* \rangle \leqslant 0 \qquad\qquad (4)$$

其中 $x_* = P_\Gamma f(x_*)$. 显然, $x_* \in \Gamma$. 为证明(4)式,我们选取 $\{y_n\}$ 的某子列 $\{y_{n_j}\}$,使得

$$\lim_{j\to\infty} \langle f(x_*) - x_*, y_{n_j} - x_* \rangle = \limsup_{n\to\infty} \langle f(x_*) - x_*, y_n - x_* \rangle$$

由于 $\{y_{n_j}\}$ 有界,故存在 $\{y_{n_j}\}$ 的子列 $\{y_{n_j}\}$ 弱收敛到 w. 不失一般性,我们不妨就假设 $y_{n_j} \rightharpoonup w$. 这里, $\rightharpoonup$ 表示弱收敛. 显然我们有 $W_n y_{n_j} \rightharpoonup w$.

下证 $w \in \Omega$. 由 $y_n = S_r x_n$, Θ 的单调性以及 A 的逆强单调性,我们有

$$\langle \frac{K'(y_{n_j}) - K'(x_{n_j})}{r}, \eta(x, y_{n_j}) \rangle + \varphi(x) - \varphi(y_{n_j}) \geqslant \Theta(x, y_{n_j}) + \langle Ax, y_{n_j} - x \rangle$$

由

$$\frac{K'(y_{n_j}) - K'(x_{n_j})}{r} \to 0 \qquad\qquad y_{n_j} \rightharpoonup w$$

以及 φ 和 $\Theta(x, y)$ 关于第二变元 y 的弱下半连续性,我们有

$$\Theta(x, w) + \langle Ax, w - x \rangle + \varphi(w) - \varphi(x) \leqslant 0 \qquad \forall x \in C$$

对任意给定的 $0 < t \leqslant 1$ 和 $x \in C$,令 $x_t = tx + (1-t)w$. 由于 $x \in C$ 和 $w \in C$,我们不难得到

$$\Theta(w, x) + \langle Aw, x - w \rangle + \varphi(x) - \varphi(w) \geqslant 0 \qquad \forall x \in C$$

因而, $w \in \Omega$.

进一步我们证明 $w \in F(W)$. 我们用反证法来证明. 假设 $w \notin F(W)$, 则必存在某映象 T_m 使得 $w \notin F(T_m)$. 则由文献[12]知 $w \notin F(W_m)$. 从而当 $n \geqslant m$ 时 $w \notin F(W_n)$. 考虑到 $y_{n_j} \rightharpoonup w$, 由 Opial 条件[13], 我们有

$$\liminf_{j \to \infty} \| y_{n_j} - w \| < \liminf_{j \to \infty} \| y_{n_j} - W_n w \| \leqslant \liminf_{j \to \infty} \| y_{n_j} - w \|$$

这是个矛盾. 从而 $w \in F(W)$. 这就证明了 $w \in \Gamma$. 从而由 x_* 的定义有

$$\limsup_{n \to \infty} \langle f(x_*) - x_* , x_n - x_* \rangle$$

$$= \lim_{j \to \infty} \langle f(x_*) - x_* , y_{n_j} - x_* \rangle$$

$$= \langle f(x_*) - x_* , w - x_* \rangle \leqslant 0$$

最后, 我们证明序列 $\{x_n\}$ 和 $\{y_n\}$ 均强收敛于 x_*.

首先我们记 $\eta_n = \max\{\langle f(x_*) - x_* , x_{n+1} - x_* \rangle, 0\}, \forall n \in \mathbb{N}$. 则不难证得 $0 \leqslant \eta_n \to 0$.

接着, 由次微分不等式(文献[8])和(2)式, 我们有

$$\| x_{n+1} - x_* \|^2 \leqslant \| \beta_n(x_n - x_*) + \gamma_n(W_n y_n - x_*) \|^2 + 2\alpha_n \langle f(W_n x_n) - x_* , x_{n+1} - x_* \rangle$$

$$\leqslant (1 - 2(1 - \alpha)\alpha_n) \| x_n - x_* \|^2 + \frac{2(1 - \alpha)\alpha_n}{1 - \alpha} \cdot \left\{ \frac{M\alpha_n}{2(1 - \alpha)} + \frac{1}{1 - \alpha} \eta_n \right\}$$

$$= (1 - \sigma_n) \| x_n - x_* \|^2 + b_n + c_n$$

其中

$$\sigma_n = 2(1 - \alpha)\alpha_n$$

$$b_n = 2\alpha_n \left\{ \frac{M\alpha_n}{2(1 - \alpha)} + \frac{1}{1 - \alpha} \eta_n \right\}$$

$$c_n = 0$$

显然 $\sum_{n=0}^{\infty} \sigma_n = \infty$, $b_n = o(\sigma_n)$, 以及 $\sum_{n=0}^{\infty} c_n < \infty$. 所以当 $n \to \infty$ 时, 我们有 $x_n \to x_*$.

注 1 在定理1中, 特别地, 取 $A \equiv 0$, 则 定理1将文献 [1] 的定理4.1 从有限族非扩张映象推广到无限族严格伪压缩映象.

参考文献:

[1]CENG L C, YAO J C. A Hybrid Iterative Scheme for Mixed Equilibrium Problems and Fixed Point Problems [J]. J. Comput. Appl. Math., 2008, 214: 186－201.

[2]饶若峰, 张石生. Hilbert 空间中涉及一类新的具误差迭代程序的平衡问题的黏性逼近法(英文)[J]. 数学研究与评论, 2009, 29(3): 535－543.

[3]MAO J S. Ishikawa Type Iterative Algorithm for a New Class of Completely Generalized Nonlinear Quasi-Variational-Like Inclusions in Banach Spaces [J]. 西南师范大学学报(自然科学版),2009,34(1):28－34.

[4]饶若峰.带误差的合成隐迭代新算法 [J].数学物理学报,2009,29A(3):823－831.

[5]YU X Z, XIAO G Q, DENG L. A New System of Generalized Set-Valued Variational Inclusions with A-Monotone Mappings in Hilbert Spaces [J]. 西南大学学报(自然科学版),2009,31(6):124－128.

[6]XIONG Z Z, LI Y L. Modified Viscosity Iterative for Asymptotically Nonexpansive Semigroups in Hilbert Space [J]. 西南大学学报(自然科学版),2009,31(6):143－147.

[7]饶若峰.涉及无限族非扩张映象 $\{T_n\}_{n=1}^{\infty}$ 的迭代算法 $x_{n+1} = \alpha_{n+1} f(x_n) + (1-\alpha_{n+1}) T_{n+1} x_n$ (英文)[J].数学研究与评论,2009,29(4):639－648.

[8]饶若峰,王雄瑞.有限族严格伪压缩映象具误差的一类新的合成隐迭代程序 [J].吉林大学学报(理学版),2008,46(5):865－869.

[9]饶若峰.渐近非扩张映象具误差的合成隐迭代序列的弱收敛和强收敛定理 [J].数学年刊,2008,29A(4):461－470.

[10]ZHANG S S, RAO R F, HUANG J L. Strong Convergence Theorem for A Generalized Equilibrium Problem and A k-Strict Pseudocontraction in Hilbert Spaces [J]. Appl. Math. Mech.,2009,30(6):685－694.

[11]SHIMOJI K, TAKAHASHI W. Strong Convergence to Common Fixed Points of Infinite Nonexpansive Mappings and Applications [J]. Taiwanese J. Math.,2001,5(2):387－404.

[12]TAKAHASHI W, SHIMOJI K. Convergence Theorems for Nonexpansive Mappings and Feasibility Problems [J]. Math. Comput. Modelling,2000,32(1):1463－1471.

[13]OPIAL Z. Weak Convergence of The Sequence of Successive Approximations for Nonexpansive Mappings [J]. Bull. Amer. Math. Soc.,1967,73(4):591－598.

[14]CHANG S S. Some Problems and Results in The Study of Nonlinear Analysis [J]. Nonlinear Anal.TMA,1997,30(7):4197－4208.

作者简介: 饶若峰(1969－),男,四川宜宾人,副教授,硕士,主要从事非线性泛函分析的研究.

基金项目: 四川省教育厅(青年)自然科学基金资助项目(08ZB002).

原载:《西南大学学报》(自然科学版)2009 年第 12 期.

收录: 2013 年入选"领跑者 5000 平台".

责任编辑　覃吉康

半群的 I-V Fuzzy 子半群

陈 露

陕西理工学院数学系，陕西汉中　723000

摘　要：在半群上引入 i-v Fuzzy 子半群等概念. 研究了半群的 i-v Fuzzy 子半群的若干性质，特别是给出半群的 i-v Fuzzy 子集成为 i-v Fuzzy 子半群的充要条件. 即

定理 4　半群 X 的 i-v Fuzzy 子集 $\mu = [\mu^L, \mu^V]$ 是 X 的一个 i-v Fuzzy 子半群的充要条件是 μ^L 与 μ^V 均是 X 的 Fuzzy 子半群.

定理 5　设 μ 是半群 X 的一个 i-v Fuzzy 子集，则 μ 是 X 的一个 i-v Fuzzy 子半群的充要条件是对任意 $D_1 \in D[0, 1]$，$\mu_{D_1} = \{x \mid x \in X, \mu(x) \geqslant D_1\} \neq \varnothing$ 是 X 的一个子半群.

美国的控制论专家 Zadeh 于 20 世纪 60 年代引入 Fuzzy 集[1] 的概念，后来为了使隶属函数数值更符合实际，又引入了 i-v Fuzzy 集[2]. 文献[3]引入了 Fuzzy 群，开始了 Fuzzy 代数的研究. 许多人从事了这方面的研究工作，引入了正规 Fuzzy 子群、Fuzzy 环、Fuzzy 向量空间等. 随后 i-v Fuzzy 子群[4]、i-v Fuzzy 子集[5]、L-Fuzzy 广群与 L-Fuzzy BCK(BCI)-代数[6] 等被引入和研究. 近年来，对 Fuzzy 半群的研究更为深入，获得了大量的研究成果. 文献[7]系统地总结了这方面的工作，提出了许多有价值的研究课题. 我们在[8]中引入了半群的 i-v Fuzzy 理想，研究了它的性质，特别是给出了半群上的 i-v Fuzzy 子集成为 i-v Fuzzy 理想的几个特征性质. 本文给出半群的 i-v Fuzzy 子半群及其相关的概念，研究它们的基本性质，得出了若干重要结果.

设 X 是非空集合，μ 是 X 的一个 Fuzzy 子集. X 上的一切 Fuzzy 子集的集合记为 $F(X)$. 设 $\mu, \nu \in F(X)$，如果对任意 $x \in X$，恒有 $\mu(x) \leqslant \nu(x)$，则称 μ 包含于 ν 中，记为 $\mu \leqslant \nu$.

定义 1[2]　非空集合 X 的 i-v Fuzzy 子集被定义为 $\mu=[\mu^L, \mu^V]$，这里的 μ^L, μ^V 分别是集合 X 的 Fuzzy 子集，且对任意 $x \in X$，$\mu^L(x) \leqslant \mu^V(x)$，$\mu(x)=[\mu^L(x), \mu^V(x)]$. $\mu(x)$ 是 $[0, 1]$ 区间中的一个闭子区间或一个点 [如果 $\mu^L(x)=\mu^V(x)$]. 集合 X 的一切 i-v Fuzzy 子集的集合记为 $F(X)^{i\text{-}v}$.

我们用 $D[0, 1]$ 表示 $[0, 1]$ 区间中的所有闭子区间集.

定义 2　设 $Y \subseteq X$，$D_1 \in D[0, 1]$，定义 $Y_{D_1} \in F(X)^{i\text{-}v}$ 如下：

$$Y_{D_1}(x)=\begin{cases} D_1 & x \in Y \\ [0, 0] & x \in X \backslash Y \end{cases}$$

特别地，如果 Y 是单点集 $\{y\}$，则 $\{y\}_{D_1}$（以后简记为 y_{D_1}）称为 i-v Fuzzy 点.

对于 $D[0, 1]$ 中的两个元素可以规定比较大小，也可以定义加细极大（记为 $\gamma_{\max}$）和加细极小（记为 $\gamma_{\min}$）. 若 $D_1=[a_1, b_1]$，$D_2=[a_2, b_2]$，规定

$$D_1 \geqslant D_2 \Longleftrightarrow a_1 \geqslant a_2, b_1 \geqslant b_2 \qquad D_1=D_2 \Longleftrightarrow a_1=a_2, b_1=b_2$$

$$\gamma_{\max}\{D_1, D_2\}=[\max\{a_1, a_2\}, \max\{b_1, b_2\}]=[a_1 \vee a_2, b_1 \vee b_2]$$

$$\gamma_{\min}\{D_1, D_2\}=[\min\{a_1, a_2\}, \min\{b_1, b_2\}]=[a_1 \wedge a_2, b_1 \wedge b_2]$$

$\gamma_{\max}\{D_1, D_2\}$ 也可以记为 $D_1 \vee D_2$，$\gamma_{\min}\{D_1, D_2\}$ 也可以记为 $D_1 \wedge D_2$.

一般地，若 I 是指标集，$\forall i \in I$，$D_i \in D[0, 1]$，$D_i=[a_i, b_i]$，则

$$\gamma_{\max}\{D_i\}=\bigvee_{i \in I} D_i=[\bigvee_{i \in I} a_i, \bigvee_{i \in I} b_i] \qquad \gamma_{\min}\{D_i\}=\bigwedge_{i \in I} D_i=[\bigwedge_{i \in I} a_i, \bigwedge_{i \in I} b_i]$$

由 $D[0, 1]$ 中成员的大小规定和 $\gamma_{\max}$ 与 $\gamma_{\min}$ 的定义可知：$D[0, 1]$ 关于"$\vee$"与"$\wedge$"形成一个格. 又由实数的确界原理知 $\bigvee_{i \in I} a_i, \bigvee_{i \in I} b_i, \bigwedge_{i \in I} a_i, \bigwedge_{i \in I} b_i$ 均存在，从而 $D[0, 1]$ 关于加细极大和加细极小形成完备格.

定义 3　设 $\mu, \nu \in F(X)^{i\text{-}v}$. 如果对任意 $x \in X$，恒有

$$\mu(x)=[\mu^L(x), \mu^V(x)] \leqslant [\nu^L(x), \nu^V(x)]=\nu(x)$$

则记作 $\mu \leqslant \nu$.

定义 4　设 $D_1=[\delta_1, \delta_2] \in D[0, 1]$，$X \neq \varnothing$，$\mu: X \longrightarrow D[0, 1]$ 是 X 的一个 i-v Fuzzy 子集，则 $\mu_{D_1}=\{x \mid x \in X, \mu(x) \geqslant D_1\}$ 称为 i-v Fuzzy 子集 μ 的 D_1 截集（μ_{D_1} 可能是空集）.

定义 5　设 $(X, \cdot)$ 为群胚，定义 $F(X)^{i\text{-}v}$ 上的乘法运算"$\circ$"如下：对任意 $x \in X$，规定

$$(\mu \circ \nu)(x)=\begin{cases} \bigvee_{yz=x}\{\mu(y) \wedge \nu(z)\} & \text{存在 } y, z \in X, \text{ 使得 } x=yz \\ [0, 0] & \text{否则} \end{cases}$$

定理 1　设 $(X, \cdot)$ 为群胚，$\mu, \nu, x_{D_1}, y_{D_2} \in F(X)^{i\text{-}v}$，$[0,0] < D_1$，$D_2 \in D[0,1]$，则

(1) $x_{D_1} \circ y_{D_2} = (xy)_{D_1 \wedge D_2}$；

(2) $\mu \circ \nu = \bigvee\limits_{x_{D_1} \in \mu, y_{D_2} \in \nu} (x_{D_1} \circ y_{D_2})$；

这里 $x_{D_1} \in \mu$ 指的是 $x_{D_1} \leqslant \mu$ 且 x_{D_1} 是 i-v Fuzzy 点.

证　由定义 5，(1°) 是显然的.

(2) 任取 $\omega \in X$，如果 ω 不能写成 X 中两个元素乘积，则 $(\mu \circ \nu)(\omega) = [0,0]$，且对任意 $x_{D_1} \in \mu$，$y_{D_2} \in \nu$，有 $(x_{D_1} \circ y_{D_2})(\omega) = [0,0]$ 成立. 如果 $\omega = st$，则

$$(\mu \circ \nu)(\omega) = \bigvee_{st=\omega} (\mu(s) \wedge \nu(t))$$
$$\geqslant \bigvee_{st=\omega,\, x_{D_1} \in \mu,\, y_{D_2} \in \nu} (x_{D_1}(s) \wedge y_{D_2}(t))$$
$$\geqslant (x_{D_1} \circ y_{D_2})(\omega)$$

由 $x_{D_1} \in \mu$，$y_{D_2} \in \nu$ 选择的任意性得

$$(\mu \circ \nu)(\omega) \geqslant \Big(\bigvee_{x_{D_1} \in \mu,\, y_{D_2} \in \nu} x_{D_1} \circ y_{D_2} \Big)(\omega)$$

另一方面

$$\Big(\bigvee_{x_{D_1} \in \mu,\, y_{D_2} \in \nu} x_{D_1} \circ y_{D_2} \Big)(\omega) = \bigvee_{x_{D_1} \in \mu,\, y_{D_2} \in \nu} (x_{D_1} \circ y_{D_2})(\omega)$$
$$= \bigvee_{x_{D_1} \in \mu,\, y_{D_2} \in \nu} \bigvee_{st=\omega} (x_{D_1}(s) \wedge y_{D_2}(t))$$
$$\geqslant \bigvee_{st=\omega} (s_{\mu(s)}(s) \wedge t_{\nu(t)}(t))$$
$$= \bigvee_{st=\omega} (\mu(s) \wedge \nu(t)) = (\mu \circ \nu)(\omega)$$

因此 (2) 得证.

利用定义 5，可以得到定理 2.

定理 2　设 $(X, \cdot)$ 为群胚，则

(1) 如果 $(X, \cdot)$ 为半群，那么 $(F(X)^{i\text{-}v}, \circ)$ 也是半群；

(2) 如果 $(X, \cdot)$ 是可换的，那么 $(F(X)^{i\text{-}v}, \circ)$ 也是可换的；

(3) 如果 $(X, \cdot)$ 有单位元 e，那么存在 i-v Fuzzy 点 e_{D_1}，使得对任意 $\mu \in F(X)^{i\text{-}v}$，有

$$\mu \circ e_{D_1} = e_{D_1} \circ \mu = \mu$$

定义 6 设 $(X, \cdot)$ 为半群，$\mu \in F(X)^{i\text{-}v}$ 称为 X 的 i-v Fuzzy 子半群，如果 $\mu \circ \mu \leqslant \mu$.

定理 3 设 $(X, \cdot)$ 为半群，$\mu \in F(X)^{i\text{-}v}$，则下列各条等价

(1) μ 为 X 的 i-v Fuzzy 子半群；

(2) 如果 $x_{D_1}, y_{D_2} \in \mu$，那么 $x_{D_1} \circ y_{D_2} \in \mu$；

(3) 如果 $x, y \in X$，那么 $\mu(xy) \geqslant \gamma_{\min}\{\mu(x), \mu(y)\}$.

证 "(1)$\Longrightarrow$(2)" 因为 μ 为 i-v Fuzzy 子半群，所以对任意 x_{D_1}, $y_{D_2} \in \mu$，$x_{D_1} \circ y_{D_2} \leqslant \mu \circ \mu \leqslant \mu$.

"(2)$\Longrightarrow$(3)" 因为 $x_{\mu(x)}, y_{\mu(y)} \in \mu$，由假设对任意 $x, y \in X$，有

$$\mu(xy) \geqslant x_{\mu(x)} \circ y_{\mu(y)}(xy) = \gamma_{\min}\{\mu(x), \mu(y)\}$$

"(3)$\Longrightarrow$(1)" 只需证对任意 $z \in X$，$\mu(z) \geqslant (\mu \circ \mu)(z)$.

事实上，如果 z 不能表示为 X 中两个元素的乘积，则 $\mu(z) \geqslant [0, 0] = (\mu \circ \mu)(z)$；如果 z 可以表示为 X 中两个元素的乘积，设 $z = xy$，则 $\mu(z) = \mu(xy) \geqslant \bigvee_{z=xy}(\mu(x) \wedge \mu(y)) = (\mu \circ \mu)(z)$，所以 $\mu \circ \mu \leqslant \mu$.

定理 4 半群 X 的 i-v Fuzzy 子集 $\mu = [\mu^L, \mu^V]$ 是 X 的一个 i-v Fuzzy 子半群的充要条件是 μ^L 与 μ^V 均是 X 的 Fuzzy 子半群.

证 充分性 设 μ^L 与 μ^V 均是 X 的 Fuzzy 子半群，对任意 $x, y \in X$，有
$$\mu(xy) = [\mu^L(xy), \mu^V(xy)] \geqslant [\wedge\{\mu^L(x), \mu^L(y)\}, \wedge\{\mu^V(x), \mu^V(y)\}]$$
$$= \gamma_{\min}\{[\mu^L(x), \mu^V(x)], [\mu^L(y), \mu^V(y)]\} = \gamma_{\min}\{\mu(x), \mu(y)\}$$
因此由定理 3，μ 是 X 的一个 i-v Fuzzy 子半群.

必要性 对任意 $x, y \in X$，我们有
$$[\mu^L(xy), \mu^V(xy)] \geqslant \gamma_{\min}\{[\mu^L(x), \mu^V(x)], [\mu^L(y), \mu^V(y)]\}$$
$$= [\mu^L(x) \wedge \mu^L(y), \mu^V(x) \wedge \mu^V(y)]$$
由 $D[0, 1]$ 中元素间大小的规定即知
$$\mu^L(xy) \geqslant \mu^L(x) \wedge \mu^L(y) \qquad \mu^V(xy) \geqslant \mu^V(x) \wedge \mu^V(y)$$
故由文献[7]的定理 2.1.6，μ^L 与 μ^V 均是 X 的 Fuzzy 子半群.

定理 5 设 μ 是半群 X 的一个 i-v Fuzzy 子集，则 μ 是 X 的一个 i-v Fuzzy 子半群的充要条件是对任意 $D_1 \in D[0, 1]$，$\mu_{D_1} = \{x \mid x \in X, \mu(x) \geqslant D_1\} \neq \varnothing$ 是 X 的一个子半群.

证 **必要性** X 是一半群，若 μ 是 X 的一个 i-v Fuzzy 子半群，$D_1 \in D[0,1]$，且

$$\mu_{D_1} = \{x \mid x \in X, \mu(x) \geqslant D_1\} \neq \varnothing$$

现证 μ_{D_1} 是 X 的一个子半群. 设 $x, y \in \mu_{D_1}$，于是 $\mu(x) \geqslant D_1$，$\mu(y) \geqslant D_1$，由定理 3，得

$$\mu(xy) \geqslant \gamma_{\min}\{\mu(x), \mu(y)\} \geqslant D_1$$

从而 $xy \in \mu_{D_1}$，故 μ_{D_1} 是 X 的一个子半群.

充分性 对任意 $D_1 = [\delta_1, \delta_2] \in D[0,1]$，若 $\mu_{D_1} \neq \varnothing$，则 μ_{D_1} 一定是 X 的一个子半群，现证明 i-v Fuzzy 子集 μ 一定是 X 的 i-v Fuzzy 子半群.

用反证法，假设 μ 不是 X 的 i-v Fuzzy 子半群，于是存在 $x_0, y_0 \in X$，使得

$$\mu(x_0 y_0) < \gamma_{\min}\{\mu(x_0), \mu(y_0)\}$$

令 $\mu(x_0) = [r_1, r_2]$，$\mu(y_0) = [r_3, r_4]$，$\mu(x_0 y_0) = [\delta_1, \delta_2]$，那么

$$[\delta_1, \delta_2] < \gamma_{\min}\{[r_1, r_2], [r_3, r_4]\} = [\min\{r_1, r_3\}, \min\{r_2, r_4\}]$$

因此 $\delta_1 < \min\{r_1, r_3\}$，$\delta_2 < \min\{r_2, r_4\}$.

当然也可能有 $\delta_1 < \min\{r_1, r_3\}$，$\delta_2 = \min\{r_2, r_4\}$ 或 $\delta_1 = \min\{r_1, r_3\}$，$\delta_2 < \min\{r_2, r_4\}$. 下面仅就第一种情况证明，其余两种情况可类似证明.

取

$$[\lambda_1, \lambda_2] = \left[\frac{1}{2}(\delta_1 + \min\{r_1, r_3\}), \frac{1}{2}(\delta_2 + \min\{r_2, r_4\})\right]$$

于是

$$\min\{r_1, r_3\} > \lambda_1 = \frac{1}{2}(\delta_1 + \min\{r_1, r_3\}) > \delta_1$$

$$\min\{r_2, r_4\} > \lambda_2 = \frac{1}{2}(\delta_2 + \min\{r_2, r_4\}) > \delta_2$$

因此

$$[\min\{r_1, r_3\}, \min\{r_2, r_4\}] > [\lambda_1, \lambda_2] > [\delta_1, \delta_2] = \mu(x_0 y_0)$$

从而 $x_0 y_0 \notin \mu_{[\lambda_1, \lambda_2]}$.

另一方面，$\mu(x_0) = [r_1, r_2] \geqslant [\min\{r_1, r_3\}, \min\{r_2, r_4\}] > [\lambda_1, \lambda_2]$，且 $\mu(y_0) > [\lambda_1, \lambda_2]$，故 $x_0, y_0 \in \mu_{[\lambda_1, \lambda_2]}$，而 $x_0 y_0 \notin \mu_{[\lambda_1, \lambda_2]}$，这与 $\mu_{[\lambda_1, \lambda_2]}$ 是 X 的子半群矛盾.

参考文献:

[1]ZADEH L A. Fuzzy Sets [J]. Information and Control,1965,8(3):338—353.

[2]ZADEH L A.Concept of a Linguistic Variable and Its Application to Approximate Reasoning-I [J]. Inform. Sci.,1975,8:199—249.

[3]ROSENFELD A. Fuzzy Groups [J]. Math. Anal. Appl.,1971,35:512—517.

[4]BISWAS R. Rosenfeld's Fuzzy Subgroups with Interval Valued Membership Functions [J]. Fuzzy Sets and Systems,1994,63(1):87—90.

[5]JUN Y B. Interval-Valued Fuzzy Subalgebra/Ideals in BCK-Algebras [J]. Sci. Math.,2000,3(3):435—444.

[6]蒲义书. L-Fuzzy 广群与 L-Fuzzy BCK(BCI)-代数 [J]. 汉中师范学院学报(自然科学),1998,16(2):1—5.

[7]谢祥云,吴明芬. 半群的模糊理论 [M]. 北京:科学出版社,2005.

[8]陈 露. 半群的 i-v Fuzzy 理想 [J]. 纯粹数学与应用数学,2009,25(1):102—106.

[9]蒲义书. Vague 集的两点注记 [J]. 宝鸡文理学院学报(自然科学版),2006,26(1):15—18.

[10]曹 慧,曹洪平.有关 CC—子群的一些性质 [J]. 西南师范大学学报(自然科学版),2008,33(5):4—6.

[11]吕 恒,陈贵云.关于弱半根子群 [J]. 西南师范大学学报(自然科学版),2005,30(6):997—999.

[12]李方方,曹洪平. 子群的性质对有限群结构的影响 [J]. 西南大学学报(自然科学版),2008,30(8):5—8.

作者简介: 陈 露(1971-),女,陕西勉县人,副教授,主要从事序代数,模糊代数的研究.

基金项目: 陕西省教育厅科研基金资助项目(08JK253).

原载:《西南大学学报》(自然科学版)2010 年第 4 期.

收录: 2013 年入选"领跑者 5000 平台".

责任编辑 覃吉康

凸度量空间中非扩张映象的不动点迭代

刘奇飞[1]，　邓　磊[2]

1. 湖南人文科技学院数学与应用数学系,湖南娄底　417000；

2. 西南大学数学与统计学院,重庆　400715

摘　要: 在完备凸度量空间内对非扩张映射引入逼近不动点的新的迭代算法,利用非负实数序列的一个不等式,在适当假设下,证明了所引入的迭代序列收敛于非扩张映射的不动点.

定义　设 (E, d, w) 是具凸结构 $w: E^3 \times I^3 \longrightarrow E$ 的凸度量空间, $T: E \longrightarrow E$ 是自映象. 对任意的 $u_i \in E$ $(i=0,1,2,\cdots,q,q+1)$, 定义 E 中的迭代序列 $\{u_n\}_{n=q+1}^{\infty}$ 如下：

$$\begin{cases} v_n = w(u_n, T^n u_n; \overline{\alpha}_n, \overline{\beta}_n) & n=0,1,2,\cdots \\ u_{n+2} = w(u_{n+1}, T^n v_{n-q}, u_n; \alpha_n, \beta_n, \gamma_n) & n=q,q+1,q+2,\cdots \end{cases} \tag{1}$$

这里 $q \in \mathbb{N}$ 是一个固定的数字. 序列 $\{\alpha_n\}_{n=1}^{\infty}$, $\{\beta_n\}_{n=1}^{\infty}$, $\{\gamma_n\}_{n=1}^{\infty} \subset (0,1)$ 是满足某些条件的实数列.

引理　设 $\{a_n\}$ 是一个非负实序列,并满足如下条件：

$$a_{n+2} \leqslant \alpha_n a_{n+1} + \beta_n a_{n-q} + \gamma_n a_n \qquad n \geqslant q \tag{2}$$

其中 q 是一个固定数字,序列 $\{\alpha_n\}, \{\beta_n\}, \{\gamma_n\}$ 满足 $\alpha_n \subset [\theta, 1]$（其中 $\theta \in (0,1]$）,且 $\alpha_n + \beta_n + \gamma_n \leqslant 1$ 时 $\lim\limits_{n \to \infty} a_n$ 存在. 如果序列 $\{\alpha_n\}_{n=1}^{\infty} \subset [b,1]$（其中 $b \in (0,1]$）,则 $\{a_n\}_{n=1}^{\infty}$ 收敛.

证　定义序列 $\{b_n\}_{n=1}^{\infty}$ 如下

$$\{b_n\} = \begin{cases} \{a_n\} & n=1,2,\cdots,q+1 \\ \max\{a_{n-q}, a_{n-q+1}, \cdots, a_{n+1}\} & n=q+2,q+3,\cdots \end{cases}$$

由(1)有

$$a_{n+2} \leqslant \alpha_n a_{n+1} + \beta_n a_{n-q} + \gamma_n a_n \leqslant \alpha_n b_n + \beta_n b_n + \gamma_n b_n \leqslant b_n \qquad n = q+2,$$
$q+3,\cdots$

因此

$$b_{n+1} = \max\{a_{n+1-q}, a_{n+1-q+1}, \cdots, a_{n+2}\}$$
$$\leqslant \max\{a_{n-q}, a_{n+1-q}, a_{n+1-q+1}, \cdots, a_{n+1}, a_{n+2}\}$$
$$\leqslant \max\{b_n, a_{n+2}\} \leqslant b_n \qquad n = q+2, q+3, \cdots$$

故 $\lim\limits_{n \to \infty} b_n$ 存在.

记 $\lim\limits_{n \to \infty} b_n = a$. 下面证明序列 $\{a_n\}_{n=1}^{\infty}$ 也收敛于 a. 若 $a = 0$, 则显然 $\{a_n\}_{n=1}^{\infty}$ 也收敛于 a. 若 $a \neq 0$, 由 $\{b_n\}_{n=1}^{\infty}$ 的定义知, 对任意的 $n \in \mathbb{N}$, 有 $a_n < b_n$. 那么容易得到存在 $\xi > 0$, 对任意的 $j > 0$, 存在 $n_j > j$, 使得

$$a_{n_j} < a - \xi$$

由 $\lim\limits_{n \to \infty} b_n = a$, 取 $\varepsilon = \dfrac{(1-\theta)\theta^{q+1}\xi}{2 - \theta - \theta^{q+1}}$, 存在 N_ε, 使得对所有 $n \geqslant N_\varepsilon + 2q + 1$ (或 $n - q > N_\varepsilon + q + 1$), 有

$$a - \varepsilon < b_n < a + \varepsilon \tag{3}$$

于是, 由(2)和(3)式, 得到

$$a_{n-q+1} \leqslant \alpha_{n-q-1} a_{n-q} + \beta_{n-q-1} a_{n-2q-1} + \gamma_{n-q-1} a_{n-q-1}$$
$$< \alpha_{n-q-1}(a - \xi) + \beta_{n-q-1}(a + \varepsilon) + \gamma_{n-q-1}(a + \varepsilon) \tag{4}$$
$$\leqslant a - \alpha_{n-q-1}\xi + (\beta_{n-q-1} + \gamma_{n-q-1})\varepsilon \leqslant a - \theta\xi + \varepsilon$$

同样的方法, 由(2),(3)及(4)可得

$$a_{n-q+2} \leqslant \alpha_{n-q} a_{n-q+1} + \beta_{n-q} a_{n-2q} + \gamma_{n-q} a_{n-q}$$
$$< \alpha_{n-q}(a - \theta\xi + \varepsilon) + \beta_{n-q}(a + \varepsilon) + \gamma_{n-q}(a + \varepsilon)$$
$$\leqslant a - \theta^2\xi + \theta\varepsilon + (\beta_{n-q} + \gamma_{n-q})\varepsilon \leqslant a - \theta^2\xi + (\theta+1)\varepsilon$$

如此继续进行下去, 同样的道理, 可推出

$$a_{n-q+i} < a - \theta^i\xi + \left(\frac{1-\theta^i}{1-\theta}\right)\varepsilon \qquad i = 1, \cdots, q+1$$

由 $\varepsilon = \dfrac{(1-\theta)\theta^{q+1}\xi}{2 - \theta - \theta^{q+1}}$ 可得

$$a_{n-q+i} < a - \theta^i\xi + \left(\frac{1-\theta^i}{1-\theta}\right)\varepsilon \leqslant a - \varepsilon \qquad i = 0, \cdots, q+1$$

而由 $\{b_n\}$ 的定义，有 $b_n < a - \varepsilon$. 此与 $b_n > a - \varepsilon$ 矛盾. 从而有 $\{a_n\}_{n=1}^{\infty}$ 也收敛于 a.

定理 设 (E, d, w) 是一完备的凸度量空间，$T : E \longrightarrow E$ 为非扩张映象，则对任意给定的 $u_i \in E$ ($i = 0, 1, 2, \cdots, q, q+1, q \in \mathbb{N}$ 为一固定数字)，由 (1) 式所定义的 E 中的迭代序列 $\{a_n\}_{n=1}^{\infty}$ 收敛到 T 的一个不动点的充分必要条件是 $\lim\limits_{n \to \infty} \inf d(u_n, F(T)) = 0$. 其中 $d(y, C)$ 为 y 到集合 C 的距离，即 $d(y, C) = \inf\limits_{x \in C} d(y, x)$；序列 $\{\alpha_n\}_{n=1}^{\infty} \subset [\theta, 1]$（其中 $\theta \in (0, 1]$），并且对所有的 $n = 1, 2, \cdots$，满足 $\alpha_n + \beta_n + \gamma_n \leqslant 1$, $\overline{\alpha}_n + \overline{\beta}_n \leqslant 1$.

证 定理的必要性显然，下证充分性. 设 $\lim\limits_{n \to \infty} \inf d(u_n, F(T)) = 0$, x^* 为 T 的一个不动点，则

$$d(u_{n+2}, x^*) = d(w(u_{n+1}, T^n v_{n-q}, u_n; \alpha_n, \beta_n, \gamma_n), x^*)$$
$$\leqslant \alpha_n d(u_{n+1}, x^*) + \beta_n d(T^n v_{n-q}, x^*) + \gamma_n d(u_n, x^*)$$
$$\leqslant \alpha_n d(u_{n+1}, x^*) + \beta_n d(v_{n-q}, x^*) + \gamma_n d(u_n, x^*)$$

$$\tag{5}$$

$$d(v_{n-q}, x^*) = d(w(u_{n-q}, T^{n-q} u_{n-q}; \overline{\alpha}_{n-q}, \overline{\beta}_{n-q}), x^*)$$
$$\leqslant \overline{\alpha}_{n-q} d(u_{n-q}, x^*) + \overline{\beta}_{n-q} d(T^{n-q} u_{n-q}, x^*)$$
$$\leqslant \overline{\alpha}_{n-q} d(u_{n-q}, x^*) + \overline{\beta}_{n-q} d(u_{n-q}, x^*) \leqslant d(u_{n-q}, x^*)$$

$$\tag{6}$$

对所有的 $n \geqslant q$ 成立. 由 (5) 和 (6) 式可得

$$d(u_{n+2}, x^*) \leqslant \alpha_n d(u_{n+1}, x^*) + \beta_n d(u_{n-q}, x^*) + \gamma_n d(u_n, x^*)$$

令 $a_n = d(u_n, x^*)$，由引理 1 可得 $\lim\limits_{n \to \infty} a_n$ 存在.

故对任意的 $x^* \in F(T)$, $\lim\limits_{n \to \infty} d(u_n, x^*)$ 存在. 故 $\lim\limits_{n \to \infty} d(u_n, F(T))$ 存在. 又 $\lim\limits_{n \to \infty} \inf d(u_n, F(T)) = 0$, 所以有 $\lim\limits_{n \to \infty} d(u_n, F(T)) = 0$. 又由

$$\lim_{n \to \infty} d(u_n, F(T)) = \lim_{n \to \infty} \inf_{x^* \in F(T)} d(u_n, x^*) = 0$$

可以得到

$$\inf_{x^* \in F(T)} \lim_{n \to \infty} d(u_n, x^*) = 0$$

所以对于任意的 $\varepsilon > 0$, 存在 $x^* \in F(T)$, 及 $N > 0$, 使得当 $n > N$ 时，有

$$d(u_n, x^*) < \frac{\varepsilon}{2}$$

因而可得

$$d(u_{n+m}, u_n) < d(u_{n+m}, x^*) + d(u_n, x^*) < \frac{\varepsilon}{2} + \frac{\varepsilon}{2} = \varepsilon$$

所以 $\{u_n\}$ 为 Cauchy 列，从而在完备的凸度量空间中收敛.

设 $\lim\limits_{n \to \infty} u_n = x'$，存在 $N' > 0$，使得当 $n > N'$ 时，有

$$d(u_n, x') < \varepsilon$$

取 $N^* = \max\{N, N'\}$. 当 $n > N^*$ 时，有

$$
\begin{aligned}
d(Tx, x) &\leqslant d(Tx', Tx^*) + d(x^*, x') \leqslant 2d(x^*, x') \\
&\leqslant 2(d(u_n, x^*) + d(x^*, u_n)) \leqslant 2\varepsilon
\end{aligned}
\tag{7}
$$

由 ε 的任意性可得 $d(Tx', x') = 0$，即 $x' \in F(T)$.

参考文献：

[1]CHANG S S, KIM J K. Convergence Theorems of the Ishikawa Type Iterative Sequences with Errors for Generalized Quasi-Contractive Mappings in Convex Metric Spaces [J]. Applied Math. Lett., 2003, 16(4)：535—542.

[2]ISHIKAWA S. Fixed Point by a New Iteration [J]. Proc. Amer. Math. Soc., 1974, 44：147—150.

[3]李　军.关于序列的不等式及其应用[J].数学学报,2004,47(2):273—278.

[4]DENG L, LIU Q F. Iterative Scheme for Nonself Generalized Asymptotically Quasi-Nonexpansive Mappings [J]. Appl. Math. Comput., 2008, 205：317—324.

[5]JEONG J U, KIM S H. Weak and Strong Convergence of the Ishikawa Iteration Process with Errors for Two Asymptotically Nonexpansive Mappings [J]. Appl. Math. Comput., 2006, 181：1394—1401.

[6]TANG C L, DENG L. Approximation of Fixed Points of Strict Hemi-Contraction Mapping [J]. 西南师范大学学报(自然科学版), 1998, 23(5)：501—504.

[7]邓　磊. 在一致凸 Banach 空间中非扩张映射的 Ishikawa 迭代过程 [J]. 西南师范大学学报(自然科学版), 1999, 24(2)：142—144.

作者简介: 刘奇飞(1982 -),女,湖南邵阳人,硕士,主要从事非线性泛函分析研究.

基金项目: 国家自然科学基金资助项目(10771173).

原载:《西南大学学报》(自然科学版)2010 年第 8 期.

收录: 2012 年入选"领跑者 5000 平台".

责任编辑　覃吉康

壳寡糖处理对红橘果实贮藏品质和生理的影响

聂青玉[1], 侯大军[2]

1.重庆三峡职业学院,重庆万州 404155;

2.西南大学食品科学学院,重庆 400716

摘 要:以红橘为试材,果实采后分别以1%,2%,3%浓度的壳寡糖溶液浸泡处理红橘果实1 min,研究壳寡糖处理对红橘贮藏品质、采后生理的影响.结果表明:壳寡糖处理能较好地保持贮藏红橘果实的感官品质、风味品质、营养品质,有效调节控制果肉细胞成熟衰老,从而延长红橘果实贮藏期.1%壳寡糖处理果实的各项品质、生理指标优于其他处理组,为有效延长柑橘果实贮藏时间的最佳浓度.

柑橘是世界著名果品之一,虽然近年来我国引进了不少新的柑橘品种,但历史悠久、应用广泛的红橘(*Citrus tangerina* Hort.)仍在柑橘生产中占有重要地位[1].红橘为宽皮柑橘,是柑橘中最不耐贮藏的品种[2].红橘贮藏技术单一,简易贮藏和杀菌剂的使用等是贮运过程中常用的方法.单一传统的杀菌防腐剂多为化学农药,基于环境与健康等因素的考虑,它们在果蔬保鲜上的应用越来越受到质疑.因此,研究天然的贮藏保鲜剂对宽皮柑橘的保鲜和品质的影响有重要现实意义.

壳寡糖(缩写COS),是由甲壳素(几丁质)脱乙酰化的产物壳聚糖降解获得的低聚糖,也是天然糖中唯一大量存在的碱性氨基多糖[3].壳寡糖可以从改善贮藏品质、调节采后生理代谢、抑制病原菌生长和诱导果蔬产生抗病性等方面对果蔬起到保鲜作用[4].壳寡糖已用于芒果的保鲜,并且取得了一定的效果[5],但关于壳寡糖在红橘保鲜中的应用还鲜有报道.本文探讨了不同浓度壳寡糖处理红橘果实后,对果实的贮藏品质及采后生理的影响,从而筛选出在红橘贮藏中的最佳壳寡糖应用浓度,以期为壳寡糖在红橘贮藏中的广泛应用提供参考依据.

1 材料与方法

1.1 材料

红橘 品种为大红袍,采于重庆市万州区太白岩农家果园.

壳寡糖 相对分子质量1 500—2 000,食品级,购自济南海得贝海洋生物工程有限公司.

1.2 仪器与设备

WYT0-80手持折光仪,GC1100气相色谱仪,TG16-WS高速冷冻离心机,S22PC可见分光光度计,DDS-11A电导率仪.

1.3 试验设计

选择成熟无损伤果实采收,采收当日运回实验室,选果后用1%,2%,3%浓度(g/g)的壳寡糖水溶液浸泡1 min,晾干,薄膜包装.置于室温,贮藏温度为18—25 ℃,相对湿度75%—85%.每隔7 d定期取样测定果实的品质及生理指标.对贮藏过程中果实品质及生理生化指标进行动态分析,以确定壳寡糖在红橘贮藏中的最佳溶剂和使用浓度.

1.4 测定指标及方法

1.4.1 硬度的测定

红橘果实硬度评定:参照Hofman等方法[6].硬度分为5级.5级:坚硬;4级:硬;3级:微软;2级:可食软度;1级:过软.每处理用果50个.

硬度指数=Σ(硬度级别×该级别果实占总果实的百分比).

1.4.2 失重率的测定

以称重法统计[7].

1.4.3 可溶性固形物含量的测定

果实可溶性固形物采用手持式折光仪测定[7].将5个果实果肉混合后,研磨匀浆,过滤,取滤液用手持式折光仪进行测定,重复3次.利用温度修正表进行修正.

1.4.4 可滴定酸含量的测定

可滴定酸的测定采用滴定法[8].

1.4.5 还原性抗坏血酸含量的测定

还原性抗坏血酸含量的测定采用 2,6 -二氯酚靛酚法,参考 El Bulk 等的方法[9].

1.4.6 呼吸强度的测定

采用静置法[7].

1.4.7 丙二醛含量的测定

采用分光光度法,参考曹建康等方法进行[7].

1.4.8 相对电导率的测定

采用电导率仪测定,参考曹建康等方法进行[7].

2 结果与分析

2.1 壳寡糖处理对红橘果实硬度的影响

实验结果表明,采收后对红橘果实进行壳寡糖处理,对减缓贮藏过程中红橘果实硬度的下降有一定作用(图 1);到贮藏末期的第 35 d,1％,2％壳寡糖处理组果实的硬度指数仍比对照组高 19.2％,9.8％,但 3％壳寡糖处理组果实硬度与对照果实相近.

2.2 壳寡糖处理对红橘果实失重率的影响

采后红橘由于蒸腾作用的影响,失重、失鲜,严重影响果实的贮藏品质.实验结果表明,贮藏过程中对照组果实失水较快,特别是到贮藏的中后期失水速度加快,果皮表现出明显的皱缩.壳寡糖处理对红橘果实水分的损失表现出一定的抑制作用,抑制作用随壳寡糖处理浓度的增加而明显减弱,3 个壳寡糖处理浓度中以 1％壳寡糖处理效果最好.贮藏第 35 d,1％,2％和 3％浓度壳寡糖处理组果实的失重率分别比对照组低 52.2％,29.9％和 13.4％(图 2).

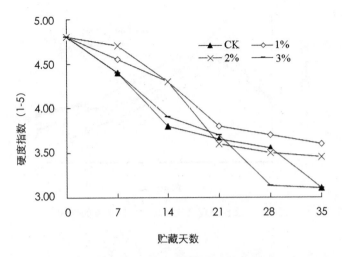

图1　壳寡糖处理对红橘果实硬度的影响

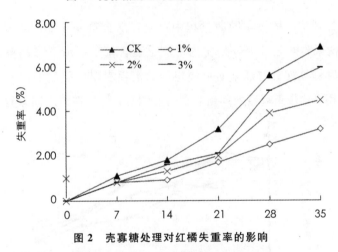

图2　壳寡糖处理对红橘失重率的影响

2.3　壳寡糖处理对红橘果实可溶性固形物的影响

贮藏过程中,壳寡糖处理与对照组果实的可溶性固形物含量变化均呈现先升高后下降的趋势(图3).壳寡糖处理果实的可溶性固形物含量及峰值水平均高于对照组,说明壳寡糖能抑制红橘贮藏过程中糖的消耗,保鲜果实的风味品质.但2%和3%壳寡糖处理组及对照组红橘果实均在贮藏的第7 d达到可溶性固形物含量的峰值,而1%壳寡糖处理组红橘果实可溶性固形物的高峰值出现在贮藏的第14 d,且贮藏14 d后的整个贮藏期,1%壳寡糖处理组红橘果实的可溶性固形物含量均高于其他处理组及对照组,说明1%浓度的壳寡糖为控制红橘果实可溶性固形物含量降低的最适浓度.

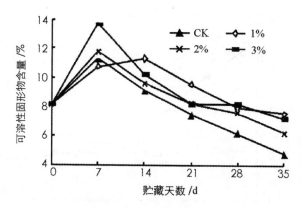

图 3　壳寡糖处理对红橘可溶性固形物的影响

2.4　壳寡糖处理对红橘果实可滴定酸含量的影响

不同处理组红橘果实贮藏过程中可滴定酸含量变化如图 4 所示. 结果表明, 红橘采收贮藏过程中果实内可滴定酸含量呈逐渐下降趋势, 而 3 种浓度的壳寡糖处理对红橘果实可滴定酸的消耗表现出明显的抑制作用, 这种抑制作用在 1% 壳寡糖处理组表现得较明显, 但处理组之间差异不显著.

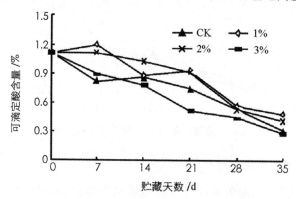

图 4　壳寡糖处理对红橘可滴定酸含量的影响

2.5　壳寡糖处理对红橘果实还原性抗坏血酸含量的影响

红橘中维生素 C 含量丰富, 但在贮藏过程中易损失, 在维生素酶的作用下逐渐分解. 图 5 表明, 贮藏过程中红橘果实内还原性抗坏血酸含量呈逐渐下降趋势. 而研究结果表明, 采收后对红橘果实进行壳寡糖处理, 对减缓贮藏过程中红橘果实还原性抗坏血酸含量的下降有一定的作用. 其中 1% 的壳寡糖处理作用最为显著，到贮藏末期的第 21 d、28 d 和 35 d，1%壳寡糖处理组果实的还原性抗坏血酸含量比对照组高 15.2%，21.4%，12.7%.

2.6 壳寡糖处理对红橘果实呼吸强度的影响

实验过程中定期测定红橘果实的呼吸强度，结果如图 6 所示. 在贮藏过程中，各组红橘果实呼吸强度变化的差异不大，呈现缓慢下降的趋势. 这与红橘为非呼吸跃变型水果，采后贮藏期间无呼吸高峰，随着果实的衰老呼吸逐渐减弱有关. 3 种浓度的壳寡糖处理对红橘果实呼吸强度下降表现出一定的抑制作用，其中以 1%壳寡糖处理对贮藏期间红橘果实呼吸强度下降的抑制效果最显著. 说明壳寡糖处理能在一定程度上抑制果实的呼吸强度，1%浓度的壳寡糖为抑制红橘果实贮藏期呼吸强度的最适浓度.

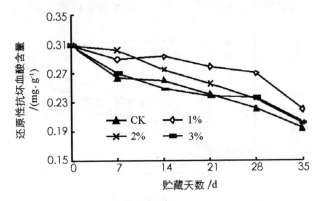

图 5　壳寡糖处理对红橘抗坏血酸含量的影响

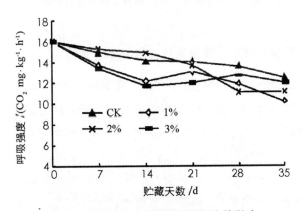

图 6　壳寡糖处理对红橘呼吸强度的影响

2.7 壳寡糖处理对红橘果实丙二醛含量的影响

贮藏过程中,红橘果实丙二醛含量变化如图 7 所示.随贮藏时间的延长,各组红橘果实的丙二醛含量都明显增加,这是由于红橘果实细胞在成熟衰老过程中发生膜脂过氧化作用,导致其最终分解产物丙二醛含量增加,丙二醛含量可以反映植物器官衰老受损的程度.

研究结果表明,采收后对红橘果实进行低浓度(1%)壳寡糖处理,对减缓贮藏过程中红橘果实膜脂过氧化作用有一定的效果.贮藏第 35 d,1%壳寡糖处理组果实的丙二醛含量比对照组低 27.74%.但随着壳寡糖处理浓度的增加(2%和 3%),反而会加剧果实中丙二醛的含量变化,这种加剧作用随处理浓度的增加而增强.说明采收后采用 1%浓度的壳寡糖溶液对红橘果实进行处理,对减缓贮藏过程中红橘果实细胞衰老损坏有益.

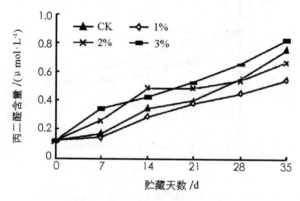

图 7 壳寡糖处理对红橘丙二醛含量的影响

2.8 壳寡糖处理对红橘果实相对电导率的影响

红橘果实贮藏过程中相对电导率的变化如图 8 所示.结果表明,各组果实相对电导率均呈现上升趋势.细胞质膜活性下降,膜通透性增加,出现细胞内电解质向外渗,以致果实细胞浸提液的电导率增大.贮藏第 35 d,1%,2%和 3%浓度壳寡糖处理组果实的相对电导率分别比对照组低 22.4%,17.9%,19.7%,均明显低于对照组,差异达到显著水平($p<0.05$),其中以 1%壳寡糖处理效果最好.说明壳寡糖处理对于保持细胞质膜的功能性,减少电解质外渗有明显作用.

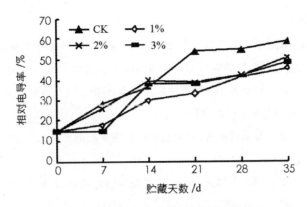

图 8　壳寡糖处理对红橘相对电导率的影响

3　结论

上述实验结果表明,壳寡糖处理对红橘具有明显的保鲜作用. 这主要是由于壳寡糖可在红橘果实表面形成保护膜,能抑制果实的呼吸作用、蒸腾作用,减少致病菌引起的腐烂,减少维生素 C 等营养成分的损失等. 这些都对红橘贮藏期的延长起到了促进作用.

不同浓度的壳寡糖对红橘的贮藏保鲜效果也不同,浓度过高,成膜较厚,果内氧气浓度过低,不能维持正常的生命活动,保鲜效果下降. 综合以上试验指标可见,1%壳寡糖水溶液处理,保鲜效果最佳,能有效控制红橘的采后生理活性,明显地延缓红橘的衰老,保持红橘良好的贮藏品质. 用于红橘处理的壳寡糖最佳浓度为 1%水溶液.

筛选高效、环保、经济、方便的红橘保鲜剂将推进红橘贮藏技术的提高,也将推进红橘产业的发展. 壳寡糖处理效果显著,在今后的实践中具有良好的应用前景. 本实验只探讨了大红袍红橘,而红橘品种繁多,对于不同品种的应用还应继续研究. 另外,在实际应用中,由于目前的效果还不能达到传统化学保鲜方法为主的效果,需要研究复配使用,以代替或减少化学性杀菌剂的使用,推进壳寡糖在生产中的应用.

参考文献：

[1]苟　喻，刘洪斌，武　伟，等.重庆市柑橘生产精准化管理系统的研究 [J]. 西南农业大学学报(自然科学版)，2006，28(6)：953－956.

[2]周俊辉.宽皮柑桔大小年结果树矿质营养的变化 [J]. 西南农业大学学报(自然科学版)，2004，26(5)：616－619.

[3]陈海燕，张　彬，何勇松.壳寡糖的研究进展和应用前景 [J]. 广东畜牧兽医科技，2007，32(2)：17－20，29.

[4]刘碧源，高仕瑛，李邦良，等.壳寡糖抗菌活性的实验研究 [J]. 中国生化药物杂志，2003，24(2)：73－75.

[5]姚评佳，岳　武，魏远安，等.保鲜剂壳寡糖基聚合物对芒果保鲜试验初报 [J].中国果树，2006(2)：15－18.

[6]HOFMAN P J, SMITH L G, JOYCE D C, et al. Bagging of Mango(*Mangifera indica* cv. 'Keitt') Fruit Influences Fruit Quality and Mineral Composition [J]. Postharvest Biology and Technology, 1997, 12(1)：83－91.

[7]曹建康，姜微波，赵玉梅.果蔬采后生理生化实验指导 [M]. 北京：中国轻工业出版社，2007：34－41，68－76.

[8]淳长品，彭良志，曹　立，等.不同激素处理对锦橙果实留树贮藏的效应研究 [J]. 西南农业大学学报(自然科学版)，2005，27(5)：608－611，615.

[9]El BULK R E, BABIKER E F E, El TINAY A H. Changes in Chemical Composition of Guava Fruits during Development and Ripening [J]. Food Chemistry, 1997, 59(3)：395－399.

作者简介：聂青玉(1974 -)，女，重庆云阳人，讲师，硕士，主要从事果蔬贮藏与加工研究.

基金项目：重庆市教委科研项目资助(KJ101901).

原载：《西南大学学报》(自然科学版)2010 年第 10 期.

收录：2013 年入选"领跑者 5000 平台".

责任编辑　欧　宾

嵌入式 ZigBee 远程医疗监护系统的设计

周　翔，　丁珠玉，　周胜灵，　刘智垒，　李　海

西南大学工程技术学院,重庆　400716

摘　要: 随着老龄化社会的到来，越来越多的老弱病残人员没有人来照顾，各种慢性疾病的产生使得健康护理和医疗资源短缺的矛盾也越来越明显，如何在节省医疗资源的情况下，为病人提供更为高效的医疗和监护服务成为社会关注的问题. 因此，文章提出了一种基于嵌入式 ZigBee 技术的远程无线医疗监护系统，采用远程无线数据传输的方法，为老弱病残人员在无人照看环境下，得不到有效监护的问题找到一条新的解决途径. 该系统具有操作简单、成本低廉、远程无线数据传输和实时曲线图谱显示等特点.

医疗监护设备是医院对病人身体状态数据监测并提供医疗依据的有效手段，目前医院所使用的监护设备大多是固定的医疗监护系统，通过传感器采集人体生理参数，铺设线缆将数据传输到监护中心，在监护中心采用CRT(Cathode Ray Tube，阴极射线管)显示器或 LCD(Liquid Crystal Display)液晶显示器显示实时数据和波形，便于医生诊断和分析病人病情. 但是，由于医院设备的庞大，并且固定在监护病房床头，连线众多，这会造成病人心理上的压力和紧张情绪，可能会影响病人身体状况，使得诊断所得到的数据与真实情况有一定差距，给病人和医护人员都带来不便，甚至可能会影响对病情的正确诊断，同时由于设备数量的限制，在同一时刻监护病人的数量也非常有限[1-2]. 为了使经常需要测量生理指标的人员(比如慢性病人或者老年患者等)能够在家中随意活动的状态下测量某些常规指标，国内外远程医疗监护行业对此非常关注，纷纷建立研究机构进行广泛的研究示范. 近年来，随着 ZigBee 短距离无线通信技术的发展，ZigBee 技术逐渐进入医疗行业，但是远程监护病人日常生理健康状态数据，医生远程检

查、指导被监护人，目前还没有查阅到相关的研究报道. 因此，如果采用
ZigBee 技术建立无线系统，对病人日常生活实时地进行监护，不但可以减
少设备与生理传感器之间的连线，而且还可以让被监护人远离病床，能够
有更多自由空间，缓解病人心理压力和紧张情绪，更能真实地检测病人的
各项生理数据，为医生远程诊断提供依据[3−5]. 综上所述，本文提出了一种
基于嵌入式 ZigBee 远程医疗监护系统，采用生理传感器数据检测与远程无
线传输的方法，实现老弱病残人员在无人照看环境下，让被监护人能够拥
有较多的自由活动空间，在获得较准确的测量指标的同时得到更有效的监
护，免除患者在家庭与医院之间奔波的劳苦.

1 系统总体结构

监护系统主要由个人监护终
端和 Internet 远程服务端组成，其
中个人监护终端由生理传感器节
点和 S3C6410 嵌入式平台组成，
如图 1 所示. 生理传感器节点由各
类型生理传感器模块和 ZigBee 通
讯模块组成，其中各类型生理传
感器模块包含温度模块、心率模

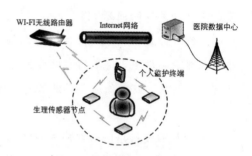

图 1　监护系统组成框图

块、脉搏模块，它们都具有可穿戴、可移动的特性. Internet 远程服务端由
WI-FI(Wireless Fidelity)无线路由器、Internet 公共网络以及医院数据中心
组成，WI-FI 无线路由通过 IEEE 802.11b 协议标准实现与 Internet 公共网
络连接，将数据传输到医院数据中心端，完成整个监护过程[6−8].

2 个人监护终端硬件原理与设计

个人监护终端包含生理传感器节点和 S3C6410 嵌入式平台. 生理传感
器节点由 Chipcon 公司的 CC2430 芯片模块和生理传感器组成，CC2430 是
一个 ZigBee 射频 RF(Radio Frequency)前端，内部包含增强型 8051 内核，
主要适用 2.4 GHz IEEE 802.15.4 标准和 ZigBee™ 的 SOC(System On a

Chip，片上系统). 因此，生理传感器节点只需要极少的外接元件，无需其他芯片，即可满足组网需要[9−10]. S3C6410 嵌入式硬件平台由 S3C6410 主芯片、WI-FI 模块、功能按键、LCD 显示、USB、RS-232 和 RJ45 等外围 GPIO 接口组成，S3C6410 主芯片为三星半导体公司生产的 ARM11 微控制器，采用 16/32 位 RISC(Reduced Instruction Set Computer，精简指令集计算机)的 ARM1176JZF-S 内核、八级流水线哈佛结构、ARMv6 指令集以及多媒体硬件加速器的处理器[11].

工作过程为：生理传感器节点通过生理传感器采集病人的体征信息，由 ZigBee 芯片 CC2430 进行 AD 采集转换并完成数据的无线传输. S3C6410 嵌入式平台通过 ZigBee 通信模块接收从生理传感器节点发送来的数据信息，并将这些数据信息传输至 S3C6410 处理器处理，经过处理后的数据信息一部分传输至 LCD 液晶显示器进行图文显示，另一部分由 WI-FI 模块，通过 IEEE 802.11b 协议实现与 Internet 远程服务端的数据传输，完成一次循环的数据采集、处理及收发过程.

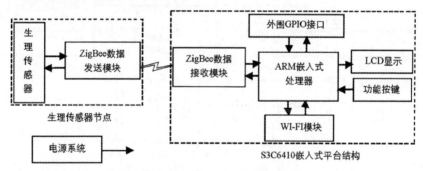

图 2　个人监护终端硬件组成结构图

2.1　生理传感器节点

生理传感器节点主要由生理传感器模块与 ZigBee 无线发送模块构成，如图 3 所示. 该电路以合肥华科公司的 HK-2000A 脉搏传感器作为脉搏传感器节点的前端传感器，输出信号为峰值 1.5V 的同步模拟脉冲信号. 脉搏信号由 CC2430 片上 ADC 采集转换，而片上 ADC 内部参考电压仅为 1.25V，为保证脉搏信息的完整性，系统采用外部设定参考电压方式，从 AIN7 引脚 P0_7 端口输入 1.6V 参考电压，图中 Vin 表示脉搏传感器的输出信号.

由于心率和体温传感器节点的设计机理与脉搏传感器节点相同，它们均是采用类似的采集方式，因此，在电路设计中只是改变了数据采集的端口.

2.2 S3C6410 嵌入式平台

如图 4 所示，S3C6410 嵌入式平台由 ZigBee 无线接收模块、WI-FI 模块、电源管理模块、功能按键、LCD 液晶显示、S3C6410 处理器核心板、USB 接口、RS-232 接口和 RJ45 接口等组成. ZigBee 无线接收模块接收到的数据信号输入到 S3C6410 主控芯片中进行数据处理，经过数据处理后的信号由 S3C6410 主控芯片一方面传输给 LCD 液晶屏进行实时数据和曲线图谱显示，另一方面由 WI-FI 网络模块通过 WI-FI 无线路由实现与 Internet 公共网络连接，将数据传输到医院数据中心端.

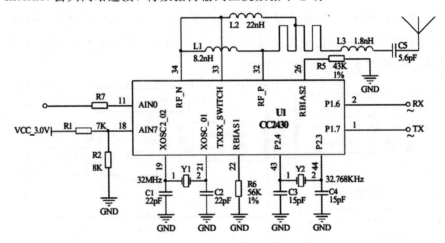

图 3　传感器节点部分电路原理图

图 4　S3C6410 嵌入式平台结构图

2.3 主电源模块

生理传感器节点用 3.0V 的 LQ7260 纽扣电池供电. S3C6410 嵌入式平台的电源模块采用扩展板供电方式,由 12V 电源输入. 低压差线性稳压器芯片采用美国国家半导体(NSC)公司生产的 LM2596 芯片,实现电源电路输出 5V 直流电压,如图 5 所示. 为了避免前级对后级耦合噪声的影响,对电源噪声比较灵敏的模块采用滤波抑噪措施,由 C17 和 C64 并联组成滤波电路,以保证整个系统正常工作.

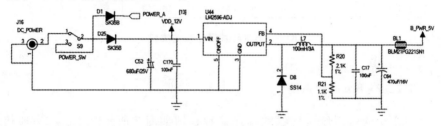

图5 5 V 电源原理图

3 监护系统软件设计

3.1 个人监护终端操作系统

个人监护终端操作系统软件采用 Windows CE 6.0 版本嵌入式操作系统,其运行机制是系统上电以后加载 Bootloader 进行系统硬件端口的初始化,初始化底层各个硬件模块,调度 Bootloader,建立内存空间,从而将系统的软硬件环境设置成一个合适的状态. 然后将控制权交给操作系统内核引导程序,操作系统开始启动,系统按照实现的功能,将整个系统划分为不同等级的任务[12].

个人监护终端操作系统流程如图 6 所示. 系统上电,首先,进行硬件初始化,分配 RAM 和 FLASH ROM 空间,然后调用 Bootloader 程序,加载和启动 Win CE 6.0 操作系统,Win CE 6.0 操作系统启动完成后,建立不同的任务进程,由 BSP(Board Support Package,板级支持包)硬件支持接口建立通信消息队列,加载底层硬件驱动程序,执行显示输出、人机对话、链接通信、数据采集等不同的软件调度任务.

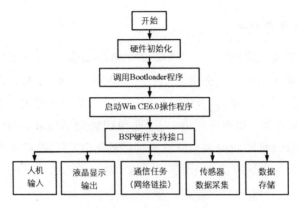

图 6 监护终端操作系统流程

3.2 ZigBee 通信系统

ZigBee 通信系统调协模块程序流程框图如图 7 所示. 当 ZigBee 通信系统调协模块启动后, 首先申请网络地址数组列表存储空间和数据信息存储空间, 然后开启无线通信接收数据或地址信息. 当调协模块接收到节点信息后, 根据数据的第 1 个标识字符来判断是传感器节点的网络地址还是传感器采集的数据, 若是传感器的网络地址, 则把该网络地址保存在网络地址数组列表里, 然后再传输给 S3C6410 处理器进行下一步处理. 若是传感器采集的数据信息, 则暂存在 RAM 里, 依据地址列表采集下一个传感器的数据信息, 待对监护区域的传感器节点轮询采集完毕后, 根据 RAM 里的数据进行融合, 并通过传输端口将数据传输给 LCD 显示以及数据信息存储空间保存.

传感器节点程序流程图如图 8 所示. 传感器节点上电之后进行通道扫描, 并加入合适的通信网络, 加入网络之后将 16 位网络地址信息发送给调协模块. 调协模块通过发送控制命令信息控制传感器节点的工作模式, 传感器节点将周期地轮询调协模块, 查询是否有控制命令信息, 若有则进行生理数据采集, 若无则继续帧听信道信息.

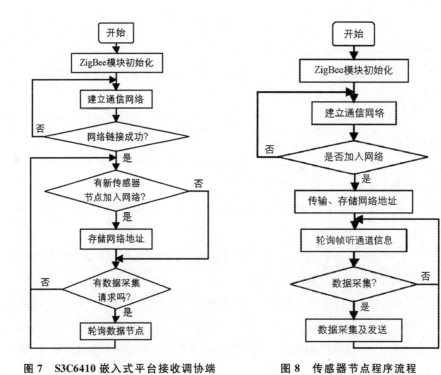

图7　S3C6410嵌入式平台接收调协端
　　　程序流程

图8　传感器节点程序流程

4　结语

本文采用嵌入式 ZigBee 无线技术结合 WI-FI 无线路由组建的通信网络，具有实用性、灵活性和可扩展性的特点，在完成传感器节点与监护终端无线数据传输的同时，实现了监护终端系统与 Internet 网络的远程服务端（医院数据中心）的数据传输，该技术的应用可以使被监护人有更多自由活动空间，可以在家里或办公室得到有效的远程医疗诊断和监护.

参考文献：

[1]董大鹏,唐晓英,刘伟峰,等.无线传感器网络技术在医疗监护中的应用[J].电子技术应用,2008(10):29－31.

[2]王陈海,吴太虎.短距离无线通信技术发展及在医疗中的应用[J].医疗卫生装备,2008,29(1):30－34.

[3]李尚林,吴效明,韩俊南,等.医疗监护系统中的 ZigBee 传感网络研究[J].微计算机信息,2009,25(5-1):113-115.

[4]曹　彦,龙　夏,刘　原.基于 ZigBee 的集散多参数医疗监护系统的设计[J].自动化与仪器仪表,2010(1):61-63,66.

[5]诸　强,王学民,胡　宾,等.无线远程医疗系统[J].北京生物医学工程,2004,23(3):225-227.

[6]石道生,任　毅,罗惠谦.基于 ZigBee 技术的远程医疗监护系统设计与实现[J].武汉理工大学学报(信息与管理工程版),2008,30(3):394-397.

[7]樊　利,丁珠玉,余光伟,等.嵌入式 GPRS 远程传输技术在精准农业中的应用研究[J].西南大学学报(自然科学版),2007,29(5):137-140.

[8]丁珠玉,陈　建,樊　利.基于 GPRS 的花椒烘房远程数据采集与监控系统[J].农机化研究,2009(10):114-116.

[9]莫思特,李　筠.基于 ZigBee 的多参数监护仪无线组网设计[J].医疗卫生装备,2008,29(9):53-54,56.

[10]陈　旭,方康玲,李晓卉.基于 CC2430 的 ZigBee 数据采集系统设计[J].湖南工业大学学报,2008,22(6):59-61.

[11]艾　华,尹　勇,沙宪政.嵌入式医疗监护系统中数据采集功能的设计与实现[J].中国医疗设备,2009,24(4):28-30,39.

[12]唐富华,康景利,郭银景,等.基于嵌入式技术的移动医疗监护系统的研制[J].计算机工程与应用,2005(13):201-203.

作者简介: 周　翔(1987-),男,重庆长寿人,主要从事电子线路与控制系统的研究.

基金项目: 国家大学生创新性实验计划资助项目(091063540):西南大学青年基金资助项目(SWU209003).

原载:《西南大学学报》(自然科学版)2011 年第 3 期.

收录: 2012 年入选"领跑者 5000 平台".

责任编辑　汤振金

12个薄壳山核桃无性系果（核）
性状以及产量的比较

李　川[1,2]，　姚小华[1]，　王开良[1]，　方敏瑜[1]，　辜夕容[2]，　邵慰忠[3]

1.中国林业科学研究院亚热带林业研究所,浙江富阳　311400；

2.西南大学资源环境学院,重庆　400716；

3.建德县林业局,浙江建德　311600

摘　要:分别比较了12个薄壳山核桃无性系果实、核果以及产量之间的差异,分析了各无性系果实性状、核果性状以及产量等12个指标之间的相关性.结果表明:薄壳山核桃果实性状、核果性状以及产量等12个指标在各无性系间均存在极显著的差异;12个无性系果实性状总体变异系数从大到小顺序依次为:单株鲜果产量(变异系数CV为61.06%),果质量(30.18%),果皮厚(25.60%),果高(16.48%),果型指数(13.77%),果径(10.54%),这与12个无性系核果性状总体变异系数的大小顺序(单株核果产量,核质量,出核率,核高,核型指数,核径)是一致的;不同无性系果质量与核质量(果径与核径)、果高与核高(果型指数与核型指数)分别呈显著、极显著正相关,因而可以根据薄壳山核桃果实的外形及大小来初步判断核果的形状和大小.

薄壳山核桃(*Carya illinoensis*)又名美国山核桃、长山核桃,为胡桃科(Juglandaceae)山核桃属(*Carya* Nutt.)的一种落叶乔木[1-2],是世界著名的干果油料树种之一,又是优良的材用和庭园绿化树种[2-3].薄壳山核桃原产于美国和墨西哥北部[4],我国于19世纪末开始引种薄壳山核桃[1,2,5],目前引种栽培分布主要集中在江苏、浙江、云南、陕西、安徽、江西和湖南等地[6].薄壳山核桃果仁色美味香,无涩味,营养丰富,含对人体有益的各种氨基酸(比油橄榄高),还富含维生素 B_1、B_2,因此备受人们的喜爱[5].对于薄壳山核桃的研究目前主要集中在基础研究、繁殖技术、引种栽培、适生性、根系生长发育等方面[7-9]，对薄壳山核桃群体遗传多样性的 RAPD 分析结果表明，其群体遗传变异明显[10]，但对薄壳山核桃果实、核果遗传变异的报道甚少，2008 年常君等人仅对 10 个薄壳山核桃无性系核果部分进行了遗传变异研究，结果显示各无性系核果性状均呈极显著差异[7]. 本研究以安吉县报福镇洪家村试验园内的薄壳山核桃为试验材料，通过对薄壳山核桃的果实性状（果质量、果高、果径、果型指数、果皮厚）、核果性状（核质量、核高、核径、核型指数、出核率）以及产量（单株鲜果产量、单株核果产量）等 12 个指标的对比研究，以期能够了解 12 个薄壳山核桃无性系果实、核果性状以及产量的差异，为选优提供一定的理论基础.

1 材料与方法

1.1 试验地概况

试验地位于浙江省安吉县报福镇洪家村，地理位置 30°38′N、119°53′E，海拔 146 m；年均温 14.93 ℃，极端最高温为 39.8 ℃，极端最低温为 −8.5 ℃，无霜期约 200 d，年降雨量 1 748.6 mm；试验园面积 2.67 hm²，土壤为水稻土，含沙量高，地下水位高. 供试植株为 6 年生薄壳山核桃无性系，于 2005 年 2 月种植，2005−2010 年每年进行常规的人为管理. 试验于 2010 年 10 月薄壳山核桃成熟期进行采摘，每个无性系 5 个重复，每个重复采摘 30 个果，不足 30 个的全部采摘.

1.2 测定内容及方法

1）果质量、核质量用电子天平称取，精确到 0.01 g；

2）果高和果径、核高和核径用游标卡尺测量，精确到 0.01 mm；

3）果（核）型指数由果（核）高与果（核）径的比值计算得出，即果（核）型指数＝果（核）高/果（核）径；

4）出核率由核质量与果质量的比值得出，即出核率（％）＝核质量×100/果质量；

5) 果皮厚由果径与核径之差的均值得出，即果皮厚＝1/2(果径—核径)，精确到 0.01 mm；

6) 单株鲜果产量＝单株结果总数×平均单果质量；

7) 单株核果产量＝单株鲜果产量×出核率.

1.3 数据分析

运用 SPSS 13.0 对果实、核果性状以及产量等指标进行方差分析、多重比较(采用 SKN)、相关分析、聚类分析.

2 结果与分析

2.1 不同无性系果实、核果以及产量差异分析

2.1.1 不同无性系果实、产量之间的差异

12 个薄壳山核桃无性系之间，果质量、果高、果径、果型指数、果皮厚以及单株鲜果产量的差异均达到了显著水平(表1). 12 个薄壳山核桃无性系间，总体变异幅度最大的是单株鲜果产量(变异系数 CV 为 61.06%)，其次是果质量(30.18%)，果皮厚(25.60%)，果高(16.48%)，果型指数(13.77%)，最小的是果径(10.54%). 在 12 个无性系中，无性系 11 号、2 号和 10 号果质量较大，无性系 7 号、1 号和 5 号果质量较小，其余无性系果质量处于中等；果高方面，无性系 11 号、2 号和 9 号较大，其次是 8 号、3 号、12 号、10 号、6 号和 1 号，4 号、5 号、7 号果高较小；果径方面，无性系 10 号和 9 号较大，其次是 12 号、6 号、11 号、2 号、8 号和 4 号，5 号、3 号、1 号、7 号果径较小；果型指数方面，无性系 2 号、11 号和 3 号较大，6 号、7 号和 10 号果型指数较小，其余无性系介于之间；果皮厚方面，无性系 10 号和 11 号较大，较小的是 7 号和 8 号，其余无性系果皮厚度处于中等；单株鲜果产量方面，无性系 2 号和 5 号较大，较小的是 12 号和 8 号，其余无性系单株鲜果产量处于中等。

表1　12个薄壳山核桃无性系果实及产量之间的差异

无性系号	果质量/g	果高/mm	果径/mm	果型指数	果皮厚/mm	单株鲜果产量/kg
1	19.91±4.25 f	47.32±4.10 e	29.13±1.79 g	1.62±0.10 c	4.63±0.56 e	4.17±1.42 abc
2	33.04±6.24 b	63.39±5.90 a	32.45±1.88 e	1.96±0.19 a	5.14±0.74 cd	5.91±3.01 a
3	22.57±3.73 e	52.23±3.54 c	29.17±1.69 g	1.79±0.13 b	4.56±0.66 ef	2.72±0.99 bcd
4	22.03±3.59 e	44.57±2.36 f	30.59±2.11 f	1.46±0.08 e	4.38±0.92 fg	4.54±0.71 ab
5	20.59±4.78 f	44.06±3.36 f	29.31±2.29 g	1.51±0.09 d	4.36±0.86 fg	5.61±1.39 a
6	27.51±5.85 c	47.52±4.25 e	33.52±2.52 cd	1.42±0.07 f	5.35±0.79 c	1.78±0.24 cd
7	15.76±3.20 g	38.11±2.61 g	27.02±1.63 h	1.41±0.07 f	3.42±0.61 h	2.57±1.42 bcd
8	24.26±5.00 d	52.29±4.05 c	32.29±2.27 e	1.62±0.10 c	4.24±0.78 g	0.77±0.24 d
9	27.01±6.37 c	56.08±4.73 b	34.70±2.00 b	1.62±0.11 c	5.10±0.65 d	2.22±0.52 bcd
10	32.64±5.22 b	48.87±2.70 d	35.97±1.98 a	1.36±0.07 g	7.83±0.80 a	3.09±1.42 bcd
11	36.37±6.04 a	64.31±4.35 a	33.28±2.12 d	1.94±0.13 a	5.67±0.86 b	4.64±1.49 ab
12	27.97±5.61 c	49.43±4.05 d	33.98±2.56 c	1.46±0.08 e	5.35±0.73 c	1.47±0.60 d
总体均值	25.53±7.71	50.25±8.28	31.66±3.34	1.59±0.22	4.97±1.27	3.29±2.01
变异系数/%	30.18	16.48	10.54	13.77	25.60	61.06

注：同列数据后不同字母表示差异达5%显著水平.下同

2.1.2　不同无性系核果、产量之间的差异

12个薄壳山核桃无性系之间，核质量、核高、核径、核型指数、出核率以及单株核果产量的差异均达到了显著水平(表2).12个薄壳山核桃无性系间，总体变异幅度最大的是单株核果产量(变异系数CV为59.63%)；其次是核质量(31.46%)、出核率(22.50%)，核高(19.30%)，核型指数(17.26%)，最小的是核径(9.32%).

表2　12个薄壳山核桃无性系核果及产量之间的差异

无性系号	核质量/g	核高/mm	核径/mm	核型指数	出核率/%	单株核果产量/kg
1	6.10±1.58 f	33.98±2.76 g	19.87±1.59 g	1.71±0.11 f	30.46±3.96 ef	1.24±0.40 abc
2	10.47±2.72 a	53.10±4.29 a	22.17±1.62 e	2.40±0.22 a	31.45±5.13 de	1.87±0.91 a
3	6.78±1.37 e	41.56±2.78 e	20.06±0.92 g	2.07±0.13 c	30.06±3.97 ef	0.82±0.30 bcd
4	8.03±1.24 d	36.98±1.84 f	21.84±0.93 e	1.69±0.08 f	36.63±3.66 c	1.64±0.22 a
5	6.07±1.55 f	34.09±2.16 g	20.59±1.16 f	1.66±0.10 g	29.61±4.72 f	1.66±0.43 a
6	8.60±1.77 c	37.13±2.88 f	22.82±1.57 d	1.63±0.07 h	31.48±3.70 de	0.55±0.07 cd
7	5.76±1.08 f	28.21±1.66 h	20.18±0.92 g	1.40±0.08 i	36.84±4.99 c	0.94±0.48 bcd
8	10.33±1.88 a	42.34±2.93 d	23.81±1.63 b	1.78±0.13 e	43.09±5.78 a	0.32±0.09 d
9	10.72±2.56 a	46.51±3.22 c	24.49±1.69 a	1.90±0.12 d	40.81±10.17 b	0.85±0.24 bcd
10	6.76±1.01 e	34.54±1.43 g	20.31±0.82 fg	1.70±0.08 f	20.93±2.94 g	0.64±0.24 bcd
11	10.90±2.06 a	51.30±3.55 b	21.94±1.41 e	2.34±0.18 b	30.03±3.56 ef	1.35±0.46 ab
12	9.07±1.92 b	37.28±2.98 f	23.28±1.80 c	1.60±0.09 h	32.66±4.87 d	0.46±0.14 bcd
总体均值	8.20±2.58	39.37±7.60	21.73±2.03	1.81±0.31	32.77±7.37	1.03±0.61
变异系数/%	31.46	19.30	9.32	17.26	22.50	59.63

2.2 薄壳山核桃无性系果实性状之间及其与产量之间相关性分析

相关分析结果（表3）表明：薄壳山核桃无性系的果质量与果高、果径、核高、果皮厚之间呈极显著正相关，其中果质量与果径、果高相关指数最大，为0.82,0.81；果质量与果型指数相关指数为0.44，相关性不显著.果高与果型指数、果径与果皮厚呈极显著正相关，相关指数分别为0.85,0.81，即薄壳山核桃果实高度越大，果型指数也越大；果实的横径越大，薄壳山核桃的果皮越厚.

表3 薄壳山核桃无性系果实性状之间及其与产量之间相关性分析

	果质量	果高	果径	核质量	核高	核径	果型指数	核型指数	果皮厚	出核率	单株鲜果产量	单株核果产量
果质量	1											
果高	0.81**	1										
果径	0.82**	0.52	1									
核质量	0.68*	0.80**	0.63*	1								
核高	0.72*	0.97**	0.44	0.85**	1							
核径	0.36	0.40	0.60*	0.84**	0.50	1						
果型指数	0.44	0.85**	−0.02	0.52	0.85**	0.07	1					
核型指数	0.67*	0.93**	0.25	0.61*	0.93**	0.14	0.94**	1				
果皮厚	0.76**	0.35	0.81**	0.16	0.19	0.02	−0.07	0.21	1			
出核率	−0.37	−0.04	−0.18	0.42	0.14	0.63*	0.04	−0.12	−0.69*	1		
单株鲜果产量	0.14	0.22	−0.26	−0.13	0.23	−0.45	0.42	0.45	0.01	−0.41	1	
单株核果产量	0.01	0.18	−0.36	−0.06	0.25	−0.33	0.43	0.42	−0.21	−0.16	0.96**	1

注:"＊＊"极显著相关,"＊"显著相关

薄壳山核桃无性系的核质量与核高（0.85**）、核径（0.84**）呈极显著正相关,与核型指数（0.61*）呈显著正相关.核高与核型指数的相关指数为0.93,达到了极显著水平.

对薄壳山核桃果、核形态参数相关分析得出:果质量与核质量、果径与核径相关指数分别为0.68,0.60,达到了显著水平;果高与核高、果型指数与核型指数呈极显著正相关,相关指数为0.97,0.94.根据薄壳山核桃果、核形态参数相关指数可知,薄壳山核桃果实的单质量、形态与薄壳山核桃核的单质量、形态有密切的相关性,即果实的单质量和形态决定了核果的单质量和形态.

薄壳山核桃果、核形态指数与产量等指标的相关性：薄壳山核桃出核率与核径(0.63*)呈显著正相关，与果皮厚(−0.69*)呈显著负相关，即薄壳山核桃的出核率主要由核径和果皮厚决定；单株鲜果产量、单株核果产量与果、核形态指标相关性不显著，但单株鲜果产量与单株核果产量呈极显著正相关，相关指数为0.96.

2.3 薄壳山核桃无性系间系统聚类分析

用果实性状及产量等 12 个指标对薄壳山核桃不同无性系进行系统聚类分析. 从图 1 可以看出，12 个无性系可以分成 2 大类，无性系 2 号和 11 号为一类，其余 10 个无性系为一类. 其中这 10 个无性系又可以分为 2 个亚类：7 号为一亚类，剩余 9 个无性系为另一亚类；在这 9 个无性系当中无

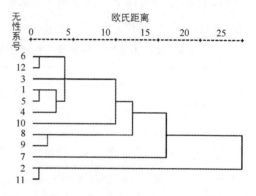

图 1　12 个薄壳山核桃无性系间系统聚类图

性系 8 号和 9 号、6 号和 12 号、1 号和 5 号关系分别更近一些. 同时从表 1、表 2 多重比较的结果也可以看出：关系越近的无性系各指标越不显著，反之显著性更大. 因此，12 个薄壳山核桃不同无性系系统聚类与表 1、表 2 多重比较的结果基本吻合.

3 结论与讨论

1) 通过对 12 个薄壳山核桃无性系各指标的方差分析结果表明，果质量、果高、果径、核质量、核高、核径、果型指数、核型指数、果皮厚、出核率、单株鲜果产量、单株核果产量等 12 个指标在无性系间均达到了极显著水平，与常君对余杭长乐林场 10 个无性系的分析结果相符[7].

2) 分别对果实和核果的性状以及产量分析结果表明，12 个无性系总体变异系数的大小顺序基本一致，从大到小依次为：单株鲜果产量(单株核果产量)，果质量(核质量)，果皮厚(出核率)，果高(核高)，果型指数(核型指数)，果径(核径).

3）薄壳山核桃无性系 12 个指标的相关性分析结果表明，果质量与核质量、果径与核径相关指数分别为 0.68,0.60，达到了显著性水平；果高与核高、果型指数与核型指数均呈极显著正相关，相关指数分别为 0.97,0.94.因此，可以从薄壳山核桃果实的外形及大小来初步判断核果的形状和大小，为野外优树单株选择提供一定的理论基础. 单株鲜果产量、单株核果产量与果、核形态指标相关性不显著，但单株鲜果产量与单株核果产量呈极显著正相关，相关指数为 0.96.

4）对 12 个薄壳山核桃无性系系统聚类分析结果表明，聚为一类的无性系试验所测量的 12 个指标极为接近，如无性系 11 号和无性系 2 号，从某方面也反映了亲缘关系越近的无性系表现型也越相似.

参考文献：

[1]胡芳名,谭晓风,刘惠民.中国主要经济树种栽培与利用[M].北京:中国林业出版社,2006.

[2]姚小华,王开良,任华东,等.薄壳山核桃优新品种和无性系开花物候特性研究[J].江西农业大学学报,2004,26(5):675—680.

[3]张日清,吕芳德.优良经济树种——美国山核桃[J].广西林业科学,1998,27(4):205—206.

[4]张日清,吕芳德.美国山核桃在原产地分布、引种栽培区划及主要栽培品种分类研究概述[J].经济林研究,2002,20(3):53—55.

[5]吴国良,陈丽霞,段良骅,等.美国山核桃[J].山西果树,2005(1):35—36.

[6]侯冬培,习学良,石卓功.我国薄壳山核桃研究概况[J].山东林业科技,2007(4):53—55.

[7]常　君,杨水平,姚小华,等.美国山核桃果实性状变异规律研究[J].林业科学研究,2008,21(1):44—48.

[8]常　君,姚小华,杨水平,等.美国山核桃不同品种接穗对嫁接苗木根系生长发育影响的研究[J].西南大学学报(自然科学版),2007,29(10):104—108.

[9]常　君,姚小华,王开良,等.不同无性系美国山核桃种子对其苗木根系生长影响的研究[J].西南师范大学学报(自然科学版),2009,34(1):109—114.

[10]张日清,何 方,吕芳德,等.美国山核桃群体遗传多样性的 RAPD 分析[J].
经济林研究,2001,19(2):1—6.

作者简介: 李 川(1986-),男,重庆巫山人,硕士研究生,主要从事
经济林栽培与林业生物技术研究.

基金项目: 引进国际先进农业技术计划项目(2006-4-82);农业科技
成果转化资金项目(2006GB24320401).
原载: 《西南大学学报》(自然科学版)2011 年第 6 期.
收录: 2013 年入选"领跑者 5000 平台".

责任编辑　欧　宾

半群 CPO_n 的秩

赵　平[1]，　游泰杰[2]，　徐　波[2]

1.贵阳医学院数学教研室,贵阳　550004;

2.贵州师范大学数学与计算机科学学院,贵阳　550001

摘　要: 设自然数 $n \geqslant 4$, $X_n = \{1, 2, \cdots, n\}$. 证明了 X_n 上的保序且保压缩的有限部分变换半群 CPO_n 的秩为 $2n-1$.

设自然数 $n \geqslant 4$, $X_n = \{1, 2, \cdots, n\}$, Sing_n 是 X_n 上的奇异变换半群. 设 $\alpha \in \mathrm{Sing}_n$, 若对任意的 $x, y \in X_n$, $x \leqslant y$ 可推得 $x\alpha \leqslant y\alpha$, 则称 α 是保序的. Sing_n 中的所有保序变换之集记为 O_n, 则 O_n 是 Sing_n 的子半群, 称 O_n 为保序变换半群. 设

$$PO_n = O_n \bigcup \{\alpha : \mathrm{dom}(\alpha) \subset X_n, \text{且对任意的 } x, y \in \mathrm{dom}(\alpha), x \leqslant y$$
可推得 $x\alpha \leqslant y\alpha\}$

是保序部分变换半群(不含 X_n 上的恒等变换). 令

$$CPO_n = \{\alpha \in PO_n : \text{对任意的 } x, y \in \mathrm{dom}(\alpha) \text{ 有 } |x\alpha - y\alpha| \leqslant |x - y|\}$$

则容易验证 CPO_n 是 PO_n 的子半群, 称 CPO_n 为保序且保压缩有限部分变换半群. 记 $CO_n = \mathrm{Sing}_n \bigcap CPO_n$, 则 CO_n 是 CPO_n 的子半群, 称 CO_n 为保序且保压缩有限全变换半群.

通常有限半群 S 的秩定义为 $\mathrm{rank}(S) = \min\{|A| : A \subseteq S, \langle A \rangle = S\}$. 对于有限变换半群秩的相关研究一直以来都是半群理论研究中的热点之一(如文献[1-7]). 1987 年, 文献[1] 研究了 X_n 上的奇异变换半群 Sing_n, 并得到了它的秩为 $\dfrac{n(n-1)}{2}$; 1992 年, 文献[2] 证明了 O_n 和 PO_n 的秩分别为 n 和 $2n-1$; 2010 年, 文献[5] 首次引入保序且保压缩有限全变换半群 CO_n, 并证明了它的秩为 $n-1$. 本文考虑保序且保压缩有限部分变换半群 CPO_n, 证明了如下主要结果:

定理　设自然数 $n \geqslant 4$, 则 $\mathrm{rank}(CPO_n) = 2n-1$.

1 预备知识

设 P, Q 是 X_n 的非空子集，若对任意的 $a \in P$，$b \in Q$，有 $a < b$，则称 P 小于 Q，记为 $P < Q$. 设 $\alpha \in PO_n$，如果 $x < y$ $(x, y \in \operatorname{im}(\alpha))$，显然有 $x\alpha^{-1} < y\alpha^{-1}$. 因此，对任意的 $\alpha \in CPO_n (\mid \operatorname{im}(\alpha) \mid = r \geqslant 2)$，由保序性和压缩性容易验证 α 有如下表示法（称为 α 的标准表示）：

$$\alpha = \begin{bmatrix} A_1 & A_2 & \cdots & A_r \\ a_1 & a_2 & \cdots & a_r \end{bmatrix}$$

其中 $a_1 < a_2 < \cdots < a_r$，$A_1 < A_2 < \cdots < A_r$，$a_i - a_{i-1} \leqslant \min A_i - \max A_{i-1}$ $(i = 2, 3, \cdots, r)$.

为了叙述上的方便，在 CPO_n 上引入下面的二元关系：对任意的 $\alpha, \beta \in CPO_n$，$(\alpha, \beta) \in \mathscr{L}$ 当且仅当 $\operatorname{im}(\alpha) = \operatorname{im}(\beta)$；$(\alpha, \beta) \in \mathscr{R}$ 当且仅当 $\ker(\alpha) = \ker(\beta)$；$(\alpha, \beta) \in \mathscr{J}$ 当且仅当 $\mid \operatorname{im}(\alpha) \mid = \mid \operatorname{im}(\beta) \mid$. 则 $\mathscr{L}$，$\mathscr{R}$ 与 $\mathscr{J}$ 都是 CPO_n 上的等价关系. 易见 $\mathscr{L} \subseteq \mathscr{J}$，$\mathscr{R} \subseteq \mathscr{J}$. 对 $0 \leqslant r \leqslant n-1$，记 $J_r^{\diamond} = \{\alpha \in CPO_n : \mid \operatorname{im}(\alpha) \mid = r\}$，则 $J_{n-1}^{\diamond}, J_{n-2}^{\diamond}, \cdots, J_1^{\diamond}, J_0^{\diamond}$ 恰好是 CPO_n 的 n 个 $\mathscr{J}$ -类，其中 $J_0^{\diamond}$ 由空变换组成，并且 $CPO_n = \bigcup\limits_{r=0}^{n-1} J_r^{\diamond}$. 设

$$R^{\diamond}(i, i+1) = \{\alpha \in J_{n-1}^{\diamond} : i\alpha = (i+1)\alpha\} \qquad i = 1, 2, \cdots, n-1$$

$$R^{\diamond}(i) = \{\alpha \in J_{n-1}^{\diamond} : \operatorname{dom}(\alpha) = X_n \backslash \{i\}\} \qquad L^{\diamond}(i) = \{\alpha \in J_{n-1}^{\diamond} : \operatorname{im}(\alpha) = X_n \backslash \{i\}\} \qquad i = 1, 2, \cdots, n$$

则顶端 $\mathscr{J}$ -类 $J_{n-1}^{\diamond}$ 有 $2n-1$ 个 $\mathscr{R}$ -类 $R^{\diamond}(1, 2), R^{\diamond}(2, 3), \cdots, R^{\diamond}(n-1, n), R^{\diamond}(1), R^{\diamond}(2), \cdots, R^{\diamond}(n)$ 以及 n 个 $\mathscr{L}$ -类 $L^{\diamond}(1), L^{\diamond}(2), \cdots, L^{\diamond}(n)$.

2 定理的证明

为完成定理的证明，先给出若干引理与推论.

引理 1 对 $0 \leqslant r \leqslant 1$，有 $J_r^{\diamond} \subseteq J_{r+1}^{\diamond} \cdot J_{r+1}^{\diamond}$.

证 设 θ 是空变换，则 $J_0^{\diamond} = \{\theta\}$. 令 $\beta = \begin{pmatrix} 1 \\ 1 \end{pmatrix}$，$\gamma = \begin{pmatrix} 2 \\ 2 \end{pmatrix}$，则 $\beta, \gamma \in J_1^{\diamond}$，且 $\theta = \beta\gamma$. 因此，$J_0^{\diamond} \subseteq J_1^{\diamond} \cdot J_1^{\diamond}$. 对任意的 $\alpha \in J_1^{\diamond}$，不妨设 $\alpha = \begin{pmatrix} A \\ a \end{pmatrix}$. 以下分两种情形证明 $J_1^{\diamond} \subseteq J_2^{\diamond} \cdot J_2^{\diamond}$.

情形 1　$|A|=1$. 设 $A=\{b\}$, 取 $c\in X_n\backslash\{b\}$. 不失一般性, 设 $b<c$. 如果 $a\neq 1$, 令 $\beta=\begin{pmatrix} b & c \\ 2 & 3 \end{pmatrix}$, $\gamma=\begin{pmatrix} 1 & 2 \\ a-1 & a \end{pmatrix}$; 如果 $a=1$, 令 $\gamma=\begin{pmatrix} 2 & 4 \\ a & a+1 \end{pmatrix}$. 则 $\beta,\gamma\in J_2^{\diamond}$, 且 $\alpha=\beta\gamma$.

情形 2　$|A|>1$. 记 $x=\min A$. 如果 $a\neq 1$, 令 $\beta=\begin{pmatrix} x & A\backslash\{x\} \\ 2 & 3 \end{pmatrix}$, $\gamma=\begin{pmatrix} 1 & \{2,3\} \\ a-1 & a \end{pmatrix}$; 如果 $a=1$, 令 $\gamma=\begin{pmatrix} \{2,3\} & 4 \\ a & a+1 \end{pmatrix}$. 则 $\beta,\gamma\in J_2^{\diamond}$, 且 $\alpha=\beta\gamma$.

引理 2　对 $2\leqslant r\leqslant n-2$, 有 $J_r^{\diamond}\subseteq J_{r+1}^{\diamond}\cdot J_{r+1}^{\diamond}$.

证　对任意的 $\alpha\in J_r^{\diamond}$, 设 α 的标准表示为 $\alpha=\begin{bmatrix} A_1 & A_2 & \cdots & A_r \\ a_1 & a_2 & \cdots & a_r \end{bmatrix}$, 其中 $a_1<a_2<\cdots<a_r$, $A_1<A_2<\cdots<A_r$, $a_i-a_{i-1}\leqslant \min A_i-\max A_{i-1}$ $(i=2,3,\cdots,r)$. 以下分 3 种情形证明存在 $\beta,\gamma\in J_{r+1}$, 使得 $\alpha=\beta\gamma$.

情形 1　$a_i=a_{i-1}+1$ $(i=2,3,\cdots,r)$, 且 $|A_i|=1$ $(i=1,2,\cdots,r)$. 不妨设 $A_i=\{c_i\}$. 以下分 2 种子情形讨论:

情形 1.1　$c_i=c_{i-1}+1$ $(i=2,3,\cdots,r)$. 由 $r\leqslant n-2$ 可知, $c_1\neq 1$ 或 $c_r\neq n$. 不妨设 $c_1\neq 1$.

(i) 若 $a_1\neq 1$, 令

$$\beta=\begin{bmatrix} 1 & c_1 & c_2 & \cdots & c_r \\ 2 & 3 & 4 & \cdots & r+2 \end{bmatrix} \qquad \gamma=\begin{bmatrix} 1 & 3 & 4 & \cdots & r+2 \\ a_1-1 & a_1 & a_2 & \cdots & a_r \end{bmatrix}$$

则 $\beta,\gamma\in J_{r+1}^{\diamond}$, 且 $\alpha=\beta\gamma$;

(ii) 若 $a_1=1$, 则 $a_i=i$ $(i=1,2,\cdots,r)$. 令

$$\beta=\begin{bmatrix} 1 & c_1 & c_2 & \cdots & c_r \\ 1 & 2 & 3 & \cdots & r+1 \end{bmatrix} \qquad \gamma=\begin{bmatrix} 2 & 3 & \cdots & r+1 & r+2 \\ a_1 & a_2 & \cdots & a_r & a_r+1 \end{bmatrix}$$

则 $\beta,\gamma\in J_{r+1}^{\diamond}$, 且 $\alpha=\beta\gamma$.

情形 1.2　存在 $i\in\{2,3,\cdots,r\}$, 使得 $c_i-c_{i-1}>1$.

(i) 若 $a_1\neq 1$, 令

$$\beta=\begin{bmatrix} c_1 & \cdots & c_{i-1} & c_{i-1}+1 & c_i & \cdots & c_r \\ 2 & \cdots & i & i+1 & i+2 & \cdots & r+2 \end{bmatrix}$$

$$\gamma=\begin{bmatrix} 1 & 2 & \cdots & i & i+2 & \cdots & r+2 \\ a_1-1 & a_1 & \cdots & a_{i-1} & a_i & \cdots & a_r \end{bmatrix}$$

则 $\beta,\gamma\in J_{r+1}^{\diamond}$, 且 $\alpha=\beta\gamma$;

(ii) 若 $a_1 = 1$，则 $a_i = i$ $(i = 1, 2, \cdots, r)$. 令

$$\beta = \begin{pmatrix} c_1 & \cdots & c_{i-1} & c_{i-1}+1 & c_i & \cdots & c_r \\ 1 & \cdots & i-1 & i & i+1 & \cdots & r+1 \end{pmatrix}$$

$$\gamma = \begin{pmatrix} 1 & \cdots & i-1 & i+1 & \cdots & r+1 & r+2 \\ a_1 & \cdots & a_{i-1} & a_i & \cdots & a_r & a_r+1 \end{pmatrix}$$

则 $\beta, \gamma \in J_{r+1}^{\diamond}$，且 $\alpha = \beta\gamma$.

情形 2 $a_i = a_{i-1} + 1$ $(i = 2, 3, \cdots, r)$ 且存在 $j \in \{1, 2, \cdots, r\}$，使得 $|A_j| > 1$. 设 $x = \max A_j$.

(i) 若 $a_1 \neq 1$，令

$$\beta = \begin{pmatrix} A_1 & \cdots & A_{j-1} & A_j \backslash \{x\} & \{x\} & A_{j+1} & \cdots & A_r \\ 2 & \cdots & j & j+1 & j+2 & j+3 & \cdots & r+2 \end{pmatrix}$$

$$\gamma = \begin{pmatrix} 1 & 2 & \cdots & j & \{j+1, j+2\} & j+3 & \cdots & r+2 \\ a_1-1 & a_1 & \cdots & a_{j-1} & a_j & a_{j+1} & \cdots & a_r \end{pmatrix}$$

则 $\beta, \gamma \in J_{r+1}^{\diamond}$，且 $\alpha = \beta\gamma$；

(ii) 若 $a_1 = 1$，则 $a_i = i$ $(i = 1, 2, \cdots, r)$. 令

$$\beta = \begin{pmatrix} A_1 & \cdots & A_{j-1} & \Lambda_j \backslash \{x\} & \{x\} & A_{j+1} & \cdots & A_r \\ 1 & \cdots & j-1 & j & j+1 & j+2 & \cdots & r+1 \end{pmatrix}$$

$$\gamma = \begin{pmatrix} 1 & \cdots & j-1 & \{j, j+1\} & j+2 & \cdots & r+1 & r+2 \\ a_1 & \cdots & a_{j-1} & a_j & a_{j+1} & \cdots & a_r & a_r+1 \end{pmatrix}$$

则 $\beta, \gamma \in J_{r+1}^{\diamond}$，且 $\alpha = \beta\gamma$.

情形 3 存在 $i \in \{2, 3, \cdots, r\}$，使得 $a_i - a_{i-1} > 1$. 由 $r \leqslant n-2$ 可知，$X_n \backslash \{a_1, \cdots, a_{i-1}, a_{i-1}+1, a_i, \cdots, a_r\} \neq \varnothing$，任意取 $x \in X_n \backslash \{a_1, \cdots, a_{i-1}, a_{i-1}+1, a_i, \cdots, a_r\}$. 由 $\min A_i - \max A_{i-1} \geqslant a_i - a_{i-1} > 1$ 可得 $\min A_i > \max A_{i-1} + 1$. 令

$$\beta = \begin{pmatrix} A_1 & \cdots & A_{i-1} & \max A_{i-1}+1 & A_i & \cdots & A_r \\ a_1 & \cdots & a_{i-1} & a_{i-1}+1 & a_i & \cdots & a_r \end{pmatrix} \qquad \gamma = \begin{pmatrix} a_1 & \cdots & a_r & x \\ a_1 & \cdots & a_r & x \end{pmatrix}$$

则 $\beta, \gamma \in J_{r+1}^{\diamond}$，且 $\alpha = \beta\gamma$.

由引理 1 和引理 2 立即有如下的推论 1.

推论 1 设自然数 $n \geqslant 4$，则 $J_{n-1}^{\diamond}$ 是 CPO_n 的生成集，即 $CPO_n = \langle J_{n-1}^{\diamond} \rangle$.

引理 3 设 $\alpha, \beta \in CPO_n$，若 $(\alpha, \beta), (\alpha, \alpha\beta) \in \mathcal{J}^{\diamond}$，则 $(\alpha\beta, \beta) \in \mathcal{L}^{\diamond}$，$(\alpha, \alpha\beta) \in \mathcal{R}^{\diamond}$.

证 设 $\alpha,\beta \in CPO_n$，若 $(\alpha,\beta),(\alpha,\alpha\beta) \in \mathscr{J}^{\diamond}$，则 $|\operatorname{im}(\alpha)|=|\operatorname{im}(\beta)|=|\operatorname{im}(\alpha\beta)|$. 再由 $\operatorname{im}(\alpha\beta) \subseteq \operatorname{im}(\beta)$，$\ker(\alpha) \subseteq \ker(\alpha\beta)$ 与 X_n 的有限性知，$\operatorname{im}(\alpha\beta)=\operatorname{im}(\beta)$，$\ker(\alpha)=\ker(\alpha\beta)$，从而 $(\alpha\beta,\beta) \in \mathscr{L}^{\diamond}$，$(\alpha,\alpha\beta) \in \mathscr{R}^{\diamond}$.

由引理 3 易知 CPO_n 的任意生成集都必须覆盖 $J^{\diamond}_{n-1}$ 中每个 $\mathscr{R}^{\diamond}$ -类和每个 $\mathscr{L}^{\diamond}$ -类，而 $J^{\diamond}_{n-1}$ 中共有 $2n-1$ 个 $\mathscr{R}^{\diamond}$ -类. 因此，我们得到如下的推论 2.

推论 2 设自然数 $n \geqslant 4$，则 $\operatorname{rank}(CPO_n) \geqslant 2n-1$.

设

$$H^{\diamond}(i,r)=R^{\diamond}(i,i+1) \bigcap L^{\diamond}(r) \qquad i=1,2,\cdots,n-1,\ r=1,n$$

$$H^{\diamond\diamond}(i,r)=R^{\diamond}(i) \bigcap L^{\diamond}(r) \qquad i=1,2,\cdots,n,\ r=1,n$$

则 $L^{\diamond}(r)=\bigcup\limits_{i=1}^{n-1} H^{\diamond}(i,r) \bigcup \bigcup\limits_{i=1}^{n-1} H^{\diamond\diamond}(i,r)\ (r=1,n)$. 令

$$A=\bigcup\limits_{i=1}^{n-1} H^{\diamond}(i,1) \bigcup \bigcup\limits_{i=2}^{n-1} L^{\diamond}(i) \bigcup H^{\diamond\diamond}(n,1) \bigcup H^{\diamond\diamond}(1,n)$$

注 1 设 $e_i\ (i=1,2,\cdots,n)$ 是 $X_n \backslash \{i\}$ 上的恒等映射，则根据 CPO_n 中元的标准表示可知

$$L^{\diamond}(i)=\{e_i\} \qquad i=2,3,\cdots,n-1$$

$$H^{\diamond\diamond}(1,1)=\{e_1\} \qquad H^{\diamond\diamond}(n,n)=\{e_n\}$$

$$|H^{\diamond}(i,r)|=1 \qquad i=1,2,\cdots,n-1,\ r=1,n$$

$$|H^{\diamond\diamond}(i,r)|=1 \qquad i=1,2,\cdots,n,\ r=1,n$$

引理 4 设自然数 $n \geqslant 4$，则 $e_1,e_n \in \langle A \rangle$.

证 令

$$\beta=\begin{pmatrix} 2 & \cdots & n \\ 1 & \cdots & n-1 \end{pmatrix} \qquad \gamma=\begin{pmatrix} 1 & \cdots & n-1 \\ 2 & \cdots & n \end{pmatrix}$$

则 $\beta \in H^{\diamond\diamond}(1,n)$，$\gamma \in H^{\diamond\diamond}(n,1)$，$e_1=\beta\gamma$，$e_n=\gamma\beta$. 由 $H^{\diamond\diamond}(1,n) \subseteq A$，$H^{\diamond\diamond}(n,1) \subseteq A$ 可得，$e_1,e_n \in \langle A \rangle$.

引理 5 设自然数 $n \geqslant 4$，则 $J^{\diamond}_{n-1} \subseteq \langle A \rangle$.

证 注意到 $J^{\diamond}_{n-1}=\bigcup\limits_{i=1}^{n} L^{\diamond}(i)$，$L^{\diamond}(r)=\bigcup\limits_{i=1}^{n-1} H^{\diamond}(i,r) \bigcup \bigcup\limits_{i=1}^{n} H^{\diamond\diamond}(i,r)$ $(r=1,n)$. 由 A 的定义知，只需证明：$H^{\diamond\diamond}(i,1) \subseteq \langle A \rangle\ (i=1,2,\cdots,n-1)$，$H^{\diamond}(i,n) \subseteq \langle A \rangle\ (i=1,2,\cdots,n-1)$，$H^{\diamond\diamond}(i,n) \subseteq \langle A \rangle\ (i=2,3,\cdots,n)$ 即可.

首先，证明 $H^{\diamond\diamond}(i,1) \subseteq \langle A \rangle\ (i=1,2,\cdots,n-1)$. 由注 1 知，$|H^{\diamond\diamond}(i,1)|=1$，设 $H^{\diamond\diamond}(i,1)=\{\alpha\}$.

（i）若 $i=1$，则根据 CPO_n 中元的标准表示可知 $\alpha=e_1$，从而由引理 4 可得 $\alpha\in\langle A\rangle$.

（ii）若 $i=2,3,\cdots,n-1$，则根据 CPO_n 中元的标准表示可知

$$\alpha=\begin{pmatrix}1 & \cdots & i-1 & i+1 & \cdots & n\\ 2 & \cdots & i & i+1 & \cdots & n\end{pmatrix}$$

由注 1 知，$L^{\diamond}(i)=\{e_i\}$ $(i=2,3,\cdots,n-1)$. 令

$$\beta=\begin{pmatrix}1 & \cdots & \{i-1,i\} & i+1 & \cdots & n\\ 2 & \cdots & i & i+1 & \cdots & n\end{pmatrix}$$

则 $\beta\in H^{\diamond}(i-1,1)$，且 $\alpha=e_i\beta$，从而由 $L^{\diamond}(i)\subseteq A$ 及 $H^{\diamond}(i-1,1)\subseteq A$ 可得 $\alpha\in\langle A\rangle$.

其次，证明 $H^{\diamond}(i,n)\subseteq\langle A\rangle$ $(i=1,2,\cdots,n-1)$. 由注 1 知，$|H^{\diamond}(i,n)|=1$，设 $H^{\diamond}(i,n)=\{\alpha\}$. 由 CPO_n 中元的标准表示可知，

$$\alpha=\begin{pmatrix}1 & \cdots & i-1 & \{i,i+1\} & \cdots & n\\ 1 & \cdots & i-1 & i & \cdots & n-1\end{pmatrix}$$

令

$$\beta=\begin{pmatrix}1 & \cdots & i-1 & \{i,i+1\} & \cdots & n\\ 2 & \cdots & i & i+1 & \cdots & n\end{pmatrix}\qquad \gamma=\begin{pmatrix}2 & \cdots & n\\ 1 & \cdots & n-1\end{pmatrix}$$

则 $\beta\in H^{\diamond}(i,1)$，$\gamma\in H^{\diamond\diamond}(1,n)$ 且 $\alpha=\beta\gamma$，从而由 $H^{\diamond}(i,1)\subseteq A$，$H^{\diamond\diamond}(1,n)\subseteq A$ 可得 $\alpha\in\langle A\rangle$.

最后，证明 $H^{\diamond\diamond}(i,n)\subseteq\langle A\rangle$ $(i=2,3,\cdots,n)$. 由注 1 知，$|H^{\diamond\diamond}(i,n)|=1$，设 $H^{\diamond\diamond}(i,n)=\{\alpha\}$.

（i）若 $i=n$，则根据 CPO_n 中元的标准表示可知 $\alpha=e_n$，从而由引理 4 可得 $\alpha\in\langle A\rangle$；

（ii）若 $i\neq n$，则由 CPO_n 中元的标准表示可知

$$\alpha=\begin{pmatrix}1 & \cdots & i-1 & i+1 & \cdots & n\\ 1 & \cdots & i-1 & i & \cdots & n-1\end{pmatrix}$$

令

$$\beta=\begin{pmatrix}1 & \cdots & i-1 & i+1 & \cdots & n\\ 2 & \cdots & i & i+1 & \cdots & n\end{pmatrix}\qquad \gamma=\begin{pmatrix}2 & \cdots & n\\ 1 & \cdots & n-1\end{pmatrix}$$

则 $\beta\in H^{\diamond\diamond}(i,1)$，$\gamma\in H^{\diamond\diamond}(1,n)$ 且 $\alpha=\beta\gamma$，从而由 $H^{\diamond\diamond}(i,1)\subseteq\langle A\rangle$ $(i=2,3,\cdots,n-1)$ 及 $H^{\diamond\diamond}(1,n)\subseteq A$ 可得 $\alpha\in\langle A\rangle$. 至此引理得证.

定理的证明　由引理 5 及推论 1 可得 $CPO_n=\langle A\rangle$，由 A 的定义及注 1 可知 $|A|=2n-1$. 从而由推论 2 可得，$\mathrm{rank}\,(CPO_n)=2n-1$.

参考文献：

[1]GOMES G M S,HOWIE J M.On the Ranks of Certain Finite Semigroups of Transformations[J].Math. Proc. Camb. Phil. Soc.,1987,101(3):395—403.

[2]GOMES G M S,HOWIE J M.On the Ranks of Certain Semigroups of Order-Preserving Transformations[J].Semigroup Forum,1992,45(3):272—282.

[3]LEVI I.Nilpotent Ranks of Semigroups of Partial Transformations[J].Semigroup Forum,2006,72(3):459—476.

[4]高荣海,徐 波.降序有限部分变换半群的幂等元秩[J].西南大学学报(自然科学版),2008,30(8):9—12.

[5]徐 波,冯荣权,高荣海.一类变换半群的秩[J].数学的实践与认识,2010,40(8):222—224.

[6]罗敏霞,何华灿,马盈仓.一类具有恰当断面的左恰当半群[J].西南师范大学学报(自然科学版),2005,30(3):373—376.

[7]赵文强,李 嘉.Markov 积分半群的生成元[J].西南师范大学学报(自然科学版),2007,32(5):14—17.

作者简介： 赵 平(1973 -)，男，贵州遵义人，副教授，主要从事半群理论及编码理论的研究.

基金项目： 贵州省科学技术基金资助项目〔黔科合(2007)2008〕；贵州省科学技术基金资助项目(黔科合〔2010〕3174).

原载：《西南大学学报》(自然科学版)2011 年第 6 期.

收录： 2014 年入选"领跑者 5000 平台".

责任编辑 廖 坤

有限度量紧开值集值映射的 **R-KKM** 定理及其对不动点的应用

文开庭， 李和睿

毕节学院建筑工程学院,贵州毕节　551700

摘　要:在非紧 FC-度量空间中建立了有限度量紧开值集值映射的 R-KKM 定理. 作为应用，获得了非紧 FC-度量空间中有限度量紧开(闭)值集值映射的匹配定理、重合定理和不动点定理.

本文约定: $\langle X \rangle$ 和 2^X 分别表示非空集 X 的所有非空有限子集的族和 X 的所有子集的族, Δ_n 表示以 $e_0,\cdots,e_n$ 为顶点的 n 维标准单形, Δ_J 表示 $\{e_j\}_{j \in J}$ 的凸包, 其中 J 为 $\{0, \cdots, n\}$ 的非空子集. 设 X,Y 为拓扑空间, $\mathscr{C}(X, Y)$ 表示从 X 到 Y 的单值连续映射的族. 设 (M, d) 为度量空间, 对 M 的任意非空有界子集 A, 令 $\mathrm{co}(A) = \bigcap \{B \subset M : B$ 为 M 中包含 A 的闭球$\}$. 设 $X \neq \varnothing$, (Y, φ_N) 为 FC-空间[1]. 称映射 $T: X \longrightarrow 2^Y$ 为 R-KKM 映射, 若对 $\forall \{x_0, \cdots, x_n\} \in \langle X \rangle$, 存在 $N = \{y_0, \cdots, y_n\} \in \langle Y \rangle$, 使得对 $\forall \{i_0, \cdots, i_k\} \subset \{0, \cdots, n\}$, 有 $\varphi_N(\Delta_k) \subset \bigcup_{j=0}^{k} T(x_{i_j})$.

文献[1]引入了 FC-度量空间, 它包含了文献[2]的超凸度量空间、文献[3]的 λ-超凸度量空间、文献[4]的 H-度量空间以及文献[5—9]的 L-凸度量空间等. 本文的目的是建立非紧 FC-度量空间中有限度量紧开值集值映射的 R-KKM 定理. 作为应用, 进一步获得非紧 FC-度量空间中有限度量紧开(闭)值集值映射的匹配定理、重合定理和不动点定理.

定理 1　设 $X \neq \varnothing$, (M, d, φ_N) 为 FC-度量空间[1], $T: X \longrightarrow 2^M$ 为有限度量紧开值集值映射. 则族 $\{T(x)\}_{x \in X}$ 有有限交性质当且仅当 T 是 R-KKM 映射.

证 必要性的证明与文献[1]的定理 1 相同，下证充分性. 假设结论不成立，则存在 $\{x_0, \cdots, x_n\} \in \langle X \rangle$ 使得 $\bigcap_{i=0}^{n} T(x_i) = \emptyset$. 因 (M, d, φ_N) 为 FC -度量空间且 T 为 R-KKM 映射，故对 $\{x_0, \cdots, x_n\} \in \langle X \rangle$，存在 $N = \{y_0, \cdots, y_n\} \in \langle M \rangle$ 和连续映射 $\varphi_N: \Delta_n \longrightarrow M$，使得 $\varphi_N(\Delta_n) \subset co(N)$，且

$$\varphi_N(\Delta_k) \subset \bigcup_{j=0}^{k} T(x_{i_j}) \qquad \forall \{i_0, \cdots, i_k\} \subset \{0, \cdots, n\} \qquad (1)$$

由于 φ_N 连续，故 $\varphi_N(\Delta_n)$ 是 $co(N)$ 中的紧集. 而因 T 是有限度量紧开值的，故对 $\forall x \in X$，$\varphi_N(\Delta_n) \bigcap co(N) \bigcap T(x) = \varphi_N(\Delta_n) \bigcap T(x)$ 是 $\varphi_N(\Delta_n)$ 中的开集，进而，$\varphi_N(\Delta_n) \backslash (\varphi_N(\Delta_n) \bigcap T(x))$ 是 $\varphi_N(\Delta_n)$ 中的闭集. 注意到 $\bigcap_{i=0}^{n} T(x_i) = \emptyset$，因此

$$\varphi_N(\Delta_n) = \bigcup_{i=0}^{n} (\varphi_N(\Delta_n) \backslash (\varphi_n(\Delta_n) \bigcap T(x_i))) \qquad (2)$$

对 $\forall z \in \Delta_n$，设

$$J(z) = \{j \in \{0, \cdots, n\}: \varphi_N(z) \notin T(x_j)\}$$

$$U(z) = \Delta_n \backslash \varphi_N^{-1}(\bigcup_{i \notin J(z)} (\varphi_N(\Delta_n) \backslash (\varphi_n(\Delta_n) \bigcap T(x_i))))$$

我们断言：$J(z) \neq \emptyset$ $(\forall z \in \Delta_n)$. 否则，若存在 $z_0 \in \Delta_n$ 使得 $J(z_0) = \emptyset$，则对 $\forall i \in \{0, \cdots, n\}$，有 $\varphi_N(z_0) \in T(x_i)$，从而 $\varphi_N(z_0) \in \bigcap_{i=0}^{n} T(x_i)$，与 $\bigcap_{i=0}^{n} T(x_i) = \emptyset$ 的假设矛盾.

由(2)式，有

$$\varphi_N^{-1}(\bigcup_{i \notin J(z)} (\varphi_N(\Delta_n) \backslash (\varphi_n(\Delta_n) \bigcap T(x_i)))) \subset \Delta_n$$

由于 $\bigcup_{i \notin J(z)} (\varphi_N(\Delta_n) \backslash (\varphi_N(\Delta_n) \bigcap T(x_i)))$ 为闭集且 φ_N 连续，故 $U(z)$ 是 Δ_n 中的开集. 由 $\varphi_N(z) \in \varphi_N(\Delta_n)$ 及 $\varphi_N(z) \in \bigcap_{i \notin J(z)} T(x_i)$，有 $\varphi_N(z) \in \varphi_N(\Delta_n) \bigcap (\bigcap_{i \notin J(z)} T(x_i))$，从而

$$\varphi_N(z) \notin \bigcup_{i \notin J(z)} (\varphi_N(\Delta_n) \backslash (\varphi_N(\Delta_n) \bigcap T(x_i)))$$

进而

$$z \in \Delta_n \backslash \varphi_N^{-1}(\bigcup_{i \notin J(z)} (\varphi_N(\Delta_n) \backslash (\varphi_n(\Delta_n) \bigcap T(x_i)))) = U(z)$$

即 $U(z)$ 是 z 在 Δ_n 中的开邻域.

定义 $F: \Delta_n \longrightarrow 2^{\Delta_n}$ 为 $F(z) = \Delta_{J(z)}$ $(\forall z \in \Delta_n)$，则 F 是非空紧凸值的，

并且对 $\forall z \in \Delta_n$ 和 $\forall z' \in U(z)$, 据 $U(z)$ 的定义, 有 $\varphi_N(z') \in \bigcap_{i \notin J(z)} T(x_i)$, 即对 $\forall i \notin J(z)$, 有 $\varphi_N(z') \in T(x_i)$, 于是, $J(z') \subset J(z)$, 故对 $\forall z' \in U(z)$, 有 $F(z') \subset F(z)$, 可见 F 是上半连续的. 由 Kakutani 不动点定理, 存在 $z_0 \in \Delta_n$, 使得 $z_0 \in F(z_0)$. 由(1)式, 有

$$\varphi_N(z_0) \in \varphi_N(F(z_0)) = \varphi_N(\Delta_{J(z_0)}) \subset \bigcup_{i \in J(z_0)} T(x_i)$$

另一方面, 由 $J(z_0)$ 的定义, $\varphi_N(z_0) \notin \bigcup_{i \in J(z_0)} T(x_i)$, 矛盾.

注 1 定理 1 改进和推广了文献[4]的定理 2.2 和文献[5]的定理 2.2.

定理 2 设 $X \neq \varnothing$, (M, d, φ_N) 为 FC-度量空间, $A: X \longrightarrow 2^M$ 为有限度量紧闭(开)值集值映射, 且存在 $N = \{x_0, \cdots, x_n\} \subset X$ 使得 $\bigcup_{i=0}^{n} A(x_i) = M$. 则对 $\forall f \in \mathscr{C}(M, M)$, 存在 $\{x_{i_0}, \cdots, x_{i_k}\} \in \langle N \rangle$ 和 $x^* \in \varphi_N(\Delta_k)$, 使得 $f(x^*) \in \bigcap_{j=0}^{k} A(x_{i_j})$.

证 对于 A 为有限度量紧开值的情形, 利用文献[1]的定理 1 类证. 现证 A 为有限度量紧闭值的情形. 若结论不成立, 则存在 $f_0 \in \mathscr{C}(M, M)$ 使得对 $\forall \{x_{i_0}, \cdots, x_{i_k}\} \in \langle N \rangle$, 有 $f_0(\varphi_N(\Delta_k)) \subset M \backslash \bigcap_{j=0}^{k} A(x_{i_j})$. 定义映射 $F: X \longrightarrow 2^M$ 为 $F(x) = M \backslash A(x)$ ($\forall x \in X$), 则 $f_0(\varphi_N(\Delta_k)) \subset \bigcup_{j=0}^{k} F(x_{i_j})$. 定义映射 $G: X \longrightarrow 2^M$ 为 $G(x) = f_0^{-1}(F(x))$ ($\forall x \in X$), 则 $\varphi_N(\Delta_k) \subset \bigcup_{j=0}^{k} G(x_{i_j})$. 因此, G 是一个 R-KKM 映射. 同时, 由于 A 是有限度量闭值的, 故 F 是有限度量开值的, 且因 f 连续, 故 G 也是有限度量开值的. 根据定理 1, G 有有限交性质, 因此 $\bigcap_{i=0}^{n} f_0^{-1}(F(x_i)) = \bigcap_{i=0}^{n} G(x_i) \neq \varnothing$, 进而 $M \backslash \bigcup_{i=0}^{n} A(x_i) = \bigcap_{i=0}^{n} F(x_i) \neq \varnothing$, 这与条件 $\bigcup_{i=0}^{n} A(x_i) = M$ 矛盾.

注 2 定理 2 改进和推广了文献[4]的定理 3.1.

定理 3 设 X 为 FC-度量空间 (M, d, φ_N) 的 FC-度量子空间, $A: X \longrightarrow 2^M$ 为有限度量紧闭(开)值集值映射, 且满足:

(1°) 存在 $N = \{x_0, \cdots, x_n\} \subset X$, 使得 $\bigcup_{i=0}^{n} A(x_i) = M$;

(2°) 对 $\forall y \in M$, $A^{-1}(y)$ 是 M 的 FC-度量子空间.

则对 $\forall f \in \mathscr{C}(M, M)$, 存在 $\{x_{i_0}, \cdots, x_{i_k}\} \in \langle N \rangle$ 和 $x^* \in \varphi_N(\Delta_k)$, 使得 $f(x^*) \in A(x^*)$.

证 对于 A 为有限度量紧开值的情形，利用定理 2 的相应结论类证. 现证 A 为有限度量紧闭值的情形. 根据条件 $(1°)$ 及定理 2, 对 $\forall f \in \mathscr{C}(M, M)$, 存在 $\{x_{i_0}, \cdots, x_{i_k}\} \in \langle N \rangle$ 和 $x^* \in \varphi_N(\Delta_k)$, 使得 $f(x^*) \in \bigcap_{j=0}^{k} A(x_{i_j})$, 于是 $\{x_{i_0}, \cdots, x_{i_k}\} \subset A^{-1}(f(x^*))$. 又由条件 $(2°)$ 知, $A^{-1}(f(x^*))$ 是 FC -度量子空间, 因而 $\varphi_N(\Delta_k) \subset A^{-1}(f(x^*))$, 进而 $x^* \in \varphi_N(\Delta_k) \subset A^{-1}(f(x^*))$. 所以 $f(x^*) \in A(x^*)$.

在定理 3 中, 换 A 为 A^{-1}, 即得如下的不动点定理:

定理 4 设 X 为 FC -度量空间 (M, d, φ_N) 的 FC -度量子空间, 映射 $A: X \longrightarrow 2^M$ 满足

$(1°)$ 对 $\forall x \in X$, $A(x)$ 是 FC -度量子空间;

$(2°)$ A^{-1} 为有限度量紧闭(开)值集值映射;

$(3°)$ 存在 $N = \{x_0, \cdots, x_n\} \subset M$ 使得 $\bigcup_{i=0}^{n} A^{-1}(x_i) = X$.

则对 $\forall f \in \mathscr{C}(X, X)$, 存在 $\{x_{i_0}, \cdots, x_{i_k}\} \in \langle N \rangle$ 和 $x^* \in \varphi_N(\Delta_k)$, 使得 $x^* \in A(f(x^*))$.

注 3 定理 3 和定理 4 改进和推广了文献 $[4]$ 的定理 3.3 和定理 3.4.

参考文献：

[1] 文开庭. FC-度量空间中的 R-KKM 定理及其对抽象经济的应用 [J]. 西南师范大学学报(自然科学版), 2010, 35(1): 45-49.

[2] 文开庭. 非紧超凸度量空间中的 Browder 不动点定理及其对重合问题的应用 [J]. 数学进展, 2005, 34(2): 208-212.

[3] WEN K T. A New GM λ-KKM Theorem in Noncompact λ-Hyperconvex Spaces and its Application to Abstract Economies [J]. 四川师范大学学报(自然科学版), 2009, 32(5): 608-613.

[4] DING X P, XIA F Q. Generalized H-KKM Type Theorems in H-Metric Spaces with Application [J]. 应用数学和力学(英文版), 2001, 22(10): 1140-1148.

[5] WEN K T. GLKKM Theorems in L-Convex Metric Spaces with Application [J]. 应用泛函分析学报, 2008, 10(2): 109-115.

［6］WEN K T.A Ky Fan Matching Theorem in Complete L-Convex Metric Spaces and its Application to Abstract Economies[J].应用数学,2007,20(3):593－597.

［7］WEN K T.A GLKKM Type Theorem for Noncompact Complete L-Convex Metric Spaces with Applications to Variational Inequalities and Fixed Points[J].数学研究与评论,2009,29(1):19－27.

［8］WEN K T.A GLSKKM Theorem in Noncompact Complete L-Convex Metric Spaces and Its Applications to Abstract Economies [J].四川师范大学学报(自然科学版),2010,33(2):166－170.

［9］WEN K T.The System of General Quasiequilibrium Problems in Noncompact L-Convex Metric Spaces[J].应用数学,2010,23(4):697－701.

作者简介：文开庭(1962－),男,贵州大方人,教授,硕士,主要从事非线性分析的研究.

基金项目：贵州省教育厅重点资助项目(2008072);贵州省自然科学基金项目(〔2011〕2093).

原载：《西南大学学报》(自然科学版)2011 年第 10 期.

收录：2014 年入选"领跑者 5000 平台".

责任编辑　廖　坤

干旱胁迫对决明种子萌发及幼苗生理特性的影响

喻泽莉， 何 平， 张春平，

杜丹丹， 刘海英， 谢英赞

西南大学生命科学学院三峡库区生态环境教育部重点实验室，

重庆市三峡库区植物生态与资源重点实验室，重庆 400715

摘 要：为探明干旱胁迫对决明种子萌发、幼苗生长和生理生化特征的影响，采用聚乙二醇(PEG-6000)模拟不同程度的干旱胁迫，研究干旱胁迫下决明种子的发芽率、发芽指数、胚根及下胚轴长度、幼苗叶片的叶绿素质量分数、抗氧化酶活性和丙二醛(MDA)质量分数等指标的变化情况. 研究表明：随着干旱胁迫强度的加强和胁迫时间的延长，决明种子的发芽率(G_r)、发芽指数(G_i)和活力指数(V_i)明显降低；幼苗胚根和下胚轴长度缩短；幼苗叶片叶绿素质量分数降低，超氧化物歧化酶(SOD)和过氧化氢酶(CAT)活性出现先升后降的趋势，过氧化物酶(POD)活性在胁迫中期下降，后期又进一步升高，MDA质量分数呈现出持续上升的趋势. 干旱胁迫对决明种子萌发和幼苗生长均有显著的抑制作用，但同时决明种子及幼苗也能通过自身一系列生物学与生理学指标的改变，主动适应干旱环境.

中药决明子为豆科植物决明 *Cassia obtusifolia* L. 或小决明 *C. tora* L. 的干燥成熟种子，具有祛风散热，清肝明目，润肠通便等功效[1]，是国家卫生部公布的69种药食同源的物质之一[2]. 决明子作为我国的一味传统中药材，近年来越来越受到人们的青睐，因其不但具有药用价值，还含有多种维生素、丰富的氨基酸、脂肪和碳水化合物等，具有很好的保健功能[3]. 随着中药产业化的发展，对中药材的需求日益呈现出科学化和合理化的趋势，如生物工程等技术被引入到中药材的规范化生产当中. 生物技术的应用, 促进了植物资源的养殖培育、繁殖和栽培, 同时也促进了大型中药材加工基地的出现, 使中药材生产走向集约化和规范化. 市场上的决明子大部分由人工栽培提供, 在栽培时众多的环境因素中, 限制植物生长的普遍因素之一是水分, 尤其在干旱的环境[4]. 目前, 国内外对决明子的研究多集中在化学成分及药理作用方面[5], 有关决明子生理方面的研究报道较少. 本试验以决明种子为材料, 研究了不同质量分数 PEG-6000 模拟干旱胁迫对决明种子萌发、幼苗生长和生理生化特性的影响, 以探讨决明种子及幼苗应对干旱胁迫的生理机制, 为决明种子的育种和农业栽培提供理论依据.

1 材料与方法

1.1 材 料

供试的决明种子由中国医学科学院药用植物研究所提供, 经西南大学生命科学学院何平教授鉴定, 确定为决明 *Cassia obtusifolia* L. 的干燥成熟种子.

1.2 方 法

1.2.1 种子萌发试验

挑取籽粒饱满、大小一致和无病虫害的决明种子, 用 1% 的次氯酸钠溶液消毒处理 10 min, 蒸馏水冲洗 3－5 次, 放入 50 ℃ 的水浴锅中催芽 3 h, 再用滤纸吸干水分, 以铺有双层滤纸和双层纱布的培养皿为发芽床, 进行种子萌发试验. 将供试种子分别放入加有蒸馏水以及不同质量分数 (5%, 10%, 15%, 20%, 25% 和 30%) 的 PEG-6000 培养皿中, 每个培养皿 50 粒种子, 3 次重复. 在培养箱中进行 (25±1) ℃ 的培养, 光照时间为 12 h, 光照强度为 2 500 lx. 每天定期在培养皿中添加 PEG-6000 溶液或蒸馏水. 连续培养观察 7 d, 每天定时统计种子萌发数, 最后计算种子的发芽率 (G_r)、发芽指数 (G_i) 和活力指数 (V_i), 并且在发芽结束后, 每一个重复各取 10 株幼苗, 测定其胚根和下胚轴长度, 称其鲜物质量.

$$种子发芽率(G_r) = G_a \cdot G_n^{-1} \times 100\%$$

G_a 为第 7 天的发芽种子数；G_n 为供试种子数.

$$种子发芽指数(G_i) = \sum (G_t \cdot D_t^{-1})$$

G_t 为 t 天内发芽种子数；D_t 为发芽天数.

$$种子活力指数(V_i) = S \times G_i$$

S 为植株的平均鲜物质量.

1.2.2 幼苗生长胁迫试验及生理特性测定

挑选长势一致的 4 叶期幼苗移植于小花盆中，每盆植入 1 株，盆中土壤由河沙与大田土按 1：2 的比例混合形成.经过 1 周的缓苗期后，进行干旱胁迫试验.根据种子萌发试验的结果分析，设置对照(蒸馏水)以及 5 个胁迫梯度，PEG-6000 质量分数分别为 5％,10％,20％,30％和 40％.每个处理10 株幼苗，3 次重复.分别于干旱胁迫的第 4 天、第 9 天和第 14 天，取幼苗叶片进行叶绿素质量分数、丙二醛（MDA）质量分数、超氧化物歧化酶（SOD）活性、过氧化物酶（POD）活性和过氧化氢酶（CAT）活性的测定.

叶绿素质量分数测定采用乙醇-丙酮混合液浸泡法[6]；MDA 质量分数的测定参照硫代巴比妥酸（TBA）检测法[7]；SOD 活性的测定采用氮蓝四唑（NBT）光还原法[7]，以抑制 NBT 光氧化还原 50％时的酶量为 1 个酶活性单位（U）；CAT 活性测定采用紫外吸收法[6]，以每分钟 A_{240} 减少 0.1 的酶量为 1 个酶活性单位（U）；POD 活性测定采用愈创木酚法[7]，以每分钟内引起 A_{470} 变化 0.01 的酶量为 1 个酶活性单位（U）.各项指标测定都在鲜物质量（FW）条件下进行.

1.2.3 数据处理

试验数据采用 Excel 2003 绘制图表，SPSS 16.0 软件进行方差分析，Duncan 法进行多重比较分析.

2 结果与分析

2.1 干旱胁迫对决明种子萌发的影响

由表 1 可知，干旱胁迫对决明种子发芽率、发芽指数和活力指数的影响具有统计学意义（$p < 0.05$），随着 PEG-6000 质量分数的增加，这 3 项指标均逐渐下降.与对照相比，PEG-6000 质量分数从 5％增加到 30％，发芽率平均数由对照的 90.67％分别下降到 81.33％，77.33％，44.00％，

40.67%,12.67%和10.67%,除了质量分数为5%的胁迫外,其他质量分数胁迫与对照相比差异均具有统计学意义($p<0.05$),当 PEG-6000 质量分数达到15%时,发芽率下降幅度明显增大,在质量分数为20%和25%的 PEG-6000 处理下,决明种子发芽率分别下降了50个百分点和78个百分点,PEG-6000 质量分数为30%时,发芽率平均数为10.67%,种子发芽率受抑制程度最高.表1还显示,决明种子萌发时的发芽指数和活力指数也随着 PEG-6000 质量分数的增大而显著下降,从质量分数为5%的 PEG-6000 开始,决明种子的发芽指数和活力指数与对照相比差异均具有统计学意义($p<0.05$),当 PEG-6000 质量分数达到15%时,发芽指数和活力指数的下降幅度明显增大,而且25%和30%高质量分数的 PEG-6000 已经严重影响了种子的发芽能力和活力.

2.2 干旱胁迫对决明幼苗胚根与下胚轴生长的影响

由表1可知,随着胁迫质量分数的增加,决明幼苗胚根长和下胚轴长均呈现出逐渐缩短的趋势,而且胁迫处理与对照及处理间相比差异大多具有统计学意义($p<0.05$).当 PEG-6000 质量分数小于或等于10%时,决明幼苗胚根和下胚轴长度与对照相比差异不具有统计学意义($p>0.05$),说明低质量分数的 PEG-6000 对幼苗胚根和下胚轴生长的抑制程度不明显.但当 PEG-6000 质量分数为15%时,与对照相比,幼苗胚根和下胚轴的平均长度就分别下降了1.07 cm和1.66 cm,下胚轴生长受抑制的程度明显.随着胁迫质量分数的进一步升高,抑制程度增加,严重影响了植株的生长.

表1 干旱胁迫下决明种子萌发及幼苗生长指标

PEG-6000 质量分数/%	发芽率 (G_r)/%	发芽指数 (G_i)	活力指数 (V_i)	胚根长 /cm	下胚轴长 /cm
0(CK)	90.67±1.76a	84.42±1.74a	11.67±0.24a	2.75±0.21a	3.60±0.14a
5	81.33±0.67ab	65.32±1.98b	8.75±0.27b	2.62±0.18ab	3.46±0.14a
10	77.33±0.67b	60.15±4.23b	6.59±0.46c	2.22±0.11b	3.16±0.12a
15	44.00±5.77c	25.33±3.51c	1.77±0.24d	1.68±0.19c	1.94±0.17b
20	40.67±4.67c	15.29±3.23d	0.79±0.17e	1.11±0.21d	1.20±0.23c
25	12.67±4.06d	5.97±2.54e	0.26±0.11f	1.05±0.12d	1.12±0.18c
30	10.67±1.33d	2.31±0.18e	0.06±0.01g	0.64±0.10d	0.74±0.09c

注:表中数值为平均数±标准误差;同列中不同字母表示相互间差异具有统计学意义($p<0.05$)

2.3　干旱胁迫对决明幼苗叶片叶绿素质量分数的影响

植物叶片中的光合色素主要参与光合作用过程中光能的吸收、传递和
转化，是使太阳能转变为化学能的色素. 光合色素质量分数直接影响植物的光合能力，从而影响其生长和发育，尤其是叶绿素质量分数与植物光合能力的强弱关系更为密切[8-9]. 由图 1 可知，随着胁迫强度的增加和胁迫时间的延长，

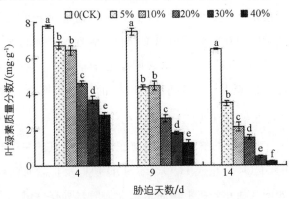

图1　干旱胁迫下决明幼苗的叶绿素质量分数

不同处理决明幼苗的叶绿素质量分数（以鲜物质量计算）均显著下降. 胁迫第 4 天时，各质量分数 PEG-6000 处理后幼苗的叶绿素质量分数与对照相比差异均具有统计学意义（$p < 0.05$），当 PEG-6000 质量分数为 20％时，叶绿素质量分数下降了 40.98％. 胁迫第 9 天时，与对照相比，PEG-6000 处理后幼苗的叶绿素质量分数比第 4 天时的叶绿素质量分数下降得更显著，质量分数为 5％和 10％的 PEG-6000 间差异不具有统计学意义，质量分数为 20％和 30％的 PEG-6000 间差异也不具有统计学意义. 胁迫第 14 天时，各质量分数 PEG-6000 处理后幼苗叶片的叶绿素质量分数都相对很低，尤其是质量分数为 30％和 40％的 PEG-6000 胁迫后，叶片叶绿素质量分数几乎接近于 0 mg/g，说明随着胁迫时间的延长，高质量分数的干旱胁迫严重影响了植物的光合系统.

2.4　干旱胁迫对决明幼苗叶片抗氧化酶活性的影响

2.4.1　SOD 活性的变化

SOD 活性的高低是植物抗旱性的重要指标之一，它的主要功能是清除

O_2^-·，是防护氧自由基对细胞膜系统伤害的一种重要的保护酶[10]．由图 2 可知，胁迫初期，PEG-6000 质量分数为 5％时叶片 SOD 活性与对照相比差异不具有统计学意义（$p > 0.05$），而当 PEG-6000 质量分数为 20％时 SOD 的活性达到最高，随着 PEG-6000 质量分数再增加，SOD 活性又下降．随着胁迫时间的延长，在第 9 天时，各处理的 SOD 活性都比第 4 天时有不同程度的提高，但在第 14 天，SOD 活性又出现了下降的趋势，且高质量分数 PEG-6000 胁迫叶片的 SOD 活性比中、低质量分数 PEG-6000 胁迫叶片的 SOD 活性低，这表明重度干旱下，SOD 活性值的降低暗示其抗氧化能力的衰退，而且持续长时间的严重胁迫会对决明造成一定的伤害．

2.4.2　CAT 活性的变化

H_2O_2 的清除是细胞彻底消除活性氧的关键，CAT 可以将 SOD 等产生的 H_2O_2 转化成 H_2O，与 SOD 协同反应，使活性氧维持在较低水平上[11]．如图 3 所示，在干旱胁迫第 9 天时，所有供试幼苗的 CAT 活性均升高，此后随干旱胁迫时间的延长，供试幼苗的 CAT 活性呈下降趋势．而且，经过 PEG-6000 胁迫处理的幼苗叶片 CAT 活性均高于未经 PEG-6000 胁迫处理的幼苗，与对照相比差异均具有统计学意义（$p < 0.05$）．在第 4 天和第 9 天时，40％PEG-6000 处理的叶片 CAT 活性最高；在第 14 天时，30％ PEG-6000 处理的叶片 CAT 活性最高，这也表明了长时间高质量分数的干旱胁迫对决明造成了一定的伤害．

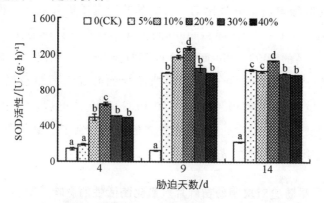

图 2　干旱胁迫下决明幼苗的 SOD 活性

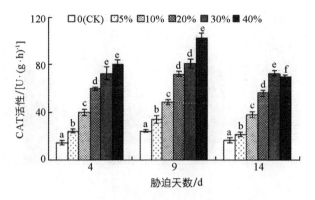

图 3　干旱胁迫下决明幼苗的 CAT 活性

2.4.3　POD 活性的变化

由图 4 可知,决明幼苗叶片 POD 活性的变化趋势与 SOD 和 CAT 活性的变化趋势不同,它在第 4 天时的活性最高,随后降低,在第 14 天时略有升高,但变化不明显.各质量分数 PEG-6000 处理叶片的 POD 活性均比对照高,且 40% PEG-6000 处理叶片的 POD 活性最高,各处理间差异具有统计学意义($p<0.05$).

2.5　干旱胁迫对决明幼苗叶片 MDA 质量分数的影响

由图 5 可知,决明幼苗叶片 MDA 质量分数随着胁迫时间的增加呈上升趋势,各干旱胁迫处理的结果与对照相比差异均具有统计学意义($p<0.05$).第 9 天时,MDA 质量分数增加明显,尤其是 30% 和 40% PEG-6000 处理叶片的 MDA 质量分数分别是对照的 2.84 倍和 3.81 倍.第 14 天时,与第 9 天相比,各处理的 MDA 质量分数基本保持较高的水平,说明此时的决明幼苗膜脂过氧化程度严重,质膜受到很大的破坏.

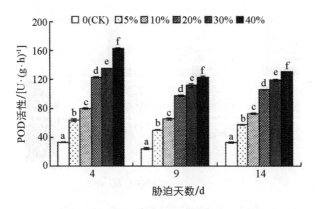

图 4　干旱胁迫下决明幼苗的 POD 活性

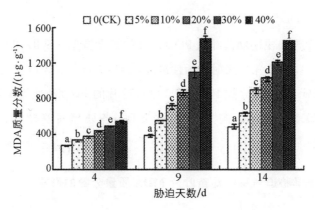

图 5　干旱胁迫下决明幼苗的 MDA 质量分数

3　讨　论

对于大多数植物来说,种子萌发和幼苗生长阶段对环境胁迫最为敏感,所以常用种子萌发及幼苗的生长状况来评价植物的抗逆性[12].在影响植物生长的诸多环境条件中,水分条件尤为重要,而水资源匮乏已成为世界性的难题,严重制约了植物的生长和发育.近年来,PEG-6000 作为一种渗透调节剂,越来越多地被用于植物的受控试验,利用 PEG-6000 对溶液水势的调节作用改变植物种子萌发或生长发育的水分条件,开展与渗透和水分胁迫相关的试验已经成为植物种子引发及干旱胁迫的重要手段[13-14].适宜质量分数的 PEG-6000 及胁迫时间是研究模拟干旱条件下植物抗旱性的关键,本试验通过对 PEG-6000 胁迫下决明种子萌发与幼苗生长的指标变化进行分析,对决明的抗旱性有了初步了解.

干旱胁迫导致供试决明种子的发芽率、发芽指数和活力指数从质量分数为 5％的 PEG-6000 开始就明显下降,这表明干旱胁迫导致了决明种子发芽能力降低、发芽数量减少、发芽速率降低、种子萌发活力和整齐度下降,且随着 PEG-6000 质量分数的增加,种子萌发能力受到的影响程度逐渐加大. 也有研究表明,$50-400$ mg/L 的 PEG-6000 可以提高决明种子的发芽率[15],说明较低质量分数的 PEG-6000 对决明种子萌发有一定的引发作用,但 PEG-6000 质量分数不能超过一定的范围. 本试验中 PEG-6000 质量分数为 5％时,种子萌发就受到了抑制,而且决明幼苗胚根和下胚轴的生长也随着 PEG-6000 质量分数的增加而受到了严重的抑制.

叶绿体是光合作用的主要场所,也是对干旱胁迫敏感的细胞器. 干旱胁迫能导致植物叶片中叶绿素质量分数的降低,是因为干旱胁迫不仅影响叶绿素的生物合成,而且加快已经合成的叶绿素分解[9]. 本试验中,随着 PEG-6000 质量分数的增加,决明幼苗叶片的叶绿素质量分数与对照相比逐渐降低,可能是由于在干旱胁迫下,植物细胞叶绿体和线粒体电子传递中泄漏的电子增加,使活性氧大量产生. 蒋明义等[16]也证实了渗透胁迫下叶绿素的降解主要与活性氧引起的氧化损伤有关,它与 MDA 质量分数呈负相关.

干旱胁迫下植物体内对自由基清除的抗氧化系统有 2 类,可分为酶类和非酶类;而抗氧化保护酶系统又包含了 SOD,CAT 和 POD 等各种酶类,这些保护酶在清除超氧自由基、过氧化氢、过氧化物以及阻止或减少羟基自由基形成等方面起重要的作用[11]. 本试验中,决明幼苗叶片 SOD 和 CAT 活性随着胁迫时间的延长都有先升高后降低的趋势,而且高质量分数 PEG-6000 胁迫使这两种酶的活性都有所下降. 而 POD 活性随着胁迫时间的延长和质量分数的增加呈现出了不同的变化趋势,在胁迫中期有所下降,后期又进一步升高,PEG-6000 质量分数越大,POD 活性越高. SOD,CAT 和 POD 这 3 种抗氧化酶活性变化的不一致性反映了决明在遭受干旱胁迫时各酶之间复杂的内在关系和协同作用. 可见,植物体内保持着各种酶的平衡,通过调动各种酶和整个防御系统来抵抗由于干旱胁迫引起的氧化伤害,减少活性氧的累积,降低膜伤害程度.

细胞中 MDA 质量分数的高低反映了细胞氧化损伤的程度,活性氧水平的提高可以诱发脂质过氧化链式反应,从而导致细胞膜的完整性遭受破坏[17]. 本试验中,胁迫初期 MDA 质量分数相对较低,在胁迫 9 d 后,各处理的 MDA 质量分数都明显增加,尤其是高质量分数 PEG-6000 的胁迫,表明此时的决明幼苗叶片细胞膜损伤严重,体内活性氧代谢平衡失调,膜脂过氧化程度加剧,这也可能是决明幼苗叶片在胁迫 14 d 时 SOD 和 CAT 活性反而又降低的原因之一.

本研究通过不同质量分数 PEG-6000 模拟干旱胁迫对决明种子萌发、幼苗生长和生理生化特性的影响,发现干旱胁迫明显降低了决明种子的发芽率、发芽指数和活力指数,抑制了幼苗胚根和下胚轴的生长. 干旱胁迫使幼苗叶片中的叶绿素质量分数下降,抗氧化酶 SOD,CAT 和 POD 活性有所提高,MDA 质量分数也升高. 研究结果表明干旱胁迫对决明种子萌发和幼苗生长均有显著的抑制作用,但其同时也能通过一系列生物学和生理学指标的改变,主动适应干旱逆境,尤其是轻度和中度的干旱胁迫环境. 在决明的栽培过程中,还应注意抗旱措施的实施,防止因干旱而导致的产量降低.

参考文献:

[1]国家药典委员会.中华人民共和国药典[M].北京:中国医药科技出版社,2010.

[2]吕翠婷,黎海彬,李续娥,等.中药决明子的研究进展[J].食品科技,2006(8):295-298.

[3]朱　霞,胡　勇,王晓丽,等.几种植物生长调节剂对决明种子萌发及幼苗生长的影响[J].作物杂志,2010(1):46-48.

[4]KAJIYAMA K,DEMIZU S,HIRAGA Y,et al.Two Prenylated Retrochalcones from *Glycyrrhiza inflata*[J].Phytochemistry,1992,31(9):3229-3232.

[5]LEE G Y,JANG D S,LEE Y M,et al.Naphthopyrone Glucosides from the Seeds of *Cassia tora* with Inhibitory Activity on Advanced Glycation End Products (AGEs)Formation[J].Arch. Pharm. Res.,2006,29(7):587-590.

[6]张春平,何 平,喻泽莉,等.外源 Ca^{2+}、ALA、SA 和 Spd 对盐胁迫下紫苏种子萌发及幼苗生理特性的影响[J].中国中药杂志,2010,35(24):3260－3265.

[7]高俊凤.植物生理学实验指导[M].北京:高等教育出版社,2006:142－143.

[8]刘建福.NaCl 胁迫对澳洲坚果叶片生理生化特性的影响[J].西南师范大学学报(自然科学版),2007,32(4):25－29.

[9]王宝山,赵可夫,邹 琦.作物耐盐机理研究进展及提高作物抗盐性的对策[J].植物学通报,1997,14(增刊):25－30.

[10]隋岩洁,李 政,陈 凌.酸雨胁迫和 Hg^{2+} 胁迫对黄连木生理影响的研究[J].西南师范大学学报(自然科学版),2009,34(3):195－198.

[11]BOWLER C,VAN MONTAGU M,INZE D.Superoxide Dismutase and Stress Tolerance[J].Annual Review Plant Physiology and Plant Molecular Biology,1992,43:83－116.

[12]UNIYAL R C,NAUTIYAL A R.Seed Germination and Seedling Extension Growth in *Ougeinia dalbergioides* Benth. Under Water Salinity Stress[J].New Forests,1998,16(3):265－272.

[13]郭巧生,张贤秀,沈雪莲,等.种子引发对夏枯草种子抗旱性的影响[J].中国中药杂志,2009,34(10):1195－1198.

[14]焦树英,李永强,沙依拉·沙尔合提,等.干旱胁迫对 3 种狼尾草种子萌发和幼苗生长的影响[J].西北植物学报,2009,29(2):308－313.

[15]张春平,何 平,杜丹丹,等.决明种子硬实及萌发特性研究[J].中草药,2010,41(10):1700－1704.

[16]蒋明义,杨文英,徐 江,等.渗透胁迫下水稻幼苗中叶绿素降解的活性氧损伤作用[J].植物学报,1994,36(4):289－295.

[17]田婷婷,张兴国,周小全,等.高温胁迫对之豇 28-2 幼苗叶片细胞膜透性和保护酶活性的影响[J].西南师范大学学报(自然科学版),2008,33(3):73－76.

作者简介: 喻泽莉(1985 -),女,四川泸州人,硕士研究生,主要从事药用植物资源学及植物分子生物学研究.

基金项目: 国家自然科学基金资助项目(30070080).

原载:《西南大学学报》(自然科学版)2012 年第 2 期.

收录: 2015 年入选"领跑者 5000 平台".

责任编辑 夏 娟

基于化学成分的卷烟类型逐步判别分析

朱立军, 王 鹏, 施丰成, 唐士军,

薛 芳, 戴 亚, 李东亮

卷烟减害降焦四川省重点实验室,川渝中烟工业公司技术中心,

成都 610066

摘 要:以112个卷烟样品的20种化学成分为指标,采用逐步判别分析的方法对不同类型卷烟样品进行判别分析,并建立判别函数.研究结果表明:挥发碱、还原糖、总植物碱、pH 值、草酸、苹果酸、柠檬酸、亚油酸、石油醚提取物和芸香苷等10个化学成分进入判别函数,并建立判别模型.用自身验证法和交互检验法对原样品进行回判,回判准确率均为100%,新样品的判别准确率达到100%,判别效果良好.

不同类型烟草中的化学组成因受遗传特性、生长的环境条件等因素的影响存在着重大的差异[1],因此,不同类型烟叶在配方中不同的比例,形成了不同香气风格和口味特征的卷烟,其中中式烤烟型、中式混合型、英式烤烟型和美式混合型是 4 种典型的卷烟类型.

判别分析是由已知不同类型的总体建立判别函数,再用判别函数判断未知个体所属类型的多元统计方法,在地质学、医学、财经等领域有着广泛的应用[2-4].目前判别分析在烤烟品质、香型、产地鉴定[5-7]和不同品牌卷烟区分[8]等方面得到了成功应用.笔者从不同类型卷烟的主要化学成分出发,采用逐步判别分析的方法,将卷烟样品的类型通过函数量化,综合反映不同类型卷烟内含物状况,旨在为卷烟类型的特征分析提供参考.

1 材料与方法

1.1 材料与仪器

市售卷烟 123 个,其中校正样品数为 112 个,验证样品数为 11 个,具体信息见表 1.

表 1 国内外卷烟样品分布情况

卷烟类型	校正样品数	验证样品数	卷烟类型	校正样品数	验证样品数
中式烤烟型	85	5	英式烤烟型	9	2
中式混合型	11	2	美式混合型	7	2

SKALAR San^{++} 流动分析仪(荷兰 SKALAR 公司);Agilent6890 GC 配 7683B 自动液体进样器(美国 Agilent 公司);DB-5MS(30 m×0.25 mm×0.25 μm)毛细管色谱柱;Cyclotec1093 旋风式样品磨[瑞典福斯(FOSS)中国有限公司];FED240 可编程热风循环烘箱(德国 Binder 公司);MP220K pH 计(瑞士梅特勒-托利多公司);Agilent1100 HPLC 配 DAD 检测器(美国 Agilent 公司);色谱柱(Waters Symmetry C18,250 mm×4.6 mm,5 μm);针筒式过滤器(0.45 μm,水系,天津津腾实验设备有限公司);Mettler AX504 型电子天平(感量 0.0001g,瑞士梅特勒-托利多公司);D200H 型超声波清洗器(43 kHz,台湾台达公司).

1.2 方法

按文献[9-18]分别测定烟丝中总糖、还原糖、总植物碱、总氮、挥发酸、挥发碱、蛋白质、石油醚提取物、多酚类物质、pH 值和多元酸和高级脂肪酸的含量.

采用 SPSS12.0 统计软件[19]进行处理和统计分析.将样本卷烟类型分为 4 部分,应用逐步判别分析方法,进行变量的筛选、判别模型的构建,依次选择最有效的特征参数进入判别模型,并对模型进行回顾性评价.

2 结果与讨论

样品根据卷烟类型的不同分为中式烤烟型(M_1)、中式混合型(M_2)、英式烤烟型（M_3）和美式混合型（M_4）4 个总体；分析了挥发酸（x_1）、挥发碱（x_2）、总糖（x_3）、还原糖（x_4）、总植物碱（x_5）、总氮（x_6）、蛋白质（x_7）、pH 值（x_8）、草酸（x_9）、丙二酸（x_{10}）、苹果酸（x_{11}）、柠檬酸（x_{12}）、棕榈酸（x_{13}）、亚油酸（x_{14}）、油酸＋亚麻酸（x_{15}）、硬脂酸（x_{16}）、石油醚提取物（x_{17}）、绿原酸（x_{18}）、莨菪亭（x_{19}）和芸香苷（x_{20}）等 20 个主要化学成分之间的关系.

2.1 样品数据的特征分析

中式烤烟型、中式混合型、英式烤烟型和美式混合型等 4 种类型共 112 个样本的各个指标的测定及描述统计结果见表 2. 由表 2 可以看出，柠檬酸、挥发酸、还原糖和总糖的变异系数较大；由峰度系数和偏度系数可以看出，除挥发酸之外，其他指标的数据接近正态分布.

表 2 卷烟烟丝化学成分的描述统计分析

指　标	平均值	变　幅	标准偏差	变异系数/%	偏度系数	峰度系数
x_1挥发酸/ （以乙酸计，%）	0.15	0.08～0.41	0.05	33.52	1.42	4.12
x_2挥发碱/ （以氨计，%）	0.23	0.18～0.35	0.03	13.46	1.64	2.75
x_3总糖/%	18.76	3.96～27.05	5.65	30.13	−0.84	−0.54
x_4还原糖/%	17.60	1.93～26.03	5.79	32.88	−0.96	−0.34
x_5总植物碱/%	2.05	1.42～2.50	0.18	8.86	−0.06	0.59
x_6总氮/%	2.23	1.79～2.85	0.28	12.69	0.55	−0.89
x_7蛋白质/%	7.06	5.11～9.85	0.96	13.59	1.23	1.02
x_8pH 值	5.10	4.79～5.57	0.13	2.57	0.63	1.19
x_9草酸/ （mg·g^{-1}）	14.03	10.33～19.33	1.77	12.59	1.10	0.93
x_{10}丙二酸/ （mg·g^{-1}）	1.40	0.82～1.97	0.28	20.22	−0.13	−0.79
x_{11}苹果酸/ （mg·g^{-1}）	59.20	42.88～73.24	5.98	10.09	−0.02	−0.05

指　　标	平均值	变　　幅	标准偏差	变异系数/%	偏度系数	峰度系数
x_{12} 柠檬酸/ $(mg \cdot g^{-1})$	10.19	5.25～26.58	5.46	53.55	1.65	1.31
x_{13} 棕榈酸/ $(mg \cdot g^{-1})$	1.82	1.21～2.41	0.27	14.56	−0.44	−0.19
x_{14} 亚油酸/ $(mg \cdot g^{-1})$	1.08	0.72～1.46	0.15	14.10	−0.23	−0.05
x_{15} 油酸＋亚麻酸/ $(mg \cdot g^{-1})$	2.49	1.34～3.56	0.45	18.06	−0.37	−0.24
x_{16} 硬脂酸/ $(mg \cdot g^{-1})$	0.41	0.27～0.58	0.05	11.90	0.15	1.69
x_{17} 石油醚提取物/ %	4.05	3.04～4.89	0.35	8.67	−0.34	0.59
x_{18} 绿原酸/ $(mg \cdot g^{-1})$	10.08	3.47～15.38	2.90	28.72	−0.71	−0.52
x_{19} 莨菪亭/ $(mg \cdot g^{-1})$	0.30	0.18～0.49	0.06	19.56	0.78	1.38
x_{20} 芸香苷/ $(mg \cdot g^{-1})$	6.79	2.63～10.67	1.91	28.15	−0.44	−0.54

　　卷烟烟丝化学成分之间的简单相关分析结果见表 3. 由表 3 可以看出，除了还原糖（x_4）和总糖（x_3）之间，高级脂肪酸中的棕榈酸（x_{13}）、亚油酸（x_{14}）和油酸＋亚麻酸（x_{15}）两两之间，多酚中的绿原酸（x_{18}）和芸香苷（x_{20}）之间的相关系数大于 0.8 之外，其余各个指标两两之间的相关系数均小于0.8，指标之间不存在多重共线性[20].

　　由以上分析可知，卷烟烟丝化学成分基本上服从正态分布且相关性较弱，进行判别分析有意义.

表 3　卷烟烟丝化学成分简单相关分析

指标	x_1	x_2	x_3	x_4	x_5	x_6	x_7	x_8	x_9
x_2	0.211								
x_3	−0.026	−0.130							
x_4	−0.015	−0.122	0.966						
x_5	0.258	0.445	0.255	0.238					
x_6	0.307	0.352	−0.440	−0.470	0.351				
x_7	0.056	0.245	−0.193	−0.197	0.158	0.310			
x_8	−0.148	0.134	−0.069	−0.149	−0.141	0.120	0.201		
x_9	0.107	0.151	−0.302	−0.306	−0.067	0.151	0.265	0.181	

续表

指标	x_1	x_2	x_3	x_4	x_5	x_6	x_7	x_8	x_9
x_{10}	0.131	0.294	0.029	0.010	-0.020	0.089	0.171	0.435	0.259
x_{11}	0.113	-0.053	-0.326	-0.321	-0.209	0.156	-0.105	-0.012	0.328
x_{12}	0.162	0.306	-0.308	-0.350	0.212	0.427	0.156	0.146	0.274
x_{13}	0.198	-0.173	0.357	0.352	0.334	0.125	-0.114	-0.145	-0.180
x_{14}	0.171	0.032	0.186	0.201	0.403	0.244	-0.052	-0.165	-0.040
x_{15}	0.212	-0.084	0.364	0.362	0.422	0.189	-0.127	-0.184	-0.148
x_{16}	-0.004	-0.020	0.329	0.363	0.113	-0.174	0.174	-0.067	0.005
x_{17}	0.175	0.360	0.051	0.103	0.412	0.105	0.327	-0.083	0.062
x_{18}	-0.088	0.052	0.698	0.703	0.185	-0.341	0.080	0.166	-0.230
x_{19}	-0.017	-0.022	-0.342	-0.234	0.018	0.169	-0.033	-0.241	-0.151
x_{20}	-0.013	0.148	0.704	0.691	0.242	-0.219	-0.036	0.237	-0.188

指标	x_{10}	x_{11}	x_{12}	x_{13}	x_{14}	x_{15}	x_{16}	x_{17}	x_{18}	x_{19}
x_2										
x_3										
x_4										
x_5										
x_6										
x_7										
x_8										
x_9										
x_{10}										
x_{11}	0.235									
x_{12}	0.164	0.354								
x_{13}	0.054	0.149	0.231							
x_{14}	0.150	0.084	0.252	0.826						
x_{15}	0.145	0.060	0.160	0.908	0.900					
x_{16}	0.213	0.142	0.090	0.671	0.593	0.580				
x_{17}	0.164	-0.028	0.070	0.072	0.125	0.115	0.208			
x_{18}	0.265	-0.125	-0.327	0.242	0.096	0.202	0.376	0.168		
x_{19}	-0.199	0.132	-0.101	0.077	0.247	0.094	0.018	-0.057	-0.126	
x_{20}	0.407	-0.114	-0.226	0.247	0.184	0.303	0.312	0.055	0.854	-0.091

2.2　4 种类型卷烟的化学成分的判别分析

2.2.1　判别函数的建立

对卷烟烟丝化学成分(20 个变量)进行逐步判别的分析结果见表 4. 可以看出,依据样品数据,每次增加一个对判别影响最大的变量,引入判别方程,当 Wilks'λ 不再降低时停止引入,建立数学判别模型. 最终有 10 个变量引入判别函数，剔除了 10 个变量. 引入判别函数的这 10 个变量依次为：挥发碱(x_2)、还原糖(x_4)、总植物碱(x_5)、pH 值(x_8)、草酸(x_9)、苹果酸(x_{11})、柠檬酸(x_{12})、亚油酸(x_{14})、石油醚提取物(x_{17})和芸香苷(x_{20})，最终得到 4 个典型判别函数为

$$D_1(x)=0.135x_2+0.646x_4+0.318x_5+0.511x_8-0.249x_9+0.647x_{11}-$$
$$1.060x_{12}+0.347x_{14}-0.183x_{17}-0.678x_{20}$$

$$D_2(x)=0.681x_2+1.291x_4+0.139x_5+0.286x_8-0.368x_9+0.496x_{11}+$$
$$0.399x_{12}-0.166x_{14}-0.520x_{17}-0.955x_{20}$$

$$D_3(x)=-0.390x_2+0.647x_4-0.328x_5+0.351x_8+0.044x_9-0.730x_{11}+$$
$$0.427x_{12}+0.080x_{14}+0.271x_{17}-0.203x_{20}$$

$D_1(x),D_2(x)$ 和 $D_3(x)$ 3 个典型判别函数的特征值依次为 22.436，3.412，0.757，分别能解释模型方差变化的 84.3%，12.8%，2.8%，其中前两个判别函数能解释方差变化的 97.2%，进入方程的 10 种化合物可以反映各卷烟类型的特征，用取得的判别函数基本可以区分各类型的卷烟. 另外，从图 1 可以看出 4 种类型的卷烟样本在空间上能够良好地区分.

典型判别函数直观描述了不同类型卷烟的主要化学成分之间的关系，但是不便于对未知样品的类型进行判别. 为此建立 4 个 Fisher 判别函数，分别描述各类型卷烟主要化学成分特征，如下：

$$F_1(x)=-1\,982.681+1\,187.168x_2+26.391x_4+127.778x_5+555.828x_8$$
$$+1.755x_9+7.554x_{11}-17.966x_{12}+128.590x_{14}+0.986x_{17}-54.346x_{20}$$

$$F_2(x)=-1\,823.067+1\,269.339x_2+25.105x_4+111.722x_5+516.786x_8$$
$$+3.228x_9+6.625x_{11}-9.409x_{12}+89.693x_{14}+0.504x_{17}-50.888x_{20}$$

$$F_3(x)=-1\,738.061+1\,018.122x_2+21.805x_4+116.766x_5+515.514x_8$$
$$+4.993x_9+6.649x_{11}-15.294x_{12}+114.629x_{14}+9.769x_{17}-47.235x_{20}$$

$$F_4(x)-\ \ 1\,671.723+921.619x_2+21.738x_4+95.804x_5+500.591x_8+$$
$$6.600x_9+5.227x_{11}-8.460x_{12}+93.338x_{14}+15.308x_{17}-44.961x_{20}$$

表 4　逐步判别分析筛选的变量

步骤	引入变量	F 值	Wilks'λ	Sig.
1	挥发碱(x_2)	435.905	0.076	0
2	还原糖(x_4)	170.149	0.030	0
3	总植物碱(x_5)	115.539	0.020	0
4	pH 值(x_8)	92.407	0.014	0
5	草酸(x_9)	77.624	0.011	0
6	苹果酸(x_{11})	66.525	0.010	0
7	柠檬酸(x_{12})	58.982	0.009	0
8	亚油酸(x_{14})	54.383	0.008	0
9	石油醚提取物(x_{17})	49.481	0.007	0
10	芸香苷(x_{20})	45.526	0.006	0

2.2.2　判别效果的检验

对于判别分析,所建立的判别函数用来判别时的准确率是至关重要的,因此用自身验证法和交互验证法对原样品进行了回判. 自身验证法和交互验证法的验证结果回判准确率均为 100%,表明所建立的判别函数判别效果良好.

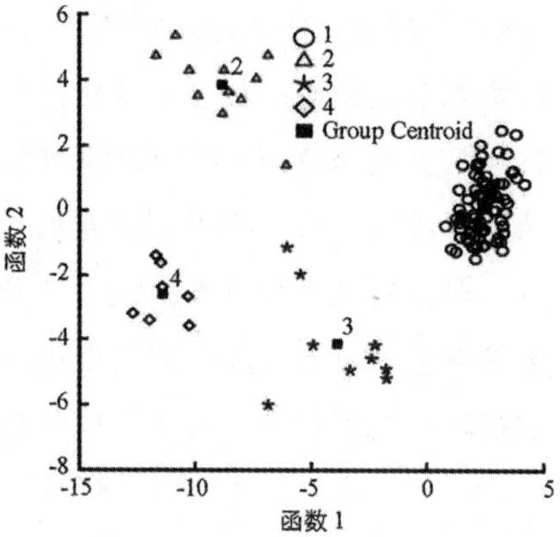

2.2.3　判别决策

作判别时,将预测样本的 10 种化学成分指标分别代入 4 个 Fisher

图 1　样品在前两个判别函数中的得分图

判别函数计算函数值,哪个函数值最大就说明预测样本属于哪个卷烟类型. 分别用 5 个中式烤烟型(M_1)、2 个中式混合型(M_2)、2 个英式烤烟型(M_3)和 2 个美式混合型(M_4)共 11 个新样品用于回判检验. 检验结果见表 5. 由表 5 可以看出:4 种类型的卷烟样品的判对率均为 100.0%,因此,判别函数的预测效果良好,具有实际应用价值.

表5　对各类型预测卷烟样品的判别结果

卷烟类型	$F_1(x)$	$F_2(x)$	$F_3(x)$	$F_4(x)$	判别类型	判对率/%
	2 001.88	1 928.56	1 969.11	1 891.83	中式烤烟型	
	1 976.31	1 912.43	1 942.28	1 877.01	中式烤烟型	
中式烤烟型	2 025.67	1 944.22	1 986.15	1 911.30	中式烤烟型	100.0
	1 971.3	1 899.77	1 946.72	1 880.33	中式烤烟型	
	2 196.77	2 111.42	2 161.13	2 086.78	中式烤烟型	
中式混合型	1 644.22	1 726.39	1 678.7	1 701.99	中式混合型	100.0
	1 792.09	1 853.13	1 815.75	1 824.11	中式混合型	
英式烤烟型	1 694.61	1 663.5	1 719.05	1 661.41	英式烤烟型	100.0
	1 696.89	1 656.18	1 717.67	1 663.2	英式烤烟型	
美式混合型	1 492.79	1 577.06	1 564.19	1 617.13	美式混合型	100.0
	1 601.41	1 679.42	1 661.87	1 701.54	美式混合型	

3　结　论

通过逐步判别分析法,对112个卷烟样品中20种化学指标进行逐步判别分析,有10个化学指标进入判别函数,取得的判别函数能较好地反映出样品的类型;采用自身验证法和交互验证法对判别函数进行检验,判对率均为100%,对新预测样本的判别检验判对率也达到100%,效果很好.通过对判别函数的回顾性和前瞻性所进行的检验,证明了判别函数具有较高的精确性和可用性,可以应用于实际.

参考文献:

[1]左天觉.烟草的生产、生理和生物化学[M].朱尊权,等译.上海:上海远东出版社,1993:47—52.

[2]王献勇,刘树惠,赵　攀.判别分析在矿体含矿性判别过程中的应用[J].工程地质计算机应用,2007(4):21—22,41.

[3]林德馨,高永琳,黄伟明,等.逐步判别分析乙型病毒性肝炎血清学检测结果[J].福建医科大学学报,2006,40(1):44—47.

[4]华长生.逐步判别分析模型在识别上市公司财务欺诈中的应用[J].当代财经,2008(12):119－122.

[5]毕淑峰,朱显灵,马成泽.判别分析在烤烟品质鉴定中的应用[J].中国农学通报,2005,21(1):79－80.

[6]毕淑峰,朱显灵,马成泽.逐步判别分析在中国烤烟香型鉴定中的应用[J].热带作物学报,2006,27(4):104－107.

[7]秦　璐,许自成,戴　亚,等.逐步判别分析在烤烟产地鉴定中的应用[J].江西农业学报,2009,21(11):13－16.

[8]李庆华,王　玉,余振华,等.卷烟烟丝化学指标的逐步判别分析[J].中国烟草学报,2009,15(6):27－30.

[9]国家烟草专卖局.YC/T159-2002 烟草及烟草制品　水溶性糖的测定　连续流动法[S].北京:中国标准出版社,2002.

[10]国家烟草专卖局.YC/T160-2002 烟草及烟草制品　总植物碱的测定　连续流动法[S].北京:中国标准出版社,2002.

[11]国家烟草专卖局.YC/T161-2002 烟草及烟草制品　总氮的测定　连续流动法[S].北京:中国标准出版社,2002.

[12]于瑞国,王　蕾,孟广宇,等.烟草及烟草制品总挥发酸的测定——连续流动法[J].分析测试学报,2005,24(5):101－103.

[13]林雪飞,杨思娅,林　坚,等.ALLIANCE 自动分析仪测定烟草及制品中的挥发碱[J].曲靖师范学院学报,2002,21(6):10－11,15.

[14]国家烟草专卖局.YC/T249-2008 烟草及烟草制品　蛋白质的测定　连续流动法[S].北京:中国标准出版社,2008.

[15]国家烟草专卖局.YC/T176-2003 烟草及烟草制品　石油醚提取物的测定[S].北京:中国标准出版社,2003.

[16]国家烟草专卖局.YC/T202-2006 烟草及烟草制品　多酚类化合物　绿原酸、莨菪亭和芸香苷的测定[S].北京:中国标准出版社,2006.

[17]国家烟草专卖局.YC/T222-2007 烟草及烟草制品 pH 的测定[S].北京:中国标准出版社,2007.

[18]金永明,张明福,刘百战.烟草中多元酸和高级脂肪酸的分析[J].烟草科技,2002(4):21－24.

[19]张红兵,贾来喜,李　潞.SPSS 宝典[M].北京:电子工业出版社,2007.

[20]傅德印,王　俊.判别分析统计检验体系的探讨[J].统计与信息论坛,2008,23(5):9—14,18.

作者简介: 朱立军(1978－),男,安徽合肥人,高级工程师,主要从事烟草化学研究.

基金项目: 四川省科学技术厅资助项目(2008JY0142);川渝中烟工业公司基金资助项目(2009－06);川渝中烟博士后基金资助项目(2010－03)

原载:《西南大学学报》(自然科学版)2012年第3期.

收录: 2013年入选"领跑者5000平台".

　　　　　　　　　　　　　　　责任编辑　潘春燕

基于图正则化模型的本体映射算法

高　炜[1]，朱林立[2]，梁　立[1]

1.云南师范大学信息学院,昆明　650092；

2.江苏技术师范学院信息与教育技术中心,江苏常州　213001

摘　要：选择核函数计算本体图边的权值，并利用图正则化模型得到优化函数，从而将本体图中每个顶点映射成一个实数，通过比较实数间的差值得到本体映射．实验表明该方法是有效的。

本体作为一种有效表现概念层次结构和语义的模型，已成功应用于医学[1-2]、生物学[3-5]、社会科学[6-7]等领域．而本体映射是解决本体异构问题、实现多本体间相互操作的重要手段．传统的本体映射算法需要计算相似度[8]：对于本体 O_1 中的每个元素，在本体 O_2 中找到与其在语义上相同或相似的元素，反之亦然．本体映射函数 map：$O_1 \longrightarrow O_2$ 的形式化定义为：确定阈值 M，若 $\mathrm{Sim}(A，B) > M$，则 map $(A) = B$，其中 $A，B$ 分别是 O_1 和 O_2 中的元素．类似地，可定义多本体间的映射．

这种传统的本体映射算法存在以下弊病：① 由于需要两两计算相似度，使得算法复杂度高，不适用于多本体间建立映射；② 在计算相似度时，需要人为设定的参数较多；③ 这种基于相似度的映射往往是多对多的，而在实际应用中往往要求固定像的个数，但传统的本体映射算法很难达到这种要求，原因是无法通过选择阈值 M 使其满足这一条件。

为此，本文提出基于图正则化模型的本体映射算法．设图 $G_1,G_2,\cdots,$ G_m 分别对应本体 $O_1,O_2,\cdots,O_m$，令 $G=G_1+G_2+\cdots+G_m$．算法的基本思想是：首先对本体层次有向图 $G_1,G_2,\cdots,G_m$ 及代表概念的顶点进行预处理；其次，选择适当的核函数计算 G 每条边的权值；再次，通过求解对应的正则化模型得到最优函数 f，将 G 中的每个顶点映射成实数；最后选择适当的映射策略得到本体映射。

1　图正则化模型

图学习的目标就是要找出最优的实值函数 $f: V \longrightarrow \mathbb{R}$，可将此映射视为 $\mathbb{R}^{|V|}$ 上的向量，其每个分量代表对应顶点在函数 f 下的值. 对于分类问题，可假定 f 的每个分量的值为1或-1；对于回归问题，$f(v)$ 的值为实数. 最优的含义是：对于分类问题，要使同类顶点之间的边有高权值，异类顶点之间的边有低权值；对于回归问题，使同一条边上的点的对应值尽可能接近.

1.1　无向简单图正则化模型

若 $G=(V, E)$ 为带权超图，E 是超边集合，$e \in E$ 为 V 的一个子集且每条超边 e 赋值 $w(e) \geqslant 0$. 顶点 v 与超边 e 相关联是指 $v \in e$. $\forall v \in V$, $d(v) = \sum_{\{e \in E | v \in e\}} w(e)$ 称为 v 的度. 对于超边 e，记 $\delta(e) = |e|$ 为超边的度. 寻找超图上的最优函数 f 相当于求解如下超图正则化模型[9]：

$$\arg \min_{f} \Omega(f) = \frac{1}{2} \sum_{e \in E} \frac{1}{\delta(e)} \sum_{\{u, v\} \subseteq e} w(e) \left(\frac{f(u)}{\sqrt{d(u)}} - \frac{f(v)}{\sqrt{d(v)}} \right)^2 \quad (1)$$

若 G 为无向简单图，则取 $\delta(e) = 2$ 可得对应无向简单图的正则化模型如下：

$$\arg \min_{f} \Omega'(f) = \frac{1}{4} \sum_{uv \in E} w(uv) \left(\frac{f(u)}{\sqrt{d(u)}} - \frac{f(v)}{\sqrt{d(v)}} \right)^2 \quad (2)$$

设 $\boldsymbol{\Delta}' = \frac{1}{2} (\boldsymbol{I} - \boldsymbol{D}_v^{-1/2} \boldsymbol{A} \boldsymbol{D}_v^{-1/2})$，其中对角矩阵 $\boldsymbol{D}_v$ 对角线上的元素分别为顶点的度，$\boldsymbol{A}$ 是图 G 的邻接矩阵. 于是就有

$$\Omega'(f) = \langle f, \Delta' f \rangle = f^{\mathrm{T}} \Delta' f \quad (3)$$

1.2　有向简单图正则化模型

文献[9]给出了对有向图顶点进行分类和回归的方法. 首先有向图中顶点 v 的入度和出度用该顶点的入边和出边的加权和方法计算：

$$d^-(v) = \sum_{u \to v} w([u, v]) \qquad d^+(v) = \sum_{u \leftarrow v} w([v, u])$$

其次

$$
p(u, v) = \begin{cases} \dfrac{w([u, v])}{d^+(u)} & 若[u, v] \in E \\ 0 & 否则 \end{cases}
$$

是定义在顶点对上的传递概率函数,其中 E 为 G 的有向边集. 顶点在随机路径选择上的静态分布函数为 $\pi(v)$. $p(u, v)$ 和 $\pi(v)$ 均为正值函数.

寻找有向图上的最优函数 f 问题相当于求解如下有向图正则化模型[9]:

$$
\arg\min_f \Omega''(f) = \frac{1}{2} \sum_{[u, v] \in E} \pi(u) p(u, v) \left(\frac{f(u)}{\sqrt{\pi(u)}} - \frac{f(v)}{\sqrt{\pi(v)}} \right)^2 \tag{4}
$$

定义作用在 f 上的算子 Θ[9]:

$$
(\Theta f)(v) = \frac{1}{2} \left(\sum_{u \to v} \frac{\pi(u) p(u, v) f(v)}{\sqrt{\pi(u)\pi(v)}} - \sum_{u \leftarrow v} \frac{\pi(v) p(v, u) f(u)}{\sqrt{\pi(v)\pi(u)}} \right) \tag{5}
$$

记对角矩阵 $\boldsymbol{\Pi}$ 的对角线元素 $\Pi(v, v) = \pi(v)$. $\boldsymbol{P}$ 为传递概率矩阵,$\boldsymbol{P}^{\mathrm{T}}$ 是 $\boldsymbol{P}$ 的转置. 则[9]:

$$
\Theta = \frac{\boldsymbol{\Pi}^{1/2} \boldsymbol{P} \boldsymbol{\Pi}^{-1/2} + \boldsymbol{\Pi}^{-1/2} \boldsymbol{P}^{\mathrm{T}} \boldsymbol{\Pi}^{1/2}}{2} \tag{6}
$$

令 $\Delta'' = I - \Theta$,则 $\Omega''(f) = \langle f, \Delta'' f \rangle = f^{\mathrm{T}} \Delta'' f$. 且 Θ 的最大特征值为 1,对应的特征向量为固定值[9].

2 算法描述

通过上述分析可知,由于 $G_1, G_2, \cdots, G_m$ 的创建、预处理和边权值计算使用了同一标准和方法,从而通过(3)或(4)式得到的函数 f 将使不同本体间包含相似信息越多的顶点对应的实数差值越小. 由此,本文给出基于图正则化模型的本体映射算法。

2.1 边权值和静态分布函数计算

首先向量化顶点信息. 通过核函数计算边权值. 设 $uv \in V(G)$,可使用以下几种核函数来计算 $w(uv)$:

$$
w(uv) = \exp\left\{ -\frac{\|u - v\|^2}{c^2} \right\} \tag{7}
$$

$$w(uv) = (c^2 + \parallel u - v \parallel^2)^{-\alpha} \qquad (8)$$

其中：(7)式为高斯核，(8)式为逆多元二次核，c 和 α 均为正数. 它与传统本体图边权值计算方法相比，大大减少了人为选择的参数.

如果运用有向图正则化模型，用顶点的度在图容量中的比重来计算 $\pi(v)$，即

$$\pi(v) = \frac{d(v)}{\text{vol } V}$$

其中：$d(v) = d^-(v) + d^+(v)$；$\text{vol } V = \sum\limits_{v \in V(G)} d(v)$ 称为图的容量.

2.2　正则化模型的求解

求解正则化模型(2)或(4)，问题归结于：

$$\arg \min_{f \in \mathbf{R}^{|V|}} \Omega'(f) (\text{或} \arg \min_{f \in \mathbf{R}^{|V|}} \Omega''(f))$$

$$\text{Subject to} \parallel f \parallel = 1, \langle f, \sqrt{d} \rangle = 0 (\text{或} \langle f, \sqrt{\pi} \rangle = 0) \qquad (9)$$

其中限制 $\parallel f \parallel = 1$ 是为了删除成比例的 f，限制 $\langle f, \sqrt{d} \rangle = 0$ 或 $\langle f, \sqrt{\pi} \rangle = 0$ 是为了得到非平凡的 f，即避免 f 为 Δ' 最小特征值 0 对应的特征向量或 Θ 最大特征值 1 对应的特征向量.

若 $\arg \min\limits_{f \in \mathbf{R}^{|V|}} \Omega'(f)$，则问题等价为寻找 Δ' 的次小特征值对应的特征向量. 若 $\arg \min\limits_{f \in \mathbf{R}^{|V|}} \Omega''(f)$，则问题等价为寻找 Θ 的次大特征值对应的特征向量.

2.3　相似概念的选择

得到 f 后，对于 $v \in V(G_i)$（其中 $1 \leqslant i \leqslant m$），可用下面的方法选择与其相似的顶点，并将对应的概念返回给用户作为映射的结果：

1) 选择阈值 M，返回集合 $\{u \in V(G - G_i), |f(u) - f(v)| \leqslant M\}$.

2) 选择自然数 N，返回在 $G - G_i$ 中与 v 最相似的 N 个顶点所对应的概念.

可见，方法 1) 兼顾公平，方法 2) 可以控制返回概念的数量.

2.4 算法整体描述

基于无向图正则模型的本体映射算法如下：

（A1）将本体层次有向图去掉每条边的方向得到 G 的基础图，并用其替换原来的图.

（A2）将每个顶点所对应概念的信息向量化后选择核函数计算每条边的权值（同时计算静态分布函数）.

（A3）计算 Δ' 的次小特征根对应的特征向量，得到 f，同时将每个顶点映射成实数.

（A4）选择适当的映射方法，得到本体映射.

对于有向图，在初始化阶段保留有向边，在（A3）中计算 Θ 的次大特征根对应的特征向量即可得到对应有向图正则模型的本体映射算法. 下面通过具体的实验来验证上述算法对于特定的应用领域是高效的.

3 仿真实验

构建两个"数学学科"本体(图 1).

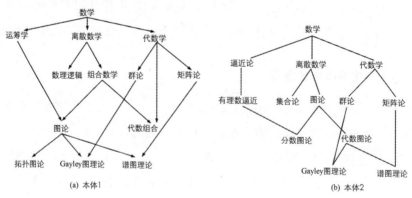

(a) 本体1　　　　　　　　(b) 本体2

图 1　"数学学科"本体结构图

采用 P@N[10]准确率对实验结果进行评价，部分实验数据见表 1.

表 1　对比实验的 P@N 准确率评价结果

边权值 计算函数	算法	P@1 平均 准确率/%	P@3 平均 准确率/%	P@5 平均 准确率/%
高斯核	算法 A	57.69	76.92	78.46
	算法 B	53.85	78.21	80.77
逆多元二次核	算法 A	50.00	75.64	76.15
	算法 B	53.85	74.36	80.00

通过上述实验结果可知该算法是有效的. 另外，可以发现选择高斯核计算边权重的效果比选择逆多元二次核好. 其原因可作如下解释：首先，在理想状况下，图的拉普拉斯矩阵的特征向量是流形上拉普拉斯 Beltrami 算子特征函数的离散逼近[11]；其次，热力学方程 $\left(\dfrac{\partial}{\partial t}+L\right)u=0$ 的解是一个与热核密切相关的函数，其中 L 即为拉普拉斯 Beltrami 算子. 热核在合适的局部坐标系下逼近于高斯核[12]，从而选择高斯核作为权值计算函数能使算法最大可能地逼近流形上拉普拉斯 Beltrami 算子所对应的图拉普拉斯算子的次小特征向量.

参考文献：

[1]MORK P,BERNSTEIN P A.Adapting a Generic Match Algorithm to Align Ontologies of Human Anatomy[C]//20th International Conference on Data Engineering.New York：IEEE Computer Society Press,2004：787－790.

[2]张　鹏,王国胤,陶春梅,等.基于本体粗糙集的程序代码相似度度量方法[J].重庆邮电大学学报(自然科学版),2008,20(6)：737－741.

[3]LAMBRIX P,EDBERG A.Evaluation of Ontology Merging Tools in Bioinformatics[C]//Pacific Symposium on Biocomputing.New York：IEEE Computer Society Press,2003：589－600.

[4]高　炜,梁　立,夏幼明.一类整数距离图的分数色数[J].西南师范大学学报(自然科学版),2009,34(3)：14－16.

[5]高　炜,梁　立,夏幼明.MWIS 问题模型中几类图形的分数色数[J].西南大学学报(自然科学版),2010,32(6)：108－115.

[6]BOUZEGHOUB A, ELBYED A. Ontology Mapping for Web-Based Educational Systems Interoperability[J]. IBIS, 2006, 1(1):73-84.

[7]高　炜, 梁　立, 张云港. 基于图学习的本体概念相似度计算[J]. 西南师范大学学报(自然科学版), 2011, 36(4):64-67.

[8]SU X M, GULLA J A. Semantic Enrichment for Ontology Mapping[J]. Natural Language Processing and Information Systems, 2004, 3136:217-228.

[9]ZHOU D Y, HUANG J Y, BERNHARD S. Learning from Labeled and Unlabeled Data on a Directed Graph [C]//Proceedings of the 22nd International Conference on Machine Learning. Providence:ACM Press, 2005:1036-1043.

[10]CRASWELL N, HAWKING D. Overview of the TREC 2003 Web T rack [C]//Proceedings of the Twelfth Text Retrieval Conference. Gaithersburg:NIST Special Publication, 2003:78-92.

[11]HASTIE T, STUETZLE W. Principal Curves[J]. Journal of the American Statistical Association, 1989, 84(406):502-516.

[12]TVEITO A, WINTHER R. Introduction to Partial Differential Equations:A Computational Approach[M]. Berlin:Springer-Verlag Berlin Heldeberg, 2005.

作者简介: 高　炜(1981-), 男, 浙江绍兴人, 博士, 讲师, 主要从事图论的理论与算法研究.

基金项目: 国家自然科学基金资助项目(60903131).

原载: 《西南大学学报》(自然科学版)2012 年第 3 期.

收录: 2014 年入选"领跑者 5000 平台".

责任编辑　张　枸

葱蝇非滞育蛹期的发育形态学研究

陈　斌，　黎万顺，　何正波

重庆师范大学昆虫与分子生物学研究所,重庆市动物生物学重点实验室,

重庆　401331

摘　要:葱蝇是昆虫蛹滞育研究的理想模式种,其发育形态学特征对推断滞育发育过程至关重要,目前还没有花蝇科蛹期发育形态学的相关报道.本研究通过解剖和拍照观察,系统地研究了葱蝇老熟幼虫期到羽化的发育形态学特征,特别注重头外翻前后的形态变化.研究结果将老熟幼虫期划分为 5 个发育阶段;将预蛹期分为白色围蛹期和棕色围蛹期 2 个亚时期,13个发育阶段;将蛹期分为隐头蛹期和显头蛹期 2 个亚时期,30 个发育阶段.其中,显头蛹期又可细分为显头蛹初期、发育形态停滞期、半透明眼期、浅黄色到琥珀色眼期、红褐色眼期、鬃毛蛹期和预成熟期.本研究还详细地描述了各时期及发育阶段的发育过程、历期和形态特征,并详细地观察和描述了头外翻的发育过程,把蛹壳外可见幼虫口钩确定为头外翻发生的外部标志特征.同时,还描述了蛹主要发育阶段的长宽比例,成熟雌、雄蛹间的形态差异,结果表明雌虫体型(体长和体宽)比雄虫略大,雄虫的复眼比雌虫大,雌虫两复眼间的距离超过雄虫的 2 倍.本文是花蝇科昆虫蛹期发育形态学的首次报道,对认知蝇类昆虫蛹期发育形态,了解葱蝇滞育与非滞育蛹发育过程、历期和形态变化有重要的意义,为葱蝇滞育的分子机理研究奠定了形态学基础.

　　昆虫蛹期发育形态学研究对于了解蛹滞育和蛹发育的历期有重要的意义.双翅目环裂亚目昆虫蛹期发育形态学研究已经有一些相关报道[1].黑腹果蝇 *Drosophila melanogaster* 蛹期发育具 51 个可见形态变化[2];Cepeda-Palacios 等[3]对羊狂蝇 *Oestrus ovis* 蛹期发育形态也做过一些研究[3].通常,同一类(科)蝇的蛹期发育形态变化很相似,但具体的发育历期具有种类特

异性[4]. 目前，还没有花蝇科 Anthomyiidae 蛹期发育形态学的相关报道.

葱蝇 *Delia antiqua* 隶属双翅目花蝇科，是北半球危害最严重的地下害虫之一，对百合科蔬菜危害极大，对其研究具有重要的经济意义[5]. 葱蝇是昆虫冬滞育和夏滞育分子机理比较研究的模式种，对于葱蝇饲养和滞育诱导、生命表、滞育分子特性等已有较多的研究[6-14]. Ishikawa 等[15]通过蛹的切片观察，确定夏滞育发生在显头期，却因蛹期发育形态学没有被研究而无法确定滞育具体发生的时期. 环裂蝇的头外翻过程相当于鳞翅目昆虫的化蛹过程[1]. 葱蝇头外翻的发生对蛹期生理变化的影响至关重要，表现在：① 葱蝇蛹期滞育发生在头外翻后；② 经过低温诱导的冬滞育蛹，头外翻后 4 d 内的蛹耐寒力明显增强[16]. 关于环裂蝇头外翻的描述已经有一些报道，但大都集中在 20 世纪 30 年代以前[17]，相关文献不容易查阅.

本研究通过解剖和照相观察，较详细地研究了葱蝇老熟幼虫期(post-feeding larva)的形态与行为学特征、预蛹期与蛹期的发育过程、历期和形态特征，特别注重了头外翻的形态变化；也研究了蛹不同发育阶段的体型变化及成熟蛹的形态区别等，这对于认知双翅目昆虫蛹的发育形态学具有重要意义，为葱蝇滞育与非滞育蛹发育进程和葱蝇滞育的分子机理研究奠定了形态学基础.

1 材料与方法

1.1 虫源和饲养

葱蝇来源于日本东京大学应用昆虫学实验室，由日本东京大学 Ishikawa 教授惠赠，随后陈斌等(2010)在重庆师范大学昆虫与分子生物学研究所建立了实验室种群.

成虫饲养在温度为(23±1) ℃、光周期为 16 L∶8 D 和相对湿度为 50%-70% 的条件下. 葱蝇幼虫饲养在温度为 20 ℃，光周期为 16 L∶8 D 和相对湿度为 50%-70% 的条件下，选取化蛹(pupariation)3 h 以内的围蛹(颜色介于白色和浅橙色之间，卵接种后的第 17-18 天)置于同样的条件下饲养.

1.2 解剖和形态学观察

化蛹后到头外翻前蛹壳与组织结合紧密.从化蛹后 0.5 h 起,每隔 3 h 观察 1 次外部形态变化(重复 6 只),同时直接用手术刀解剖 3 只蛹观察内部组织器官形态变化(壳内部分组织会受到一定破坏).在头外翻前 0.5 h 左右蛹壳容易去除,用解剖针将蛹壳去除后,置裸蛹于 1% 的凝胶上,温度控制在 (20±1) ℃,连续观察头外翻的形态变化.头外翻完成后,每隔 12 h 观察 1 次裸蛹的形态变化,直到羽化完成,重复 10 只.重点观察头外翻的过程和形态变化以及头外翻完成至成虫羽化各阶段的发育历期和形态变化.

所有解剖观察都使用 NIKON SMZ1500 体式显微镜,并用体式显微镜自带的照相机(型号:DS-Fi1)拍照和测量长度,同时利用该体式显微镜自带软件处理图片.蛹各部位形态特征的命名见参考文献[2].

2 结果

2.1 老熟幼虫期的形态和行为学特征

了解老熟幼虫期(三龄后期)的形态和行为学特征,有利于掌握蛹的形成过程.通过观察,老熟幼虫期可以明确地分为下列 5 个发育阶段:

1)三龄后期的老熟幼虫期完全停止进食,并寻找合适的化蛹环境.找到适宜的环境(沙土环境)后,利用其口钩挖掘,潜入 1 cm 以下的沙土中.

2)老熟幼虫身体前三体节向背面折回,幼虫口钩(oral armature)也被叠到围蛹背面.此期前三节可见.

3)身体逐渐收缩,最后长度约为原来的 60%-70%.

4)老熟幼虫表面分泌并布满透明物质,即蛹壳(puparium).幼虫在透明物质包裹没有完成之前,若被外力打扰暴露在光线下,会重新变回幼虫状态,重新完成此前过程,蛹壳包裹完成后不再可逆.刚形成的预蛹,蛹壳未硬化,在弱光下幼虫口器会不停地摆动,如遇光线会摆动虫体以移动身体,躲避光线.

5)前部气孔外翻,此时蛹壳几乎完全透明.

2.2 预蛹期(prepupa)发育过程、历期和形态特征

预蛹期的发育可以分为白色围蛹期和棕色围蛹期 2 个时期,13 个发育阶段.

白色围蛹期(图 1A,1B):

1) 前、后端气孔变橙色(出现在化蛹后 0—0.5 h).

2) 位于蛹体前三节的鳃盖(operculum)变得可见(0—2 h)(图 1A,1B).

3) 完全停止蠕动.

4) 蛹壳部分变成棕色,肉眼可见(0.5—3 h). 刚形成围蛹时,蛹呈白色,但立即开始变橙色,约 39—46 h 达到最终颜色,并且蛹壳上出现全部纹理.

棕色围蛹期:

5) 幼虫口钩永久性地停止摆动(2—6 h).

6) 腹部背面中间收缩停止(3—6 h).

7) 解剖发现腹部中央的空腔形成,开始形成马氏管(Malpighian tubules),颜色呈白色(7—9 h).

8) 腹部空腔处从外部也能看出,解剖发现腹部出现灰色连珠状气管(9—11 h).

9) 腹部背面中央出现小心室,心室有收缩(15—16 h).

10) 马氏管白色,略带黄色(17—18 h).

11) 马氏管颜色变为绿色,略带黄色(21—33 h).

12) 腹部中央体腔周围有颗粒状脂肪体(fat body)出现(36—38 h).

13) 蛹内部开始明显活动. 裸蛹呈半透明胶状物,容易与壳分开,但口器还未与组织分开,原来的气管系统被废弃(39—42 h).

2.3 蛹期(pupa)发育过程、历期和形态特征

蛹期的发育可分为隐头蛹期、显头蛹期,30 个发育阶段. 其中,显头蛹期又可细分为显头蛹初期、发育形态停滞期、半透明眼期、浅黄色到琥珀色眼期、红褐色眼期、鬃毛蛹期和预成熟期(羽化期).

隐头蛹期:

1) 裸蛹被围成 1 个整体,蛹内部小范围内剧烈活动(42—45 h).

2) 蛹壳与蛹膜之间充满透明蜕裂液(存在约 2.5 h),蛹剧烈活动,口器尚未被排除,去除蛹壳后,可见绿色马氏管贯穿整个蛹(46.5—48 h)(图 1C).

3) 半透明的翅牙出现.

4) 头外翻发生.此时口器被排除,头和胸部附肢外翻(47—49.5 h)(图 1D,1E,1J).

显头蛹初期:

5) 腹部空腔在头外翻后迅速消失.

6) 马氏管呈绿色,出现在腹部和胸部交界处,从背面可见(49—50 h),约 5 h 后消失.

7) 足和翅发育,达到成熟蛹的长度,足延伸到腹部末端(50—53 h)(图 1F,1G).

8) 腹部出现 5 对气门,每体节 1 对(51—53 h)(图 1H,1I).

发育形态停滞期:

9) 游离脂肪体细胞出现在复眼区中央,并可见,一直保持到复眼开始发育(2.5—3 d).

半透明眼期:

10) 腹面头胸分界线开始出现(5.5—8.5 d)(图 2K);

11) 复眼区均匀地并排着脂肪体,此时复眼开始发生形态上的变化(5.5—8.5 d)(图 2L).

12) 复眼发育扩大,复眼区中央开始出现半透明狭窄区域(6—8.5 d)(图 2M),随后 2—3 d 半透明区域继续扩大.

13) 在胸腹交界处,两条绿色马氏管中间出现黄色体(yellow body),从背面可见(8—11 d)(图 2N),随后 3 d 黄色体朝蛹后端移动,从蛹壳外能看见 1 条黑线.

14) 体节变得可辨认(9—12 d).

15) 眼睛边缘变浅黄色,黄色体出现(10—12.5 d)(图 2N,2O).

浅黄色到琥珀色眼期:

16) 整个眼变浅黄色(10.5—13 d).

17) 复眼变为琥珀色,黄色体在两条绿色马氏管中间移动,呈三角形排列的 3 个单眼(ocelli)清楚地出现在两复眼之间(11—14 d)(图 2P).

红褐色眼期：

18）眼睛变为红褐（咖啡）色（11.5—14 d）（图 2Q,2R）.

19）眼眶（orbital）、单眼刚毛（ocellar bristles）、触须（vibrissae）和背板鬃毛变黑. 一般是背板鬃毛先变黑，也有少数蛹腹部背面鬃毛先变黑（12.5—15 d）.

鬃毛蛹期：

20）腹部背面鬃毛变黑（12.5—16 d）（图 2S）.

21）胸部腹板出现黄色和黑色鬃毛.

22）成虫口器（mouth parts）和触角（antennae）位置清楚出现在头部腹面（13—16.5 d）（图 2T）.

23）随着腹部颜色加深，马氏管和黄色体消失（图 2U）.

24）翅末端变灰白色（14—16.5 d）.

25）体鬃毛全变黑，翅末端 1/2 变黑，足（除最后一个爪外）变黑，口器和触角变黑（14.5—17 d）（图 2V）.

26）背板和腹板变黑，足全变黑（15.5—18.5 d）（图 2W,2X）.

27）腹部开始变成蜡黄色，然后变膨大，腿足和头开始活动，此时蛹的发育基本结束（16—18.5 d）.

预成熟期：

28）蛹壳变皱褶、干枯，口器和触角突出，同时身体有光泽（图 2Y,2Z）.

29）额胞（ptilinum）收缩，鳃盖打开.

30）完成羽化（17—19.5 d）. 雄虫比雌虫约早 1 d. 刚羽化的成虫足变硬；翅展开，变平和变硬；腹部变宽完成成虫体态.

2.4 头外翻的过程

头外翻前（化蛹后约 45 h）蛹壳与蛹膜之间都充满透明蜕裂液，蛹壳内组织大面积涌动（约持续 2.5 h）；解剖蛹壳后，能区别胸、腹部，此时腹部空腔还存在，头囊和幼虫口器还在胸腔内，幼虫的气管部分残留在蛹膜表面，绿色马氏管在腹部可见（图 1C）.

头外翻时，口器脱落，头部和胸部附肢外翻，头部形态出现，头、胸和腹部能够被区分（图 1D,1E）. 首先，蛹腹部收缩，胸部前端位置后移，使口器从胸部空腔脱落,同时前端气孔与蛹壳分离,在胸部留下 2 个黄色突起(图 1C,1D). 随后,腹部肌肉突然收缩,产生较大的压力,把头腔从胸部挤出并迅速被血淋巴和脂肪体填充,足和翅先于头胸部外翻. 头囊完成外翻后,口器被头部压贴到腹面蛹壳内壁上,此时能够从蛹壳外面看见幼虫口钩(图 1J). 这可以作为头外翻是否发生的一个简单而准确的判断依据.

头外翻后,头部和胸部附肢胀大,达到成虫比例. 刚外翻的头部内空、体积小,随着腹部肌肉继续收缩,将血淋巴和脂肪体推进头部、胸部及附肢(脂肪体主要进入了头、胸部,血淋巴主要进入附肢). 直到头外翻后约 5 h,腹部收缩基本停止,蛹形态基本形成,虫体各部分基本达到成虫比例(图 1H,1I),此时腹部体积大约缩小到蛹壳的 2/3.

在头外翻过程中,头部出现,胸部变长,腹部变短. 头外翻前腹部长度约为胸部的 3 倍;刚完成头外翻仅 1 h,该比例就缩小到原来的 230%. 头外翻后 5 h,腹部长度仅为胸部的 1.5 倍,此时头∶胸∶腹长度比约为 2∶3∶4,此比例几乎保持到羽化前 1 d(表 1). 头外翻实现了从幼虫体型和器官向成虫体型和器官转变的过程. 头外翻完成后,蛹壳与蛹膜之间没有任何组织联系,此时鳃盖已经容易打开,蛹壳仅仅成为其庇护所,与外界隔离,防止水分蒸发和微生物的入侵.

2.5 蛹的发育过程、 历期及体型的变化

蛹的发育过程和历期见图 3.

蛹在头外翻前、头外翻完成和羽化前,头、胸和腹部的长度比例见表 1. 在头外翻前,头隐于胸部内,头、胸的长度比约为 1∶3. 在头外翻完成 4 h 至羽化前,头、胸和腹部的比例基本没有变化,表明在头外翻后 4 h 成熟的蛹体基本形成.

表1　蛹的不同发育时期头、胸和腹部的长度比例［占蛹长的比例（%）］

部位＼发育阶段	头外翻前[a]	头外翻完成 1 h	头外翻完成 4 h	羽化前 1 d
头部	0	20.2±0.5	22.0±1.8	22.4±2.0
胸部	24.1±3.9	24.0±1.7	31.1±1.0	32.5±1.9
腹部	75.9±3.9	55.8±1.9	46.9±2.1	45.1±0.9

注："a"，统计 4 只，其余数据各统计 10 只；头外翻完成 1 h 比其他时期蛹总长度略长（平均值±标准方差）

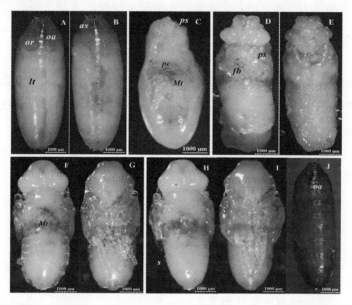

A-B：化蛹后约 2 h 的围蛹；C：头外翻前；D-E：头外翻后 1 h；F-G：为头外翻后 2 h；H-I：为头外翻后 4 h；J：头外翻后 1 h 的未解剖蛹. ACDFH 为背面观，BEGIJ 为腹面观. oa：幼虫口钩；or：盖前桥；lt：幼虫气管；as：前气门；fb：脂肪体；ps：蛹的气门；Mt：马氏管；s：气门；pc：蛹的体腔

图1　葱蝇蛹头外翻期前后的发育形态 I

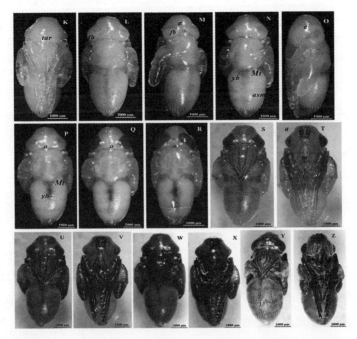

K-M：半透明眼期．K：腹面头胸分界线开始出现；L：复眼区均匀地并排着脂肪体；M：复眼
发育扩大期．N-O：复眼边缘变浅黄色，黄色体出现．P：浅黄色至琥珀色眼期．Q-R：红褐色
眼期，Q为雌虫，R为雄虫．S-X：鬃毛蛹期．Y-Z：预成熟期．o：单眼；tar：胸腹桥；asm：腹
节缘；yb：黄色体；e：复眼；fb：脂肪体；Mt：马氏管；m：口器；a：触角

图 2　葱蝇蛹头外翻期后的发育形态Ⅱ

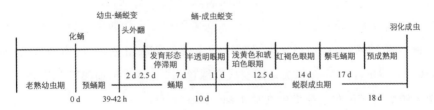

图 3　葱蝇蛹期发育过程和历期

在红褐色眼期及其以后，蛹体的体型完全确定，不同性别蛹的体长、体
宽和复眼间距见表 2．表 2 表明在完全成熟的蛹期，雌虫体型（体长和体宽）
比雄虫略大；雄虫的复眼比雌虫大，雌虫两复眼间的距离超过雄虫的 2 倍
（表 2，图 2Q,2R），这个特征可以作为区别雌雄蛹的依据．

表 2　红褐色眼期雌雄蛹长度、宽度和复眼间距离

长度	雄蛹/μm	雌蛹/μm
体长	5 490±260.5	5 654±170.4
体宽[a]	1 407±48.5	1 432±52.8
复眼间距离[b]	345±40.3	807±43.0

注:"a",幼虫气孔在蛹胸部留下的两黄色突起间的距离;"b",两复眼内侧边缘之间的距离. 重复 10 只(平均值±标准方差)

3　讨论

预蛹介于白色围蛹与幼虫-蛹蜕变(larval-pupal apolysis)之间[1],是环裂蝇(cyclorraphous flies)在幼虫和蛹期之间一个特殊的过渡时期,该时期主要是形成成虫期部分组织器官的过程. 大多数环裂蝇的蛹壳在幼虫三龄后期形成,刚形成时颜色较浅,随后颜色逐渐加深,如黑腹果蝇、羊狂蝇、大头金蝇 Chrysomya megacephala 和葱蝇等[2-3]. 马蝇 Cuterebra tenebrosa [18] 和人皮蝇 Dermatobia hominis [19] 明显完成幼虫-蛹蜕变分别在化蛹后第5—6天(蛹期约 52—55 d)和第 3—5 天(蛹期约 30—35 d),预蛹期约占蛹期的 10%,与本次研究结果一致(葱蝇蛹期 18 d,完成幼虫-蛹蜕变在 39—42 h);而它们都高出羊狂蝇约 3%(羊狂蝇预蛹期只占蛹期的 7%);Bainbridge等[2]认为黑腹果蝇幼虫-蛹蜕变完成于头外翻前一个短暂的时期,预蛹期约占蛹期的 12%. 葱蝇在预蛹期马氏管的主要颜色从白色(7—9 h)向绿色转变(21—33 h),最终在隐头蛹期变成全绿色(46—48 h);而黑腹果蝇马氏管颜色转变为绿色和迁移发生在显头期[2].

头外翻把蛹期拆分成隐头期和显头期,显头期才是"真正的蛹期",并占据了蛹期大部分时间[13]. 葱蝇胸部附肢的外翻开始于头外翻发生前几分钟,即足和翅牙在头外翻前外翻,这一现象在黑腹果蝇、羊狂蝇、肉蝇 Sarcophaga bullata Parker[17] 以及红头丽蝇 Calliphora erythrocephala 和黑花蝇 Phormia terrae-novae [20] 等的研究中都有报道. 在头外翻发生时间上,葱蝇从化蛹到头外翻发生所需的时间占蛹期发育时间的 11.1%,与黑腹果蝇(占蛹期的 12%)很接近. 而肉蝇和羊狂蝇从化蛹到头外翻发生所用时间占

蛹期发育时间的比例分别高出葱蝇约 3％和 7％. 在头外翻过程中,腹部收缩的同时成虫组织器官亦迁移到相应的位置,如头和脂肪体等[17].头外翻的同时幼虫口器变得在壳外可见,该现象在果蝇和羊狂蝇等双翅目昆虫的研究中均有报道[2-3].因此,笔者认为在大多数蛹壳透明的环裂蝇类中,可以将从蛹壳外面能否看见幼虫口钩作为头外翻是否发生的标志.

本研究还发现,在发育形态停滞期两眼形态通常不对称,而在眼睛开始发育后(半透明眼期),两眼是对称发育的.Fraenkel 等[1]认为黑腹果蝇的黄色体在两条马氏管中间移动期完成蛹-成虫蜕变(pupal-adult apolysis)(34-50 h).基于形态学观察,我们推测葱蝇的蛹-成虫蜕变时期大约也发生在这个时期(黄色体在两条马氏管中间移动).显头期其他阶段发育过程与黑腹果蝇和其他环裂蝇相似.本文详细地描述了葱蝇蛹期发育和头外翻的变化过程,在花蝇科尚属首次,为深入研究其滞育发生进程和滞育生理奠定了基础.

参考文献:

[1] FRAENKEL G,BHASKARAN G.Pupariation and Pupation in Cyclorrhaphous Flies(Diptera):Terminology and Interpretation[J].Ann. Entomol. So. Am.,1973,66(2):418-422.

[2]BAINBRIDGE S P,BOWNES M.Staging the Metamorphosis of *Drosophila melanogaster*[J].J. Embryol. Exp. Morphol.,1981,66:57-80.

[3]CEPEDA-PALACIOS R,SCHOLL P J.Intra-Puparial Development in *Oestrus ovis*(Diptera:Oestridae)[J].J. Med. Entomol.,2000,37(2):239-245.

[4]THOMAS D B.Phenology of Intra-Puparial Metamorphosis in Horn Fly and Stable Fly:a Note on the Diapause Stage of the Horn Fly[J].Southwest Entomol,1985,10(2):139-149.

[5]POPRAWSKI T V,ROBERT P H,MANIANIA N K.Susceptibility of the Onion Maggot to the Mycotoxin Destructive E[J].Appl. Ent. Zool.,1985,20(70):801-802.

[6]CHEN B,KAYUKAWA T,JIANG H B,et al.*DaTrypsin*,a Novel Clip-Domain Serine Proteinase Gene Up-regulated During Winter and Summer Diapauses of the Onion Maggot,*Delia antiqua*[J].Gene,2005,347(1):115-123.

[7]CHEN B,KAYUKAWA T,MONTEIRO A,et al.The Expression of the HSP90 Gene in Response to Winter and Summer Diapauses and Thermal-Stress in the Onion Maggot,*Delia antiqua*[J].Insect Mol. Biol.,2005,14(6):697−702.

[8]CHEN B,KAYUKAWA T,MONTEIRO A,et al.Cloning and Characterization of the HSP70 Gene,and Its Expression in Response to Diapauses and Thermal Stress in the Onion Maggot,*Delia antiqua*[J].J. Biochem. Mol. Biol.,2006,39(6):749−758.

[9]陈　斌,黎万顺,冯国忠,等.葱蝇的实验室饲养、生物学特性及滞育诱导[J].重庆师范大学学报(自然科学版),2010,27(2):9−13.

[10]ISHIKAWA Y,MOCHIZUKI A,IKESHOJI T,et al.Mass-rearing of the Onion and Seed-Corn Flies,*Hylemya antiqua* and *H. platura*(Diptera:Anthomyiidae),on an Artificial Diet with Antibiotics[J].Appl. Entomol. Zool.,1983,18(1):62−69.

[11]ISHIKAWA Y,TSUKADA S,MATSUMOTO Y.Effect of Temperature and Photoperiod on the Larval Development and Diapause Induction in the Onion Fly,*Hylemya antiqua* Meigen(Diptera:Anthomyiidae)[J].Appl. Entomol. Zool.,1987,22(4):610−616.

[12]黎万顺,陈　斌,冯国忠,等.葱蝇非滞育蛹的全长 cDNA 文库的构建[J].重庆师范大学学报(自然科学版),2010,27(1):21−25.

[13]NOMURA M,ISHIKAWA Y.Biphasic Effect of Low Temperature on Completion of Winter Diapause in the Onion Maggot,*Delia antiqua*[J].J. Insect Physiol.,2000,46(4):373−377.

[14]周　鑫,陈　斌,杜相东,等.葱蝇实验种群生命表及矩阵模型的组建与分析[J].重庆师范大学学报(自然科学版),2011,28(2):19−22,61.

[15]ISHIKAWA Y,YAMASHITA T,NOMURA M.Characteristics of Summer Diapause in the Onion Maggot,*Delia antiqua*(Diptera:Anthomyiidae)[J].J. Insect Physiol.,2000,46(2):161−167.

[16]MIYAZAKI S,KAYUKAWA T,CHEN B,et al.Enhancement of Cold Hardiness by Acclimation is Stage-Specific in the Non-Diapausing Pupae of Onion Maggot *Delia antiqua*(Diptera:Anthomyiidae)[J].Eur. J. Entomol.,2006,103(3):691−694.

[17]ZDAREK J,FRIEDMAN S.Pupal Ecdysis in Flies:Mechanisms of Evagination of the Head and Expansion of the Thoracic Appendages [J].J. Insect Physiol.,1986,32(11):917－923.

[18]BAIRD C R.Larval Development of the Rodent Botfly,*Cuterebra tenebrosa*,in Bushy Tailed Wood Rats and Its Relationship to Pupal Diapause[J].Can. J. Zool.,1975,53(12):1788－1798.

[19] LELLO E D, GREGORIO E A, TOLEDO L A. Desenvolvimento Das Gônadas de *Dermatobia hominis* (Diptera:Cuterebridae) [J]. Mem. Inst. Oswaldo Cruz,1985,80(2):159－170.

[20]WHITTEN M J.The Supposed Pre-Pupa in Cyclorrhaphous Diptera[J]. Quart. J. Microscopical Sci.,1957,98(2):241－250.

作者简介: 陈　斌(1962－),男,四川巴中人,博士,博士生导师,二级教授,巴渝学者特聘教授,重庆市昆虫学会理事长,主要从事昆虫学及昆虫分子生物学研究.

基金项目: 国家自然科学基金资助项目(30870340,31071968);重庆市教委科学技术研究基金资助项目(KJ100620);重庆师范大学校级基金重点资助项目(2011XLZ12).

原载:《西南大学学报》(自然科学版)2012年第4期.

收录: 2012年入选"领跑者5000平台".

责任编辑　夏　娟

迭代法求解实对称矩阵绝对值方程

雍龙泉

陕西理工学院数学与计算机科学学院,陕西汉中　723001

　　摘　要:给出了实对称矩阵绝对值方程的一个求解方法. 当假设矩阵 A 的特征值的绝对值大于 1 时, 绝对值方程存在唯一解, 进而把绝对值方程问题转化为线性互补问题, 利用不动点原理, 给出了求解此类绝对值方程问题的迭代算法, 并证明该算法经过有限次迭代之后收敛到原问题的一个最优解. 数值实验表明此方法是有效的.

　　绝对值方程是指:

$$Au - | \, u \, | = b \tag{1}$$

其中: $A \in \mathbb{R}^{n \times n}, u, b \in \mathbb{R}^n$; $| \, u \, |$ 表示对 u 的所有分量取绝对值. 问题(1)称之为绝对值方程问题, 简记为 AVE, 它是 Rohn 在文献[1]中提出的绝对值矩阵方程的重要子类.

　　绝对值方程的研究来源于两个方面:一个是线性区间方程[1-2], 即方程的系数和常数项不是已知确定的, 仅仅知道是位于某一区间内, 且方程个数与未知量个数相等;另一个来源是线性互补问题 LCP(M, q), 线性互补问题是包括线性规划、二次规划、双矩阵对策等众多数学规划问题的统一框架.

　　目前对于绝对值方程的理论研究主要集中在解的存在性等方面. 文献[2]中给出了一般形式的绝对值矩阵方程 $Au + B | \, u \, | = b$ 的择一定理及几个等价形式, 给出了绝对值方程有唯一解的一个充分条件, 指出在矩阵 $A + B$ 非奇异的条件下, 绝对值方程可以等价转化为线性互补问题, 由此指出了绝对值方程与互补问题之间的联系, 并强调了绝对值方程和区间线性方程之间的重要联系.

　　文献[3]指出绝对值方程(1)等价于双线性规划、广义线性互补问题, 证明了当 1 不是矩阵 A 的特征值时, AVE 可以转化为线性互补问题;当 1 不

是矩阵 M 的特征值时, 线性互补问题等价于绝对值方程. 基于这些等价转化, 文献[3]给出了绝对值方程(1)有解、无解、有唯一解、有非负解及有 2^n 个解的充分条件.

文献[4]指出当1是矩阵 M 的特征值时, 对线性互补问题中的 M 和 q 乘以某一正常数 λ, 使得 1 不再是矩阵 λM 的特征值(此时线性互补问题的解不变), 并证明绝对值方程是 NP-hard 问题; 同时给出了绝对值方程的最优性条件和对偶定理以及择一定理; 并且提出了一个算法, 通过用有限步的逐次线性化方法求解绝对值方程的凹极小化等价再生形式, 在求解过程的每一步中求解一个线性规划问题并在满足最优性必要条件的点终止, 从而得到绝对值方程的一个局部解, 并用数值实验检验了该算法的有效性.

文献[5]用更简洁的方式提出了求解绝对值方程的逐次线性化方法, 并给出了该算法的有限终止性. 文献[6]提出了求解绝对值方程的半光滑牛顿法, 该方法与逐次线性化方法相比极大地缩短了计算时间, 根据算法的构造, 当矩阵 M 的奇异值大于 1 时半光滑牛顿迭代步可行且有界.

文献[7]指出了背包可行性问题与绝对值方程之间的关系.

文献[8−9]给出了在不需要任何假设的条件下把 AVE 转化为 LCP(M, q) 的两种方法; 文献[10−12]对 AVE 进行了研究, 取得了较好的结果; 文献[8,13−14]也对绝对值方程问题进行了深入研究, 获得了一些较好的结果.

因为对于任意的线性互补问题均可将其转化为绝对值方程, 而绝对值方程又具有简单而特殊的结构, 所以关于绝对值方程的求解便引起了众多专家学者的关注. 对于绝对值方程的研究, Rohn 在理论方面做出了奠基性、开创性的工作, Mangasarian 在理论和算法方面做出了巨大的贡献.

本文在假设实对称矩阵 A 的特征值的绝对值大于 1 时, 获得绝对值方程存在唯一解, 进而把绝对值方程转化为线性互补问题, 利用不动点原理, 给出了求解此类绝对值方程的迭代算法, 并证明该算法经过有限次迭代之后收敛到原问题的一个最优解. 数值实验表明此方法是有效的.

1 将绝对值方程转化为线性互补问题

本文考虑如下绝对值方程:

$$Au - |u| = b \tag{2}$$

其中：$A \in \mathbb{R}^{n \times n}$；$A^{\mathrm{T}} = A$；$u, b \in \mathbb{R}^n$；记 λ 为 A 的特征值，以下总假设 $|\lambda| > 1$.

定义 1　线性互补问题：即求向量 $z \in \mathbb{R}^n$，满足 $z^{\mathrm{T}}(Mz + q) = 0$，$z \geqslant 0$，$Mz + q \geqslant 0$，线性互补问题简记为 LCP$(M, q)$. 当矩阵 M 是半正定矩阵时，称 LCP(M, q) 为单调线性互补问题.

引理 1　绝对值方程可以转化为线性互补问题，即 AVE $\Rightarrow$ LCP(M, q).

证　$|u| = Au - b \Leftrightarrow \begin{cases} ((A + I)u - b)^{\mathrm{T}}((A - I)u - b) = 0 \\ -Au + b \leqslant u \leqslant Au - b \end{cases} \Leftrightarrow 0 \leqslant ((A + I)u - b) \perp ((A - I)u - b) \geqslant 0$,

由已知条件 A 是实对称矩阵，且 $|\lambda| > 1$，故 $\lambda \in (-\infty, -1) \bigcup (1, +\infty)$，从而 $(A - I)^{-1}$ 存在（否则，$\exists \xi \neq 0$ 使得 $(A - I)\xi = 0$，即 $A\xi = \xi$，这表明 1 是 A 的特征值，矛盾），因此令 $z = ((A - I)u - b)$，即 $u = (A - I)^{-1}(z + b)$，代入即得如下 LCP(M, q)：

$$z^{\mathrm{T}}(Mz + q) = 0 \qquad z \geqslant 0 \qquad Mz + q \geqslant 0 \qquad (3)$$

其中 $M = (A + I)(A - I)^{-1}$，$q = ((A + I)(A - I)^{-1} - I)b$.

由于 $(A + I) = (A - I)^{-1}(A - I)(A + I)$，而 $(A - I)(A + I) = (A + I)(A - I)$，因此有

$$(A + I) = (A - I)^{-1}(A + I)(A - I)$$

即

$$(A + I)(A - I)^{-1} = (A - I)^{-1}(A + I)$$

这表明 $M = M^{\mathrm{T}}$，即 M 是一个实对称矩阵.

记矩阵 $M = (A + I)(A - I)^{-1}$ 的特征值为 λ_i^M，$i = 1, 2, \cdots, n$.

又因为 A 是特征值的绝对值大于 1 的实对称矩阵，故 A 的任一特征值 $|\lambda_i| > 1$，$i = 1, 2, \cdots, n$. 因此

$$\lambda_i^M = \frac{\lambda_i + 1}{\lambda_i - 1} > 0 \qquad i = 1, 2, \cdots, n$$

故 $M = (A + I)(A - I)^{-1}$ 是一个实对称的正定矩阵，即 M 属于 P-矩阵，因此，这是一个单调线性互补问题，利用文献[15]中的结论可知，对任意的 $b \in \mathbb{R}^n$，该线性互补问题都存在唯一解，从而 AVE 问题存在唯一解.

下面通过求解线性互补问题(3)而获得问题(2)的解. 求解线性互补问题的算法有很多，例如有投影法、内点法、非光滑牛顿法、光滑牛顿法等[15-18]. 本文利用不动点原理给出求解问题(3)的迭代算法.

2　迭代法求解线性互补问题

求解 LCP(M, q) 问题(3)等价于求解不动点问题.

我们把 LCP(M, q) 问题(3)写成如下等价形式:

$$\begin{cases} \boldsymbol{\omega} = M\boldsymbol{z} + \boldsymbol{q} \\ \boldsymbol{\omega} \geqslant \boldsymbol{0}, \ \boldsymbol{z} \geqslant \boldsymbol{0} \\ \boldsymbol{\omega}^{\mathrm{T}}\boldsymbol{z} = \boldsymbol{0} \end{cases}$$

令 $\omega_j = |x_j| - x_j$, $z_j = |x_j| + x_j$, $j = 1, 2, \cdots, n$. 显然 $\boldsymbol{\omega} \geqslant \boldsymbol{0}$, $\boldsymbol{z} \geqslant \boldsymbol{0}$, $\boldsymbol{z}^{\mathrm{T}}\boldsymbol{\omega} = \boldsymbol{0}$ 成立, 此时

$$\boldsymbol{\omega} = M\boldsymbol{z} + \boldsymbol{q} \Leftrightarrow (I - M)|\boldsymbol{x}| - (I + M)\boldsymbol{x} - \boldsymbol{q} = \boldsymbol{0}$$

由于 $\lambda_i^M > 0$, $i = 1, 2, \cdots, n$, 故 $(I + M)^{-1}$ 存在, 从而

$$\boldsymbol{\omega} = M\boldsymbol{z} + \boldsymbol{q} \Leftrightarrow \boldsymbol{x} = (I + M)^{-1}(I - M)|\boldsymbol{x}| - (I + M)^{-1}\boldsymbol{q}$$

由此可得如下定理1.

定理1　求解 LCP(M, q) 问题(3)等价于寻找 $\boldsymbol{x} \in \mathbb{R}^n$ 满足

$$\boldsymbol{x} = f(\boldsymbol{x}) \tag{4}$$

这里 $f(\boldsymbol{x}) = B|\boldsymbol{x}| + \boldsymbol{c}$, 其中 $B = (I + M)^{-1}(I - M)$, $\boldsymbol{c} = -(I + M)^{-1}\boldsymbol{q}$.

容易证明 B 也是实对称的(与证明 M 是一个实对称矩阵的方法相同).

问题(4)是一个典型的不动点问题,下面给出求解问题(4)的迭代算法.

算法1　迭代算法

1) 任意选取一个初始点 $\boldsymbol{x}^1 \in \mathbb{R}^n$, $\varepsilon > 0$ 为容许误差, $k := 1$;

2) 计算 $\boldsymbol{x}^{k+1} = f(\boldsymbol{x}^k) = B|\boldsymbol{x}^k| + \boldsymbol{c}$;

3) 若 $\| \boldsymbol{x}^{k+1} - \boldsymbol{x}^k \| \leqslant \varepsilon$, 则停, 得到问题(4)近似最优解 $\boldsymbol{x}^{k+1}$, 否则转步骤2);

下面证明算法1所产生的序列 $\{\boldsymbol{x}^1, \boldsymbol{x}^2, \boldsymbol{x}^3, \cdots\}$ 收敛到问题(4)的不动点.

3　收敛性分析

引理2　记矩阵 $B = (I + M)^{-1}(I - M)$ 的特征值为 λ_i^B, 则 $|\lambda_i^B| < 1$, $i = 1, 2, \cdots, n$.

证 由于 $\lambda_i^M > 0$，故 $|\lambda_i^B| = \left|\dfrac{1-\lambda_i^M}{1+\lambda_i^M}\right| < 1$.

记 $\rho = \|B\|$，则结合引理 2 知，$\rho < 1$.

引理 3 问题(4)中的 $f(x)$ 是一个压缩映射.

证 对 $\forall x^1, x^2 \in \mathbb{R}^n$，有

$$\|f(x^1)-f(x^2)\| = \|B(|x^1|-|x^2|)\| \leqslant \|B\|\ \|(|x^1|-|x^2|)\| \leqslant \rho\|x^1-x^2\|$$

即 $f(x)$ 是一个压缩映射.

由 Banach 不动点原理可知，$x = f(x)$ 在 $\mathbb{R}^n$ 中存在唯一 x^*，使得 $x^* = f(x^*)$. 从而得到下面的定理.

定理 2 算法 1 所产生的序列 $\{x^1, x^2, x^3, \cdots\}$ 收敛，且其极限就是问题(4)的解.

因此，通过算法 1 得到问题(4)的唯一解 x^*，利用变换 $z_j^* = |x_j^*| + x_j^*\ (j=1,2,\cdots,n)$ 就可以得到线性互补问题(3)的唯一解 z^*，进而获得绝对值方程(2)的唯一解 $u^* = (A-I)^{-1}(z^*+b)$.

下面来计算获得近似最优解的迭代次数.

引理 4 记算法 1 当前迭代点为 x^k，问题(4)的唯一解为 x^*，则

$$\|x^{k+1}-x^*\| \leqslant \frac{\rho^k}{1-\rho}\|x^2-x^1\|$$

其中 $x^{k+1} = f(x^k) = B|x^k| + c,\ k \geqslant 1$.

证 由于 $\|x^{k+1}-x^k\| \leqslant \rho^{k-1}\|x^2-x^1\|,\ k \geqslant 2$，且 x^* 是 x^k 的极限，因此

$$\|x^*-x^1\| \leqslant \sum_{k=1}^{\infty}\|x^{k+1}-x^k\| \leqslant \sum_{k=0}^{\infty}\rho^k\|x^2-x^1\| \leqslant \frac{1}{1-\rho}\|x^2-x^1\|$$

从而

$$\|x^{k+1}-x^*\| = \|f(x^k)-f(x^*)\| \leqslant \rho\|x^k-x^*\| \leqslant \cdots \leqslant \rho^k\|x^1-x^*\| \leqslant \frac{\rho^k}{1-\rho}\|x^2-x^1\|$$

定理 3 若取初始点 $x^1 = 0$，则算法 1 至多经过 $O(\log(\varepsilon\rho\|c\|^{-1})/\log\rho)$ 次迭代后收敛到问题(4)的近似最优解.

证 由于

$$\| x^{k+1} - x^k \| \leqslant \rho^{k-1} \| x^2 - x^1 \| = \rho^{k-1} \| x^2 \| = \rho^{k-1} \| f(x^1) \| = \rho^{k-1} \| c \|$$

只要

$$\rho^{k-1} \| c \| \leqslant \varepsilon$$

即当

$$k \geqslant \frac{\log(\varepsilon \rho \| c \|^{-1})}{\log \rho}$$

就有

$$\| x^{k+1} - x^k \| \leqslant \varepsilon$$

推论 1 记 x^* 为问题(4)的不动点,则

$$\| x^* \| \geqslant (1 + \rho)^{-1} \| c \|$$

证 由于 $\| x^* \| = \| (B | x^* | + c) \| \geqslant \| c \| - \| (B | x^* |) \| \geqslant \| c \| - \rho \| x^* \|$,故 $\| x^* \| \geqslant (1 + \rho)^{-1} \| c \|$.

4 数值实验

数值实验在 HP540 笔记本电脑上进行,CPU 为 Intel Core(TM)2×1.8 GHz,内存为 2 GB RAM.

用算法 1 求解如下随机生成的算例,此处矩阵 A 和向量 b 由如下 Matlab6.5 程序产生:

```
rand('state', 0);
R = rand(n, n);
b = 100 * rand(n, 1);
A = R' * R + n * eye(n);
M = (A + eye(n)) * (inv(A - eye(n)));
q = ((A + eye(n)) * (inv(A - cyc(n))) - eye(n)) * b;
B = inv(eye(n) + M) * (eye(n) - M);
c = -inv(eye(n) + M) * q;
```

取初始点 $x^1 = 0$,容许误差 $\varepsilon = 1 \times 10^{-4}$. 在给定矩阵 A 的阶数 n 后,调用本文算法,可以快速得到原绝对值方程问题的解. 读者可以用上述代码产

生和本文相同的数据,以验证算法的可靠性.

按照上述方法在 Matlab6.5 系统[19]下开发了一个用于求解 AVE 的函数 AVE_Solve,运行时,只需输入矩阵 A 的阶数 n 后,就可以获得问题(2)的唯一解(如果需要详细的源代码,请与作者联系).

例1 执行函数 AVE_Solve,输入 $n=4$,则得到如下 AVE 问题,其中

$$A=\begin{bmatrix} 5.560\ 6 & 1.309\ 0 & 1.641\ 6 & 1.350\ 6 \\ 1.309\ 0 & 5.583\ 9 & 1.366\ 6 & 1.472\ 2 \\ 1.641\ 6 & 1.366\ 6 & 5.878\ 4 & 1.515\ 2 \\ 1.350\ 6 & 1.472\ 2 & 1.515\ 2 & 5.590\ 4 \end{bmatrix} \quad b=\begin{bmatrix} 93.547\ 0 \\ 91.690\ 4 \\ 41.027\ 0 \\ 89.365\ 0 \end{bmatrix}$$

利用 $M=(A+I)(A-I)^{-1}$, $q=((A+I)(A-I)^{-1}-I)b$, $B=(I+M)^{-1}(I-M)$, $c=-(I+M)^{-1}q$,把该 AVE 转化为不动点问题(4): $x=B|x|+c$,其中

$$B=\begin{bmatrix} -0.207\ 0 & 0.030\ 0 & 0.043\ 0 & 0.030\ 5 \\ 0.030\ 0 & -0.203\ 3 & 0.029\ 0 & 0.038\ 4 \\ 0.043\ 0 & 0.029\ 0 & -0.198\ 0 & 0.035\ 7 \\ 0.030\ 5 & 0.038\ 4 & 0.035\ 7 & -0.206\ 0 \end{bmatrix}$$

$$c=\begin{bmatrix} -12.128\ 6 \\ -11.215\ 6 \\ 1.740\ 6 \\ -10.573\ 6 \end{bmatrix}$$

调用算法 1,经过 8 次迭代就得到该 AVE 问题的唯一解

$$u^*=(14.2031,12.8675,-2.6319,12.0311)^{\mathrm{T}}$$

利用定理 3 可知,理论迭代次数 $K=\dfrac{\log(\varepsilon\rho\parallel c\parallel^{-1})}{\log\rho}=9.735\ 3$,这和实际计算次数基本一致.

表 1 给出了不同维数的详细计算结果,其中 k 表示计算机执行算法 1 获得近似解所需的迭代次数,elapsed_time 是算法执行的时间,K 表示理论迭代次数,由公式 $K=\dfrac{\log(\varepsilon\rho\parallel c\parallel^{-1})}{\log\rho}$ 确定.

表 1 　AVE_Solve 在不同维数时所得到的计算结果

n	k	elapsed_time/s	K	n	k	elapsed_time/s	K
4	8	0	9.735 3	256	3	0.281 0	2.754 1
8	7	0	6.478 9	512	3	1.656 0	2.502 4
16	5	0	4.992 9	1 024	3	10.907 0	2.302 8
32	4	0	4.088 8	2 048	3	81.281 0	2.139 0
64	4	0.016 0	3.503 8	4 096	2	650.438 0	2.003 5
128	3	0.078 0	3.081 9				

计算时间主要耗费在计算矩阵 B 上，因为需要进行求逆运算. 由计算结果可以看出，此算法具有迭代次数少的优点.

将计算结果 u^* 带入 $|u|=Au-b$，等式成立，即 u^* 为原绝对值方程问题的解.

5 　结束语

本文仅给出了实对称矩阵绝对值方程的一个迭代算法，非对称矩阵绝对值方程的迭代算法将成为下一个研究的问题. 鉴于绝对值方程的求解是一个比较困难的数学问题，因此本文给出的迭代算法可以作为求解此类绝对值方程问题的一个有效算法.

参考文献：

[1]Rohn J.Systems of Linear Interval Equations[J].Linear Algebra and Its Applications,1989,126:39—78.

[2]Rohn J.A Theorem of the Alternatives for the Equation $Ax+B|x|=b$[J]. Linear and Multilinear Algebra,2004,52(6):421—426.

[3]MANGASARIAN O L,MEYER R R.Absolute Value Equations[J].Linear Algebra and its Applications,2006,419(2):359—367.

[4]MANGASARIAN O L.Absolute Value Programming[J].Computational Optimization and Aplications,2007,36(1):43—53.

[5]MANGASARIAN O L.Absolute Value Equation Solution Via Concave Minimization[J].Optim. Lett.,2007,1(1):3—8.

[6]MANGASARIAN O L.A Generlaized Newton Method for Absolute Value E-quations[J].Optim. Lett.,2009,3(1):101—108.

[7]MANGASARIAN O L.Knapsack Feasibility as an Absolute Value Equation Solvable by Successive Linear Programming[J].Optim. Lett.,2009,3(2):161—170.

[8]HU S L, HUANG Z H.A Note on Absolute Value Equations[J].Optim. Lett.,2010,4(3):417—424.

[9] PROKOPYEV O. On Equivalent Reformulations for Absolute Value Equations[J].Computational Optimization and Applications,2009,44(3):363—372.

[10] Rohn J. An Algorithm for Solving the Absolute Value Equation[J]. Electronic Journal of Linear Algebra,2009,18:589—599.

[11]Rohn J.On Unique Solvability of the Absolute Value Equation[J].Optim. Lett.,2009,3(4):603—606.

[12]Rohn J.A Residual Existence Theorem for Linear Equations[J].Optim. Lett.,2010,4(2):287—292.

[13]魏庆举.绝对值方程的广义牛顿算法及其收敛性[D].北京:北京交通大学,2009.

[14]雍龙泉.绝对值等式问题的一个求解方法[J].科技导报,2010,28(5):60—62.

[15]KOJIMA M, MEGIDDO N, YOSHISE A.A Unified Approach to Interior Point Algorithms for Linear Complementary Problem［C］//Lecture Notes in Computer Science 538.Berlin:Springer-Verlag,1991.

[16]WRIGHT S J.An Infeasible-Interior-Point Algorithm for Linear Comple-mentarity Problems[J].Mathematical Programming,1994,67:29—51.

[17]韩继业,修乃华,戚厚铎.非线性互补理论与算法[M].上海:上海科学技术出版社,2006.

[18]MURTY K G.Linear Complementarity,Linear and Nonlinear Programming [M].Berlin:Heldermann Verlag,1988.

[19]王沫然.MATLAB 与科学计算(第 2 版)[M].北京:电子工业出版社,2003.

作者简介: 雍龙泉(1980 -)，男，陕西洋县人，硕士，副教授，主要从事最优化理论与算法设计的研究.

基金项目: 陕西省教育厅自然科学研究项目(09JK381).

原载:《西南大学学报》(自然科学版)2012 年第 5 期.

收录: 2014 年入选"领跑者 5000 平台".

责任编辑 张　枸

抽象凸空间中广义最大元的稳定性

陈治友[1]， 夏顺友[2]

1.贵阳学院数学系,贵阳　550005；

2.贵州师范学院数学与计算机科学学院,贵阳　550018

摘　要：在满足 H_0 -条件的抽象凸空间中，利用一个集值映射来表示广义最大元的全体，将广义最大元的稳定性问题转化为研究该集值映射的连续性问题. 最后借助 Fort 定理，证明了该集值映射是连续的，从而解决了抽象凸空间中广义最大元的稳定性问题.

设 (X,d) 是度量空间，2^X，$CL(X)$，$K(X)$ 分别表示 X 的非空子集族、闭子集族、紧子集族. $\forall \varepsilon > 0$，$\forall x \in X$，$\forall A,B \in CL(X)$，$C \subset X$，规定 C 的 ε 扩张（记为 $C+\varepsilon$）、x 的 ε 扩张或邻域（记为 $U(x,\varepsilon)$）、$CL(X)$ 上的度量（记为 $H_d(A,B)$）的定义均与文献[1]中的相同. 而抽象凸空间及 H_0 -条件的定义见文献[2].

定义 1　设 X 是拓扑空间，称子集 $Q \subset X$ 为剩余集，若 Q 可以表示为 X 的至多可数个开稠集的交.

引理 1[1]　空间 (X,d) 完备当且仅当空间 $(CL(X),H_d)$ 完备. $K(X)$ 在空间 $(CL(X),H_d)$ 中是闭的.

引理 2[1]　设 X 是拓扑空间，Y 是紧 Hausdorff 拓扑空间，那么 $F: X \longrightarrow 2^Y$ 是上半连续的且是闭值的当且仅当 F 的图是闭的.

引理 3[3]　（Fort 定理）设 X 为拓扑空间，Y 为度量空间，$F: X \longrightarrow 2^Y$ 是上半连续非空紧值的，那么存在 X 的剩余集 Q，使得 F 在 Q 上是下半连续的.

设 X 为拓扑空间, Y 为度量空间, $F: X \longrightarrow 2^Y$ 是下半连续非空紧值的, 则 F 的下半连续点构成 X 中的一剩余集 Q. 从而 F 的连续点至少是一个剩余集. 若 Y 是完备的, 则 Q 是稠密的.

定义 2 设 X 为一集合, 对集值映射 $w: X \longrightarrow 2^X$, 若 $\forall x$, 有 $x \in w(x)$, 则当 $x^* \in \bigcap\limits_{x \in X} w(x)$ 时, 称 x^* 为 X 上关于 w 的广义最大元, w 为广义最大元映射.

X 上关于 w 的广义最大元的全体记为 $F(w)$.

注 1 $w(x)$ 表示比 x 优的元的全体, x^* 表示比任何 $x \in X$ 都优的元.

引理 4[2,4] 设 X 为满足 H_0-条件的抽象凸拓扑空间, 若 $w: X \longrightarrow 2^X$ 满足:

(i) w 为闭值映射, 即 $\forall x \in X$, 都有 $w(x)$ 为闭集;

(ii) $\forall x \in X$, $x \in w(x)$ 且 $X \backslash w^{-1}(x)$ 为抽象凸集.

则 X 中必存在关于 w 的广义最大元.

定义 3 对集合 X 和 T, 对集值映射 $w: X \times T \longrightarrow 2^X$, 若 $\forall (x, t) \in X \times T$, 都有 $x \in w(x, t)$, 则当 $x^* \in \bigcap\limits_{x \in X} w(x, t)$ ($\forall t \in T$) 时, 称 x^* 为 X 上关于 w 及参数 t 的广义最大元, w 称为 X 上关于参数 t 的广义最大元映射.

X 上关于 w 及参数 t 的广义最大元全体记为 $F(w, t)$.

注 2 ($1°$) $w(x, t)$ 表示任意参数 $t \in T$ 都比 x 优的元的全体, x^* 表示任意参数 $t \in T$ 都比任何 $x \in X$ 优的元;

($2°$) 一般地, 广义最大元是不稳定的.

例如: 设 $A = [0, 1]$, 令

$$f(x) = 1 \qquad f_n(x) = 1 - \frac{x}{n} \qquad n = 1, 2, \cdots$$

显然 $f_n \to f$. $\forall x \in A$, $f(x)$ 的最大值为 1, 而 $f_n (n = 1, 2, \cdots)$ 都只在 $x = 0$ 处取最大值, 故最大值点的集合不是连续变化的, 即不稳定.

设 X 为某个满足 H_0-条件的抽象凸拓扑空间的非空紧抽象凸集, T 也是某个满足 H_0-条件的抽象凸拓扑空间的非空紧抽象凸集. 若 $w: X \times T \longrightarrow 2^X$ 满足

($1°$) $w(x, t)$ 为闭集;

$(2°)$ $\forall (x, t) \in X \times T$，有 $x \in w(x, t)$，且 $(X \times T) \backslash w^{-1}(x, t)$ 是 $X \times T$ 中的抽象凸集.

则由抽象凸集的定义，X 有关于 w 及参数 t 的广义最大元，即 $F(w, t) \neq \emptyset$.

设 X 为满足 H_0-条件的抽象凸度量空间的非空紧抽象凸集，T 也是某个满足 H_0-条件的抽象凸度量空间的非空紧抽象凸集，有如下定义：

定义 4 称 $D(X, T)$ 为所有集值映射 w 的集合，其中 $w: X \times T \longrightarrow 2^X$ 满足

$(1°)$ $w(x, t)$ 为 X 的闭集；

$(2°)$ $\forall x \in X$，$t \longrightarrow w(x, t)$ 连续；

$(3°)$ $\forall t$ 及 $\forall x \in X$，均有 $x \in w(x, t)$，且 $(X \times T) \backslash w^{-1}(x, t)$ 是 $X \times T$ 中的抽象凸集.

定义 5 设 H_d^t 表示由 X 的度量 d 诱导的 Hausdorff 度量，称度量

$$\rho_D(w_1, w_2) = \sup_{(x, t) \in X \times T} H_d^t(w_1(x, t), w_2(x, t)) \qquad \forall w_1, w_2 \in D(X, T)$$

为 $D(X, T)$ 上的度量.

定义 6 在 $D(X, T) \times T$ 上定义度量 ρ 为 $D(X, T)$ 和 T 上的度量之和.

集值映射在多人非合作博弈论[5]、优化问题[6]、不动点理论及其应用[7-8] 以及抽象经济[9] 等研究中展现了重要作用. 本文展示它的另一作用.

设集值映射 $F_D: D(X, T) \times T \longrightarrow 2^X$，当 $w \in D(X, T)$，$t \in T$ 时，$F_D(w, t)$ 表示 X 上关于 w 及参数 t 的广义最大元全体，于是广义最大元的稳定性问题转化为 F_D 的连续性问题.

定理 1 空间 $(D(X, T) \times T, \rho)$ 是完备的度量空间.

证 只需证明空间 $(D(X, T), \rho_D)$ 是完备的. 设 $\{w_n\}_{n=1}^\infty$ 是空间 $(D(X, T), \rho_D)$ 中的柯西列，$\forall (x, t) \in X \times T$，由条件知 $\{w_n(x, t)\}_{n=1}^\infty$ 是闭子集族空间 $(CL(x), H_d)$ 中的柯西列，其中 $CL(x)$ 表示 X 的所有闭子集构成的集族. 由条件知 X 完备，从而据引理 1 知 $(CL(x), H_d)$ 完备，故序列 $\{w_n(x, t)\}_{n=1}^\infty$ 收敛于非空闭集 $w(x, t)$. 定义 $w: X \times T \longrightarrow 2^X$ 为将 $(x, t) \in X \times T$ 映射为 $w(x, t)$ 的一个集值映射，则 w 是非空闭值的，且 $\forall x \in X$，$(X \times T) \backslash w^{-1}(x)$ 为抽象凸的. 因 T 是紧集，且 $w_n \to w$ 是按一致拓扑收

敛的，故 $t \longmapsto w(x, t)$ 连续，因此 $(D(X, T), \rho_D)$ 是完备的，从而 $(D(X, T) \times T, \rho)$ 是完备的.

定理 2 $F_D: D(X, T) \times T \longrightarrow K(X)$ 是非空紧值的上半连续集值映射.

证 $\forall (x, t) \in X \times T$，$w(x, t)$ 为闭集，故 $F_D(w, t) = \bigcap\limits_{x \in X} w(x, t)$ 为闭集，又因 X 是紧的，则 $F_D(w, t) = \bigcap\limits_{x \in X} w(x, t)$ 为紧集.

再证 F_D 是上半连续的，由于 X, T 是紧的，故只需证明 F_D 的图像是闭的，即对 $\forall (w_\alpha, t_\alpha) \to (w_0, t_0)$，$\forall x_\alpha \in \bigcap\limits_{x \in X} w_\alpha(x, t_\alpha)\ (x_\alpha \to x_0)$，证明 $x_0 \in \bigcap\limits_{x \in X} w_0(x, t_0)$ 即可.

用反证法. 假设 $x_0 \notin \bigcap\limits_{x \in X} w_0(x, t_0)$，则有 $x_0 \notin \bigcap\limits_{x \in X} w_0(x^*, t_0)$，于是存在 x_0 的邻域 $O(x_0)$ 和 $w_0(x^*, t_0)$ 的邻域 $w_0(x^*, t_0) + \delta\ (\delta > 0)$，满足 $O(x_0) \bigcap [w_0(x^*, t_0) + \delta] = \varnothing$.

由于 $w_0(x^*, t)$ 关于 t 是连续的，而且 $t_\alpha \to t_0$，因此存在 α_1，当 $\alpha > \alpha_1$ 时，有 $w_0(x^*, t_\alpha) \subset w_0(x^*, t_0) + \dfrac{\delta}{2}$. 再由于 $w_\alpha \to w$，于是存在 α_2，当 $\alpha > \alpha_2$ 时，$\forall (x, t) \in X \times T$，都有 $w_\alpha(x, t) \subset w_0(x, t) + \dfrac{\delta}{2}$. 因此

$$w_\alpha(x^*, t_\alpha) \subset w_0(x^*, t_\alpha) + \frac{\delta}{2} \subset w_0(x^*, t_0) + \delta$$

又因为 $x_\alpha \to x_0$，于是存在 α_3，当 $\alpha > \alpha_3$ 时，$x_\alpha \in O(x_0)$. 故当 $\alpha > \max\{\alpha_1, \alpha_2, \alpha_3\}$ 时，将导致与 x_α 的取法矛盾的结果. 因此，F_D 的图像是闭的，由引理 2 知映射 F_D 是上半连续的.

定理 3 存在 $D(X, T) \times T$ 的一个稠密剩余集 Q，使得 $F_D: D(X, T) \times T \longrightarrow 2^X$ 在 Q 上连续，即广义最大元是通有稳定的.

证 由定理 2 和引理 3(Fort 定理) 即得.

注 3 定理 3 说明当广义最大元映射和参变量同时扰动时，广义最大元是通有连续的，即是通有稳定的.

参考文献：

［1］KLEIN E,THOMPSON A C.Theory of Correspondences:Including Applications to Mathematical Economics［M］.New York:John Wiley & Sons,1984.

［2］XIANG S W,XIA S Y.A Further Characteristic of Abstract Convexity Structures on Topological Spaces［J］.J. Math. Anal. Appl.,2007,335:716－723.

［3］FORT JR. M K.Points of Continuity of Semi-Continuous Functions［J］.Publ. Math. Debrecen,1951,2:100－102.

［4］MAS-COLELL A.An Equilibrium Existence Theorem without Complete or Transitive Preferences［J］.Journal of Mathematical Economics,1974,1(3):237－246.

［5］WU W J,JIANG J H.Essential Equilibrium Points of n-Person Non-Cooperative Games［J］.Sci. Sinica,1962(10):1307－1322.

［6］FANG Y P,HU R,HUANG N J.Well-Posedness for Equilibrium Problems and for Optimization Problems with Equilibrium Constraints［J］.Computers and Mathematics with Applications,2008,55(1):89－100.

［7］郑　莲.拓扑空间中的 Fan-Browder 型不动点定理在抽象广义矢量平衡问题中的应用［J］.西南师范大学学报(自然科学版),2009,34(5):45－48.

［8］文开庭,李和睿.有限度量紧开值集值映射的 R-KKM 定理及其对不动点的应用［J］.西南大学学报(自然科学版),2011,33(10):110－112.

［9］文开庭.FC—度量空间中的 R-KKM 定理及其对抽象经济的应用［J］.西南师范大学学报(自然科学版),2010,35(1):45－49.

作者简介： 陈治友(1965 -),男,贵州务川人,副教授,主要从事非线性分析的研究.

基金项目： 国家自然科学基金资助项目(11161008)；贵州省科技基金资助项目(2012GZ71164).

原载：《西南大学学报》(自然科学版)2012 年第 8 期.

收录： 2013 年入选"领跑者 5000 平台".

责任编辑　廖　坤

2 类偶图完美匹配的数目

唐保祥[1]，　任　韩[2]

1.天水师范学院数学与统计学院,甘肃天水　741001;

2.华东师范大学数学系,上海　200062

摘　要:用划分、求和、递推的方法给出了 2 类偶图完美匹配数目的计算公式.利用所给出的方法，可以计算出许多偶图的所有完美匹配的数目。

本文所指的图均是有限简单无向标号图(即顶点间是有区别的)，未给出的定义见文献[1].

图的完美匹配计数是匹配理论的一个重要方面，它既与组合论中棋盘的多米诺覆盖问题有关，又与统计晶体物理学中的 Dimmer 问题有关[2-4].此问题有很强的物理学和化学背景.目前已有一些学者对图的完美匹配做了相关的研究，给出了一些图完美匹配的计数方法(参见文献[5-12]).遗憾的是，Valiant 在 1979 年证明了图(即使是偶图)的完美匹配计数是 NP-困难问题.因此，计算出一般图的完美匹配数是困难的，要得到显式的计算公式是更加困难的，只有对具有特殊结构或形状的部分图，才可以给出其完美匹配数的显式计算表达式.本文用划分、求和、递推的方法给出了 2 类图完美匹配数的显式表达式.本文所给方法适用于整体是"条形"的，相同结构重复出现的偶图完美匹配数的求解.

定义 1　设 $m+1$ 条路 $P_i = u_{i0}u_{i1}u_{i2}\cdots u_{in}(i=0,1,2,\cdots,m)$，连接路 P_i 与 P_{i+1} 中的顶点 u_{ij} 与 $u_{i+1,j}(i=0,1,2,\cdots,m-1;j=0,1,2,\cdots,n)$ 所得的图称为 $m \times n$ 的棋盘.将 $m \times n$ 的棋盘记为 $Q_{m \times n}$.

定义 2　若图 G 的 2 个完美匹配 M_1 和 M_2 中有一条边不同，则称 M_1 和 M_2 是 G 的 2 个不同完美匹配.

易知 $m \times n$ 的棋盘 $Q_{m \times n}$ 有完美匹配的充要条件是 m 和 n 中至少有一个是奇数.

定理 1 设 n 个 2×3 的棋盘 $Q_{2 \times 3}$ 的顶点集均为

$$V(Q_{2 \times 3}) = \{u_{ij} \mid i = 0, 1, 2; j = 0, 1, 2, 3\}$$

边集为

$E(Q_{2 \times 3}) = \{u_{ij} u_{kl} \mid i = k$ 且 $l = j + 1$, 或 $j = l$ 且 $k = i + 1. i, k = 0, 1, 2; j, l = 0, 1, 2, 3\}$

将第 h 个棋盘的顶点 u_{22}, u_{23} 与第 $h + 1$ 个棋盘的顶点 u_{00}, u_{01} 重合($h = 0, 1, \cdots, n - 1$),所得的图记为 $2 - nQ_{2 \times 3}$,如图 1 所示,将顶点重新标识为

$V(2 - nQ_{2 \times 3}) = \{u_{ij} \mid i = 0, 1, \cdots, 2n.$ 若 $i \neq 0, 2n$ 且 $i = 0 \pmod 2$,则 $j = 0, 1, \cdots, 5$,否则 $j = 0, 1, 2, 3\}$

$f(n) (n \geq 1)$ 表示图 $2 - nQ_{2 \times 3}$ 的所有不同的完美匹配数,则

$$f(n) = \frac{5 + 3\sqrt{5}}{10} \cdot (5 + 2\sqrt{5})^n + \frac{5 - 3\sqrt{5}}{10} \cdot (5 - 2\sqrt{5})^n$$

证 显然图 $2 - nQ_{2 \times 3}$ 有完美匹配. 设图 $2 - nQ_{2 \times 3}$ 的完美匹配集合为 M,图 $2 - nQ_{2 \times 3}$ 含边 $u_{00} u_{01}, u_{00} u_{10}$ 的完美匹配集合分别为 M_1, M_2. 则 $M_i \subseteq M$,$M_i \neq \varnothing$,$M_i \neq \varnothing (i = 1, 2)$,且 $M_1 \bigcap M_2 = \varnothing$. 因此,$f(n) = |M_1| + |M_2|$.

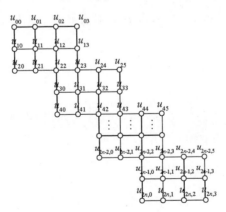

图 1   图 $2 - nQ_{2 \times 3}$

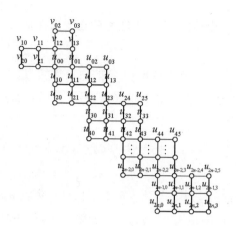

图 2   图 G

为了求得 $f(n)$，先定义图 G，并求其完美匹配的数目. 将 2 个 4 -圈 $v_{10}v_{11}v_{21}v_{20}$，$v_{02}v_{03}v_{13}v_{12}$ 的顶点 v_{11} 与 v_{12} 间连一条边，并且将 2 个圈上的顶点 v_{12}，v_{13}，v_{21} 分别与图 $2-nQ_{2\times3}$ 的顶点 u_{00}，u_{01} 之间加边 $v_{12}u_{00}$，$v_{13}u_{01}$，$v_{21}u_{00}$，所得的图记为 G（如图 2 所示）. 易知图 G 有完美匹配. 设图 G 的所有不同完美匹配的数目为 $g(n)$. 设图 G 的完美匹配集合为 H，图 G 含边 $v_{10}v_{11}$，$v_{10}v_{20}$ 的完美匹配集合分别为 H_1，H_2. 则 $H_i \subseteq H$，$H_i \neq \varnothing$ $(i=1,2)$，且 $H_1 \bigcap H_2 = \varnothing$. 因此，$g(n) = \mid H_1 \mid + \mid H_2 \mid$.

求 $\mid H_1 \mid$. 由于 $v_{10}v_{11} \in H_1$，所以必有 $v_{20}v_{21} \in H_1$. 下面分 3 种情形讨论：

情形 1   若 $v_{02}v_{03}$，$v_{12}v_{13} \in H_1$，则由 $f(n)$ 的定义知，H_1 中这类完美匹配的数目为 $f(n)$.

情形 2   若 $v_{02}v_{03}$，$v_{12}u_{00}$，$v_{13}u_{01} \in H_1$，则由 $g(n)$ 的定义知，H_1 中这类完美匹配的数目为 $g(n-1)$.

情形 3   若 $v_{02}v_{12}$，$v_{03}v_{13} \in H_1$，则由 $f(n)$ 的定义知，H_1 中这类完美匹配的数目为 $f(n)$.

故 $\mid H_1 \mid = 2f(n) + g(n-1)$.

求 $\mid H_2 \mid$. $v_{10}v_{20} \in H_2$，分 4 种情形讨论：

情形 1   若 $v_{11}v_{21}$，$v_{02}v_{03}$，$v_{12}v_{13} \in H_1$，则由 $f(n)$ 的定义知，H_1 中这类完美匹配的数目为 $f(n)$.

情形 2 若 $v_{11}v_{21}, v_{02}v_{12}, v_{03}v_{13} \in H_1$，则由 $f(n)$ 的定义知，H_1 中这类完美匹配的数目为 $f(n)$。

情形 3 若 $v_{11}v_{12}, v_{21}u_{00}, v_{02}v_{03}, v_{13}u_{01} \in H_1$，则由 $g(n)$ 的定义知，H_1 中这类完美匹配的数目为 $g(n-1)$。

情形 4 若 $v_{11}v_{21}, v_{12}u_{00}, v_{02}v_{03}, v_{13}u_{01} \in H_1$，则由 $g(n)$ 的定义知，H_1 中这类完美匹配的数目为 $g(n-1)$。

故

$$|H_2| = 2f(n) + 2g(n-1)$$

综上所述，

$$g(n) = 4f(n) + 3g(n-1) \tag{1}$$

由 (1) 式得

$$g(n) = 4 \sum_{i=2}^{n} 3^{n-i} f(i) + 3^{n-1} g(1) \tag{2}$$

下面求图 $2-nQ_{2\times3}$ 完美匹配的数目 $f(n)$。

求 $|M_1|$。因为 $u_{00}u_{01} \in M_1$，所以由 $g(n)$ 的定义知，$|M_1| = g(n-1)$。由 (1) 式得

$$|M_1| = g(n-1) = 4f(n-1) + 3g(n-2)$$

求 $|M_2|$。$u_{00}u_{10} \in M_2$，分 4 种情形讨论：

情形 1 若 $u_{20}u_{21}, u_{01}u_{11}, u_{02}u_{03}, u_{12}u_{13} \in M_2$，则由 $f(n)$ 的定义知，H_1 中这类完美匹配的数目为 $f(n-1)$。

情形 2 若 $u_{01}u_{11}, u_{20}u_{21}, u_{02}u_{03}, u_{12}u_{22}, u_{13}u_{23} \in M_2$，则由 $g(n)$ 的定义知，H_1 中这类完美匹配的数目为 $g(n-2)$。

情形 3 若 $u_{20}u_{21}, u_{01}u_{02}, u_{11}u_{12}, u_{03}u_{13} \in M_2$，则由 $f(n)$ 的定义知，H_1 中这类完美匹配的数目为 $f(n-1)$。

情形 4 若 $u_{20}u_{21}, u_{01}u_{11}, u_{02}u_{12}, u_{03}u_{13} \in M_2$，则由 $f(n)$ 的定义知，H_1 中这类完美匹配的数目为 $f(n-1)$。

故

$$|M_2| = 3f(n-1) + g(n-2)$$

综上所述，

$$f(n) = 7f(n-1) + 4g(n-2) \tag{3}$$

由（2）和（3）式得

$$f(n) = 7f(n-1) + 16\sum_{i=2}^{n-2} 3^{n-2-i}f(i) + 4 \cdot 3^{n-3}g(1) \tag{4}$$

由（4）式得

$$f(n-1) = 7f(n-2) + 16\sum_{i=2}^{n-3} 3^{n-3-i}f(i) + 4 \cdot 3^{n-4}g(1) \tag{5}$$

则

$$f(n) = 10f(n) - 5f(n-2) \tag{6}$$

容易得到，$f(1) = 11$，$f(2) = 105$. 解线性递推式（6），得

$$f(n) = \frac{5+3\sqrt{5}}{10} \cdot (5+2\sqrt{5})^n + \frac{5-3\sqrt{5}}{10} \cdot (5-2\sqrt{5})^n$$

定理 2　设 n 个六面体 L_6 的顶点集均为

$$V(L_6) = \{u_{ij} \mid i=1,2; j=1,2,3,4\}$$

边集为

$E(L_6) = \{u_{ij}u_{kl} \mid i=k$ 且 $l=j+1,$ 或 $j=l$ 且 $k=i+1, i,k=1,2; j,l=1,2,3,4\}$
将第 h 个六面体的顶点 u_{22}, u_{23} 与第 $i+1$ 个六面体的顶点 u_{11}, u_{14} 重合（$h = 1,2,\cdots,n-1$），所得的图记为 $2-nQ^2_{1\times1}$，如图 3 所示，将顶点重新标识为
$V(2-nQ^2_{1\times1}) = \{u_{ij} \mid i=1,2,\cdots,n+1.$ 若 $i=1,n+1$，则 $j=1,2,3,4$，否则 $j=1,2,\cdots,6\}\sigma(n)(n \geqslant 1)$ 表示图 $2-nQ_{2\times3}$ 的所有不同的完美匹配数，则 $\sigma(n) = 9 \cdot 5^{n-1}$.

证　显然图 $2-nQ^2_{1\times1}$ 有完美匹配. 设图 $2-nQ^2_{1\times1}$ 的完美匹配集合为 M，图 $2-nQ^2_{1\times1}$ 含边 $u_{14}u_{11}, u_{14}u_{13}, u_{14}u_{26}$ 的完美匹配集合分别为 M_1, M_2, M_3. 则 $M_i \subseteq M, M_i \neq \varnothing$ 且 $M_i \cap M_j = \varnothing(i \neq j, i,j = 1,2,3)$. 因此，$\sigma(n) = \sum_{i=1}^{3} |M_i|$.

为了求得 $\sigma(n)$ 的值，定义图 Q，并求其完美匹配的数目. 记 2 条长为 1 的路为 xy, uv. 连接顶点 x 与图 $2-nQ^2_{1\times1}$ 的顶点 u_{11}, y 与 u_{14}, u 与 u_{11}, v 与 u_{14}，这样所得的图记为 Q（如图 4 所示）. 易知图 Q 有完美匹配. 图 Q 的所有不同完美匹配的数目记为 $\tau(n)$. 设图 Q 的完美匹配集合为 H，图 Q 含边 vu, vu_{14} 的完美匹配集合分别为 H_1, H_2. 则 $H_i \subseteq H, H_i \neq \varnothing(i=1,2)$，且 $H_1 \cap H_2 =$

$\varnothing$. 因此，$\tau(n) = \mid H_1 \mid + \mid H_2 \mid$.

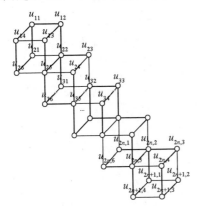

图 3　图 $2-nQ^2_{1\times 1}$

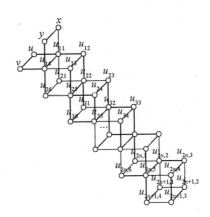

图 4　图 Q

求 $\mid H_1 \mid$. 因为 $vu \in H_1$，若 $xy \in H_1$，则由 $\sigma(n)$ 的定义知，H_1 中这类完美匹配的数目为 $\sigma(n)$；若 $xy \notin H_1$，则必有 $xu_{11}, yu_{14} \in H_1$，由 $\tau(n)$ 的定义知，H_1 中这类完美匹配的数目为 $\tau(n-1)$. 因此，$\mid H_1 \mid = \sigma(n) + \tau(n-1)$.

求 $\mid H_2 \mid$. 因为 $vu_{14} \in H_2$，故必有 $uu_{11}, xy \in H_2$. 故由 $\tau(n)$ 的定义知，$\mid H_2 \mid = \tau(n-1)$. 所以

$$\tau(n) = \sigma(n) + 2\tau(n-1) \tag{7}$$

由 (7) 式得

$$\tau(n) = \sum_{i=2}^{n} 2^{n-i}\sigma(i) + 2^{n-1}\tau(1) \tag{8}$$

下面求图 $2-nQ^2_{1\times 1}$ 完美匹配的数目 $\sigma(n)$.

求 $\mid M_1 \mid$. 因为 $u_{14}u_{11} \in M_1$，由 $\tau(n)$ 的定义知，$\mid M_1 \mid = \tau(n-1)$.

求 $\mid M_2 \mid$. $u_{14}u_{13} \in M_2$，分 3 种情形讨论：

情形 1　若 $u_{11}u_{12}, u_{26}u_{21} \in M_2$，则由 $\sigma(n)$ 的定义知，M_2 中这类完美匹配的数目为 $\sigma(n-1)$.

情形 2　若 $u_{11}u_{12}, u_{21}u_{22}, u_{26}u_{21} \in M_2$，则由 $\tau(n)$ 的定义知，M_2 中这类完美匹配的数目为 $\tau(n-2)$.

情形 3　若 $u_{11}u_{21}, u_{12}u_{13}, u_{26}u_{21} \in M_2$，则由 $\tau(n)$ 的定义知，M_2 中这类完美匹配的数目为 $\tau(n-2)$.

所以，$\mid M_2 \mid = \sigma(n-1) + 2\tau(n-2)$.

求 $\mid M_3 \mid$. $u_{14}u_{26} \in M_3$，分 3 种情形讨论：

情形 1 若 $u_{11}u_{12}, u_{21}u_{22}, u_{13}u_{25} \in M_3$，则由 $\tau(n)$ 的定义知，M_2 中这类完美匹配的数目为 $\tau(n-2)$．

情形 2 若 $u_{11}u_{21}, u_{12}u_{13} \in M_3$，则由 $\sigma(n)$ 的定义知，M_2 中这类完美匹配的数目为 $\sigma(n-1)$．

情形 3 若 $u_{11}u_{21}, u_{12}u_{22}, u_{13}u_{25} \in M_3$，则由 $\tau(n)$ 的定义知，M_2 中这类完美匹配的数目为 $\tau(n-2)$．

所以

$$| M_3 | = \sigma(n-1) + 2\tau(n-2)$$

综上所述，

$$\sigma(n) = 2\sigma(n-1) + \tau(n-1) + 4\tau(n-2) \tag{9}$$

由（7）和（9）式得

$$\sigma(n) = 3\sigma(n-1) + 6\tau(n-2) \tag{10}$$

由（8）和（10）式得

$$\sigma(n) = 3\sigma(n-1) + 3\sum_{i=2}^{n-2} 2^{n-1-i}\sigma(i) + 3 \cdot 2^{n-2}\tau(1) \tag{11}$$

于是

$$\sigma(n-1) = 3\sigma(n-2) + 3\sum_{i=2}^{n-3} 2^{n-2-i}\sigma(i) + 3 \cdot 2^{n-3}\tau(1) \tag{12}$$

则

$$\sigma(n) = 5\sigma(n-1) \tag{13}$$

易知 $\sigma(1) = 9$．解线性递推式（13），得 $\sigma(n) = 9 \cdot 5^{n-1}$．

参考文献：

［1］BONDY J A, MURTY U S R.图论及其应用［M］.吴望名，李念祖，吴兰芳，等译.北京：科学出版社，1984.

［2］KASTELEYN P W. The Statistics of Dimers Arrangements on a Lattice：I. The Number of Dimmer on a Quadratic Lattice［J］.Physica，1961，27：1209－1225.

［3］KASTELEYN P W.Dimmer Statisticcs and Phase Transition［J］.Math Phys，1963（4）：287－293.

［4］BRIGHTWELL G R，WINKLER P，HARD C，et al.Adventures at the Interface of Combinatories and Statistical Physics［J］.ICM，2002（Ⅲ）：605－624.

［5］ZHANG H P. The Connectivity of Z-Transformation Graphs of Perfect Matchings of Polyominoes［J］.Discrete Mathematics,1996,158(1):257－272.

［6］ZHANG H P,ZHANG F J.Perfect Matchings of Polyomino Graphs［J］. Graphs and Combinatorics,1997,13(3):295－304.

［7］张莲珠.渺位四角系统完美匹配数的计算［J］.厦门大学学报（自然科学版）, 1998,37(5):629－633.

［8］张莲珠.两类四角系统的匹配数与点独立集数［J］.数学研究,1999,32 (3):310－315.

［9］林　泓,林晓霞.若干四角系统完美匹配数的计算［J］.福州大学学报（自然科学版）,2005,33(6):704－710,735.

［10］YAN W G,ZHANG F J.Enumeration of Perfect Matchings of a Type of Cartesian Products of Graphs［J］.Discrete Applied Mathematics,2006,154(1):145－157.

［11］唐保祥,任　韩.几类图完美匹配的数目［J］.南京师范大学学报（自然科学版）,2010,33(3):1－6.

［12］唐保祥,任　韩.2 类图完美匹配的数目［J］.西南师范大学学报（自然科学版）,2011,36(5):16－21.

作者简介: 唐保祥(1961 -)，男，甘肃天水人，副教授，主要从事图论和组合数学的研究.

基金项目: 国家自然科学基金资助项目(11171114).

原载:《西南大学学报》(自然科学版)2012 年第 10 期.

收录: 2015 年入选"领跑者 5000 平台".

责任编辑　廖　坤

生态县(市)建设规划的理论方法研究与实践应用

——以达州市生态市建设规划为例①

黄昭贤，　谭小琴，　罗　勇，　滕连泽，　杨红宇

四川省自然资源科学研究院，成都　610015

摘　要：以达州市生态市建设规划为例，介绍了一套全新的生态县(市)建设规划理论、方法与技术体系，即"区域创新斑块理论、景观格局分类方法和三维地理信息系统模拟技术". 展示了"城市—农村—半自然—自然"四大景观格局划分方法；把生态县(市)建设任务明确为"区域生态工程—景观生态工程—创新园地工程—生态细胞工程"共四个层次，使生态县(市)建设任务全部落实到空间实地上. 在长期从事区域创新和发展格局识别研究工作中，以及在对四川省近 20 个生态县(市、区)建设规划的实践运用中，初步印证了这一技术体系适用于大区域社会、经济、生态复合系统. 在正确理解和表达创新空间、发展动力、景观生态，以及系统目标、发展任务、实现步骤等方面，较好地解决了规划创新性、空间布局直观性和项目实施可操作性等问题，是对传统规划方法的一次变革.

　　生态县(市)建设是我国广大农村全面建设小康社会的一项重大战略，是我国自"十一五"以来，全国各省、各县(市)全面贯彻落实科学发展观、推进区域可持续发展、建设生态文明的一项中长期战略任务. 要求各地首先科学制定生态县(市)建设规划，并通过县(市)人大审议、颁布实施，到 2020 前基本完成.

　　在生态县(市)建设与规划编制中，有一些重要理论、技术、方法问题长期困惑生态县(市)领导者、建设者、规划者. 本文作者在长期从事区域创新和发展格局研究以及近 20 个生态县(市)规划工作的基础上，作了深入探索和实践.

①原文为县(市)，实为市(县)，为方便网络查询，故保留原文说法.

1 关于生态县(市)建设与规划中需要明确回答的几个重大理论与实践问题

问题1：关于"什么是生态县(市)，用什么理念指导规划生态县(市)"

本文新定义是：生态县(市)是社会经济和生态环境协调发展，各个领域基本符合可持续发展要求，并能够体现生态文明价值观的县(市)级行政区域. 其中"并能够体现生态文明价值观"就是对原有定义的补充.

提出该定义的依据是：中国共产党首次将"建设生态文明"理念写进党的行动纲领，是党的十七大报告提出实现全面建设小康社会奋斗目标的新要求. 生态文明的崛起是一场涉及生产方式、生活方式和价值观念的世界性革命，生态文明观的核心是"人与自然协调"[1]，生态县(市)建设上升到生态文明层次，这是一个新的发展层次和认识高度.

新定义对生态县(市)建设与规划的重要指导作用：其一，在生态县(市)规划中增加对自然的辨识，而不仅仅是环境评价，要把"自然"作为独立单元并加强对自然规律的认识；其二，在生态县及一般区域规划中要重视有关人与自然协调的问题；其三，辨识"自然"要有新的手段和新的方法，即需要采用现代手段方法来识别城市—农村—自然、表达区域属性、开展科学规划.

问题2：关于"规划是系统生态学主导还是景观生态学主导"

本文认为是景观生态学主导. 因为生态县(市)是一个空间较大的、超生态系统的、属于景观层次及以上的尺度单元，景观生态学[2]按地球—区域—景观—生态系统等级层次分类、认识问题. 而系统生态学重点研究同一系统内的结构和功能，它不研究、解决大尺度、大区域及大系统等级层次上的规划识别问题. 在进行生态县(市)规划时，很多人往往会忽视二者差异，其结果是达不到识别与规划的效果.

问题3：关于"规划是停留在传统的生态功能分区主导还是景观生态格局分类主导"

本文认为，传统生态功能分区是停留在一个生态系统内的细分，而往往会停留在"平面、静态、无层次、同质的区域规划"境界，这种方法对小地域的分区比较适合,但是,规划对象往往是一个上千平方千米的县级以上的大区域,是一个超生态系统的区域,这个区域内可有多个景观,一个景观又可由多个斑块组成,且在同一个景观内又会有某一类斑块重复出现,对这样的包含大自然及人工复合生态大系统的描述识别,只有采用景观生态格局分类方法主导,才更贴近实际.

问题4:"关于规划是强调城乡协调还是城乡自然协调"

本文认为,应强调城乡自然协调.在新的生态县(市)规划中我们把"城市—农村—自然"作为未来人类社会可持续发展的新兴单元.这是因为:过去人们多从以社会经济为中心的角度去考虑问题,忽视自然是一个独立的景观单元,有其独立的地位和作用,被人类盲目忘记或非科学开发占有,结果造成很多恶性循环和悲剧.

问题5:关于"规划突出可持续发展一条主线还是突出创新与可持续发展两条主线"

一般生态县(市)规划能够紧扣可持续发展主线,这是对的但又是不够的;规划需创新与可持续发展并重.因为创新(知识创新、技术创新、产业创新、管理创新)是区域发展动力.

问题6:关于"怎样体现规划的理论性和可操作性问题"

本文认为,规划必须强调理论指导性和实践可操作性,否则规划没有指导价值和实践价值.

2 生态县(市)建设规划的新理论支撑——区域创新斑块理论

建设生态县(市)必须走"创新型发展"的路子.这条路子最成功之处和最显著的特点就是把创新工作落实到空间"斑块"上,经过对区域创新和发展格局深入研究和总结提炼,形成了一套较完整的区域创新理论体系,它们是区域创新五论,即:"集聚论、城市论、景观生态论、科技动力论、大系统优化决策论".这五论的共同特点是"着力斑块、集聚创新",简称该理论为"区域创新斑块理论".作为生态县(市)规划的理论体系,指导规划编制.图1为区域创新斑块理论的主要内涵表述.

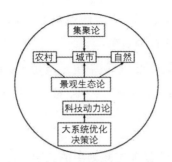

图1　区域创新斑块理论主要内涵

2.1 "集聚论"及其在规划中的应用

1) 人口集聚:可以大大提高公共意识和服务效率,提高生活质量,减少对自然生态的破坏.

2) 产业集聚:是指企业的生产和研究开发活动向一个特定空间集中,并且有机地相互作用的现象[3]. 其意义在于:集聚能产生外部效应. 行业、领域、产业向聚集地集聚将分别产生外部效应;聚集能实现隐性知识的近距离传递,是创新的根本原因;集聚降低内部成本;集聚有利于形成专业化分工、个性化经营,形成异质性和竞争力;产业聚集是产业集群的基础,又是区域创新的重要标志.

3)"集聚论"在规划中主要应用于:指导产业链的构建,资源、资本、技术向生态工业、生态农业、生态旅游等园区集中,农村人口逐步向生态型城市、城镇集中等方面.

2.2 "城市论"及其在规划中的应用

1) 城市化是一个社会发展不可逆转的趋势,文明与城市有关,文化与乡村有关.

2) 城市是创造需求的主要源地. 工业发展主要依赖于城市,城市与工业发展带动农业发展.

区域创新的基本力量和活力主要在城市. 城市是前进发展的动力[4].

3) 10 万人以下的城镇劳动生产效率相对于 10 万人以上的要低(需求

结构不成体系,服务组织成本高,资源浪费大). 国际竞争主要表现在大城市间的竞争,即城市群之间的竞争.

4)"城市论"在生态县(市)规划中主要应用于:指导人口重新分布的引导性规划,人居体系(城市、城镇、乡镇、社区、村)建设规划,科技创新资源布局与培育规划等.

2.3 "景观生态论"及其在规划中的应用

1) 景观生态论以景观生态学为基础. 强调异质性,重视尺度性. 适宜处理复杂系统. 能很快抓住区域个性、问题、创新点与本质.

2) 在规划中应用具有很强的实用性. 它建立在充分理解景观与自然环境的特性、生态过程及其与人类活动的关系基础之上;既协调景观内部结构又达到人与自然的和谐.

2.4 "科技动力论"及其在规划中的应用

1) 科技是生产力:科技是第一生产力;经济社会生态发展最终要靠科技解决问题;科技是区域创新的动力. 而自主创新是产业结构调整的中心环节. 生态县(市)建设需要科技创新,科技活动带来社会大的持续变革.

2)"科技动力论"用于生态县(市)建设规划:着力解决区域发展所需第一生产力——科技动力问题. 要把生态知识、生态技术应用到生态县(市)建设的生态工程、生态产业发展中.

2.5 "大系统优化决策论"及其在规划中的应用

1) 处在的区域是一个社会经济生态复杂大系统. 区域规划需要建立优化系统,确立优化的考核体系,调整、优化财政支出结构,解决生态环境、公共卫生、社会保障等发展薄弱问题.

2) 需要系统优化决策与科学执政,努力营造现代公共服务型政府. 一是构建战略规划体系,二是构建空间优化体系,三是要构建政策制度优化体系.

3 生态县(市)建设规划新的技术手段

3.1 3S技术手段在生态县(市)规划中的应用

在生态县(市)规划中,我们主要采用3S(地理信息系统GIS、全球定位系统GPS、遥感系统RS)[5]技术等手段,对规划研究区域的社会、经济、生态环境进行深入调查、分析,进行识别诊断;对区域地形地貌进行正确辨识、科学分类.实践证明,规划涉及土地利用现状认识、数据获取,资源评价与统计,区域空间格局的划分,各大工程及可创新斑块面积求得,规模的界定都必须应用3S技术.没有这些现代技术手段和方法是无法解决规划定量、定位、定地理空间界线和完成规划的[6].

3.2 三维模拟技术手段在生态县(市)规划中的应用

图2 达州市三维地理模拟

三维模拟技术主要用于进行生态县(市)区域空间模拟,它包括区域自然地理模拟(自然大地形骨架如山体、河流、道路、人工水域等的模拟);地表土地利用现状模拟;地表以上部分设施与植被模拟,通过区域空间模拟,配合高分辨率的遥感影像,可以将山、水、林、田、路、房等一览无遗.这种模拟方法主要采用三维地理软件,如ArcGIS软件等结合3S技术完成.通过区域空间模拟,自动建立了空间地理信息库及若干属性信息(位置、长度、范围、面积、经纬度及海拔、物体属性等).既具有山川河流等地理全局观(见图2),又有科学数据,还建立起规划交流平台,有了这些,进一步开展规划就更直观、明了了.

3.3 景观生态规划方法

前面已述,主要采用景观生态学方法——景观生态规划来进行生态县(市)规划.它是应用景观生态学原理及其他相关科学的知识,通过研究景观格局与生态过程以及人类活动与景观的相互作用,并在生态调查、景观生态分析、综合评价的基础上,划分出城市—农村—半自然—自然四大景观格局,再进行景观功能分类、生态制图,最后提出景观最优利用方案和对策及建议.

通过对若干个县市的建设规划实践证明,这种方法既适用又有创新之处:重构景观格局,处理人与自然和谐发展空间关系,描绘人们向往的富丽景观,指明阶段可达的分层目标、创新空间和奋斗方向,揭示发展动力和具体工程措施.使规划内容落实、目标明确、任务系统、内涵科学、便于操作.

4 生态县(市)建设规划体系

生态县(市)建设规划方法很多,要形成一个体系是比较难的,但抛砖引玉地研究提出一个比较先进适用的方法体系又是值得的.

4.1 一般规划套路

在生态县(市)规划中,一般采用传统的规划套路,即基本情况或建设基础、存在问题分析、思路与目标确定、功能分区、分区任务、各分区主要工程、主要措施.

4.2 本文提出"12345"规划体系

在对多个生态县(市)进行规划研究的基础上,总结出"12345"规划体系,即围绕一个目标、两条主线、三个阶段、四个(生态工程)层次、五个(建设)领域,展开规划编制.它的特色在于:突出了发展目的、发展主线、发展进程、发展层次、发展领域共五个方面;其创新点在于:提出的四个空间概

念及工程内容和四个由大到小细分的等级层次,能将规划一一落到空间场地.表述如下:

一个目标:即遵循"落实科学发展观,实现人与自然和谐发展,按期建成省级或国家级生态县(市)"一个目标;

两条主线:坚持"创新和可持续发展"两条主线;

三个阶段:划分为"启动—建设—提高"三个规划建设阶段;

四个(生态工程)层次:实施"区域生态、景观生态、创新园地、生态细胞"四个生态工程,完成"消除区域障碍、培育富丽景观、建设创新园地(斑块)、落实细胞单位"各层次生态任务.

五个(建设)领域:深入"生态产业、生态人居、生态文化、生态环境、能力建设"五大领域,引导全县(市)人民走一条"生产发展、生活富裕、生态文明的发展道路".

5 达州市可持续发展能力评价与目标设计

5.1 基本情况

达州市位于四川省东北部,大巴山南麓,处于川、渝、陕三省市交界处.地域总面积约 16 610 km². 人口 650 万人. 素有"川东明珠"之美誉,是四川的"东大门". 所处地形为川东平行岭谷区,其中山地占地域总面积 70.70%,丘陵占 28.10%,平坝占 1.20%.

5.2 可持续发展能力评价

根据生态经济学和景观生态学方法以及四川区域创新格局研究成果,本规划经研究,选用经济支撑力、科技创新力、教育水平、资源丰富度、生态环境协调度、区位优势度、景观格局匹配度(城市—农村—半自然—自然四大景观可承载人口与实际承载人口的比例)等 7 个指标,得出总体结论是:达州市自然资源支撑力能够满足可持续发展的要求,环境人居适宜度中等,剩余劳动力数量丰富,文化适应度与四川省平均水平接近.同时又由于人口众多,人均土地资源有限,水资源分布不均,洪涝灾害及旱灾频繁,环境基础设施建设滞后等主要制约因素,导致经济支撑力、科技支撑力、区位优势度、景观与人居匹配度都与可持续发展要求有一定差距. 总体可持续发展能力相对薄弱.

5.3 指导思想与目标定位

5.3.1 指导思想

第一，贯彻科学发展观. 以人与自然的和谐为主线，以生态经济、生态环境、生态文化、生态社会、生态建设能力支撑为重点，以体制创新和科技创新为动力，以构建美丽、和谐的城市—农村—半自然—自然四大景观为目标，坚定不移地实施可持续发展战略，走生产发展、生活富裕、生态文明的发展道路.

第二，创新和可持续发展并进. 寻找创新空间和可持续发展路径及协调互动机制，把创新和可持续发展贯穿到各个领域、各个行业、各个部门、各个发展阶段.

5.3.2 市域主体生态功能定位

长江上游生态屏障重要组成部分及三峡库区重要影响区；中国西部天然气能源化工基地；四省、市接合部农产品加工、商贸物流、人居地区域性中心.

5.3.3 生态市建设总体目标

按照全省 2020 年基本建成生态省的总体目标要求，达州市在 2020 年前基本建成国家级生态市，成为四川省级示范典型，成为长江上游生态经济建设强市，全国天然气化工基地生态文明典型.

5.3.4 具体定量（考核）指标

参见国家生态县（市）建设标准. 包括：经济发展、生态环境保护、社会进步三方面. 其中国家指标 19 个，16 个为约束性指标，3 个为参考性指标.

5.4 生态市建设步骤

达州市生态市建设共分三步：建设准备期（2007－2010 年），生态环境恶化趋势得到有效遏制；建设发展期（2011－2015 年），整体推进阶段，建成一批生态市建设重点工程,新型工业化和发展生态经济方面取得较为明显的成效,人居环境质量进一步提高;建成期(2016—2020年),完全符合2020年全省建成生态省对达州的基本要求,在2020年全市80%以上县建成国家级生态县,80%的乡镇达到国家级环境优美乡镇的建设标准,基本实现生态市建设的主要任务和目标.

6 达州市城市—农村—半自然—自然四大格局景观划分方法

6.1 划分景观格局的科学意义

1) 突出城市—农村—半自然—自然景观异质性,便于分类指导未来分化发展.

2) 突出空间生态,为了充分反映四川生态立体空间格局的特点,改变平面分区.

3) 把静态分区变为动态分类,反映人类社会未来发展方向.城市—农村—半自然—自然景观是一个动态变化过程,反映了人—自然的变化规律在地理空间上留下的景象,顺应时代发展脉搏.

4) 把美的概念—景观以及相应的现代手段方法引入生态系统开展生态规划.分区与分类相结合,体现分区规划,分类指导.

6.2 划分原则

1) 根据四川省生态功能区划以及四川省生态省建设纲要功能区划定位,结合达州实际,以景观格局分类为主导,采取生态功能分区与景观格局分类相结合的方法,尊重发展规律,强调自然地带性,打破现有市域的行政格局分类.

2) 突出城市景观在分类中的首要地位和引领作用.

3) 采用3S技术等手段完成土地利用现状识别、数据获取,资源评价与统计,最后划分出区域空间格局、找出可创新斑块.求得各自面积.

6.3 四大景规格局划分结果

6.3.1 各景观面积

城市及工业园区（景观），109 km²；
农村现代农业与农村景观，8 082 km²；
半自然（含还林还草地）景观，
5 569 km²；自然景观，2 850 km².

6.3.2 各景观人口属性

1）城市景观：人口密度达
10 000 人/km²（±5 000 人/km²）以
上的城市建成区域；2）农村景观：

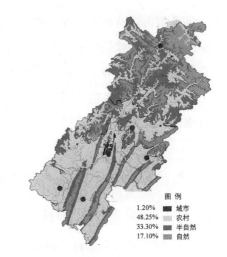

图3 达州市城市—农村—半自然—
自然四大景观格局图

人口密度为 100－1 000 人/km²
（平均 500 人/km² 左右）的农业区域；3）半自然景观：人口密度为 10～
100 人/km² 的区域；4）自然景观：人口密度为 10 人/km² 以下的区域.

6.3.3 各景观经济属性

不同时期同一景观经济标准不同，每平方千米地区生产总值城市为 3
亿元，农村为 300 万元，半自然区为 30 万元，自然区为 5 万元.

7 达州市各景观格局未来发展方向

7.1 达州市城市景观未来格局与发展方向

未来达州城市出现人居区、商贸区、加工、科技密集区、文化区，工
业产业集群形成. 相应二级城市人居区、商贸区、加工区、文化区发达，形
成新的产业和新的景观，城市引领全市经济、社会发展，城市因美丽而使人
向往.

7.2 达州市农村景观未来格局与发展方向

形成一批现代农业基地，土地不断规模化、集约化，建成一大批无公害
农产品、绿色食品、有机食品等生态型农业的生产基地，是全省粮油、蔬
菜、水产、畜禽、苎麻、油桐等基地，农民和村庄将逐步减少。

7.3　达州市半自然景观未来格局与发展方向

未来将成为退耕还林区,特色林果产业经济区,特色资源(茶、药、菌、矿)科学开发利用产业带,形成若干高效生态经济林带或创新斑块,成为生态保护带和生态缓冲带,"农"(农作物种植业)和"村"从该区逐步退出,同时,河流两岸 50—100 m 范围带也被纳入半自然区保护.

7.4　达州市自然景观未来格局与发展方向

全市域重要的绿色生态屏障,是川东北重要的天然林保护区和水土保持区.花萼山、百里峡自然保护区将成为达州市的核心生态旅游区和生物多样性保护基地,八台山等将成为重要的地质生态公园.万源金山水库和天鹅池水库、开江的宝石湖水库、大竹的乌木水库、渠县的柏林水库成为饮用水源型(自然)保护区,实施自然保护.从管理建制上这些地域再不属乡村,而是形成独特的生态政区,按生态功能进行专业管理.

7.5　景观格局划分与区域可持续发展的关系

划分景观类型,明确主体功能关系:重点开发——城市与工业区;优化开发——农村;限制开发——半自然区;禁止开发——自然(保护)区.

尊重自然规律,建立新型的人与自然关系:一是明确要求人从保护区退出,保护生物多样性,并开发生态旅游为人类服务.二是划定开江、大竹、渠县、达县、万源饮用水源型(自然)保护区,保证饮水安全.三是巩固退耕还林区,还林还草或还自然,同时减少人居和村庄建设.四是引导资源开发区、生态恶化区实施人居腾退和生态移民.它们是确保区域生态安全的重大举措.

突出城市引领,建立新型的城乡关系。"一五十百城市格局"中提出建设:1 个大(特大)创新型的生态城市——达州中心城区,将辐射宣汉、开江等周边近郊农村;5 个二级(中—小)生态县城,带动辐射宣汉农村区、开江槽谷农村区、大竹槽谷农村区、渠县丘陵农村区、万源农村区;11 个(三级)小城镇,带动周边 100 个环境优美乡镇(含中心镇);近郊实行城乡一体化,远郊实行城乡自然统筹.

培育创新斑块,建立新型的经济与社会关系:一是针对达州经济欠发达提出培育以科技为动力的城市(自主)创新力.二是提出发展若干创新园——高新科技园、现代工业园区、现代农业园区,建设特色林产园、生态旅游园,通过创新着力解决经济社会矛盾与问题,协调生态建设与经济社会的关系.三是重大产业必须科技支撑.四是突出集中型社区建设、集中工业园建设、土地规模经营建设.

打通廊道结点,建立新型的县(市)域关系:一是有利市域重要的生态廊道建设和跨区联动,要建立重要绿色交通廊道、跨区连通结点(商贸、教育、治安、卫生)等.二是有利水系廊道、旅游廊道、输气廊道保护与安全.三是打破行政区,考虑重新布局 2020 年的集镇,有利建设新的生态政区,避免项目分散、产业雷同、基础设施的成本增加.

构建补偿机制,建立新型的区域内外发展关系:一是提出资源开发与经济发展互动,二是提出生态恢复补偿,三是提出共建安居乐业工程,四是建立新型区域内外关系,促进和谐发展.

8 区域生态—景观生态—创新园地—生态细胞四大工程建设

8.1 区域生态工程

实施区域生态工程,清除区域生态障碍,为可持续发展铺平道路,它是生态市规划的第一个层次.包括了达州市水旱灾害治理、人居生态安全建设、天然气资源开发中的环境保护、区域资源安全保护与利用、区域重要廊道生态保护、反贫穷等 10 项工程,到 2020 年总投入达 31.4 亿元.

8.2 景观生态工程

实施景观生态工程,培育城市、农村、半自然、自然美丽景观,它是生态市规划第二个层次.按各景观建设提出发展战略、布局重点建设任务,实施工程.规划涉及城市创新工程建设 5 项 16.2 亿元,富丽农村工程建设 5 项 41.4 亿元、半自然区生态建设 3 项 3.3 亿元、自然区和自然保护区建设 13 项,投资 6.3 亿元,景观生态工程共 26 项,到 2020 年总投入达 67.2 亿元.

8.3 创新园地工程

实施创新园地工程,寻找可创新"斑块",发展经济社会,它是生态市规划的第三层次. 达州市创新斑块建设包括了科技创新与服务园区(1.8亿元)、生态工业园区(9亿元)、现代农业园区(43.5亿元)、特色生态经济林园(3.1亿元),特色生态文化旅游园区(9.5亿元),到2020年总投入达66.9亿元.

8.4 生态细胞工程

实施生态细胞工程,是从更小生态单元的角度落实生态市建设,它是生态市规划的第四个层次. 这主要包括了绿色企业、绿色学校、绿色社区、生态乡镇、文明生态村、生态小区、生态家园等的建设. 提倡绿色消费和绿色商贸等. 到2020年总投入达4.3亿元.

8.5 能力建设工程

包括科技支撑能力建设,环境安全预测、预警、预报系统建设,相关资源、环境保护法制制度建设,完善可持续发展的科学、民主决策机制等方面的建设. 到2020年总投入达5亿元.

8.6 总投入与产出及效益

生态市建设规划工程项目合计共需投入174.8亿元(项目总投资涉及创新园地部分,只计算生态配套建设投资). 投入资金为政府与业主共同筹集,其中:准备期投入资金57亿元,发展期需投入资金约70亿元,建成期需投入47.8亿元. 到2020年,年可实现创产值近400亿元,利润120亿元,经济、社会、生态效益十分显著,可持续发展能力及生态文明价值观通过实践得以较充分体现.

9 小结

本文所提出的生态县(市)规划理论方法是对传统规划方法的一次变革. 具有很强的实践应用价值和理论指导价值,专家评价该规划在理念和方法上有所创新.

参考文献：

[1]杨长福，刘　珍，雷春燕.生态文明观与科学发展观的关系［J］.西南农业大学学报(社会科学版)，2010，8(3)：90－95.

[2]傅伯杰，陈利顶，马克明，等.景观生态学原理及应用［M］.北京：科学出版社，2001.

[3]王缉慈，等.创新的空间——企业集群与区域发展［M］.北京：北京大学出版社，2001.

[4]胡序威.区域与城市研究［M］.北京：科学出版社，1998.

[5]黄昭贤，刘德喜.用"3S"技术和景观生态学方法探索新农村之路［J］.资源开发与市场，2007，23(8)：728－730，760.

[6]于　森，边振兴，李建东.RS 与 GIS 支持下的桓仁县农村居民点景观格局与空间分布特征分析［J］.西南师范大学学报(自然科学版)，2009，34(4)：106－114.

作者简介：黄昭贤(1957－)，男，四川射洪人，研究员，国家中长期科学和技术发展规划战略研究西南地区首席专家，主要从事自然资源与区域规划研究.

基金项目：国家科技攻关计划项目(2001BA905B02)；国家科技支撑计划项目(2008BAK51B01-6-3).

原载：《西南大学学报》(自然科学版)2012 年第 11 期.

收录：2012 年入选"领跑者 5000 平台".

责任编辑　陈绍兰

基于多目标优化的无线传感器网络覆盖控制算法

李献礼

长江师范学院数学与计算机学院,重庆涪陵　408100

摘　要: 针对随机部署的混合无线传感器网络覆盖性能及网络使用寿命的问题,在冗余节点检测策略基础上,提出基于邻域扰动的多目标粒子群算法控制移动节点的部署.每一个粒子表示所有可移动节点的一种部署,基于非支配排序策略定义最优粒子的寻找方法,在经典粒子群算法基础上,引入自适应邻域扰动操作,从而有效避免陷入早熟陷阱.通过与其他算法的对比仿真实验,表明该优化算法能更有效地提高网络覆盖性能和降低网络能耗.

由于无线传感器网络(wireless sensor networks,WSN)节点部署具有高密度或者随机部署的特点[1],故一方面部分节点间的覆盖区域大部分交叉重叠,若同时工作会造成能量浪费,缩短网络寿命,另一方面有些区域却是监测真空,因此,网络覆盖性是无线传感器网络的关键问题之一.本文针对人工难于精确到达的危险待监测环境(如有毒化工区、放射区等),采用固定节点和移动节点相结合的方式构建混合无线传感网络[2],研究了如何尽可能扩大无线传感器网络监测范围、提高网络覆盖性的网络部署策略.

针对 WSN 的覆盖问题,文献[3—5]提出了一些控制算法.事实上,随机部署的无线传感网络除了尽可能提高网络覆盖率外,还有一个问题值得研究,那就是传感器随机部署会导致存在重叠覆盖区域,因此,在改变移动传感器位置的同时,还应尽可能发现重叠区域并使该区域的冗余传感器转入休眠状态,从而提高网络的使用寿命.

本文在文献[5]的基础上,基于非支配排序策略,提出改进的多目标粒子群优化算法,以粒子群中的粒子模拟移动节点位置,并结合冗余节点检测,对每次粒子迭代的结果采取基于加权适应值的自适应邻域扰动,从中选取较优粒子参与下次进化,从而达到提高无线传感网络的覆盖率和延长网络寿命的目的.

1 混合无线传感网络

1.1 问题建模

目标区域 A 为被离散化成 $L \times W$ 个网格的二维矩形平面,每个网格代表一个待监测小区域. 在区域 A 随机投放 M 个移动传感器节点和 N 个固定传感器节点构成混合无线传感器网络,在不影响问题本质的前提下,作以下假设:① 固定传感器节点的能量不能补充,即当其能量耗尽时,该节点不能工作;② 所有节点的无线通信范围是以节点为圆心、半径为 R_c 的圆形区域,节点感知半径为 R_s 且 $R_c = 2R_s$;③ 所有节点均采用布尔感知模型;④ 各节点通信模型采用布尔通信模型;⑤ 每个节点具有工作、侦测和休眠 3 种状态.

目标区域 A 内任一离散网格 k,其中心坐标为 (x_k, y_k),如果与最邻近传感器节点 $s_i(x_i, y_i)$ 的距离

$$d(k, s_i) = \sqrt{(x_k - x_i)^2 + (y_k - y_i)^2} < R_s$$

那么 k 点被传感器 s 感知到的概率 $P(k, s) = 1$;否则,$P(k, s) = 0$. 在此基础上,将网格 $k(x_k, y_k)$ 的覆盖定义为该网格被处于工作状态的传感器节点集 $X = \{s_1, \cdots, s_n\}$ 中至少一个感知到的概率[6],即:

$$I(k, X) = 1 - \prod_{i=1}^{n}[1 - P(k, s_i)] \tag{1}$$

因此,无线传感网络覆盖就是该网络中处于工作状态的传感器节点集 X 所覆盖网格点的总和,记为 $\mathrm{Cov}(X)$,即:

$$\mathrm{Cov}(X) = \sum_{k=1}^{L \times W} I(k, X) \tag{2}$$

$$P\_\mathrm{Cov}(X) = \frac{\mathrm{Cov}(X)}{L \times W} \tag{3}$$

$P\_Cov(X)$ 为混合无线传感网络对目标区域 A 的覆盖率.

处于休眠状态的传感器数量记为：

$$\text{Sleep}(X) = N + M - \mid X \mid \tag{4}$$

其中 $\mid X \mid$ 表示集合 X 的元素个数.

混合无线传感网络的覆盖问题就是如何优化移动节点的位置，在保证网络全连通的前提下，使得处于工作状态的传感器节点尽可能少，且目标区域被无线传感器网络覆盖的面积尽可能大[7]. 因此，混合无线传感网络的覆盖问题可以归结为满足网络全连通条件（即对于工作状态的任意传感器节点 $s_i(x_i, y_i)$，存在一个处于工作状态的传感器 $s_j(x_j, y_j)$，使得 $d(s_i, s_j) = \sqrt{(x_i - x_j)^2 + (y_i - y_j)} < R_c$ 成立）的两目标优化问题，即：

$$\max F(X) = [f_1(X), f_2(X)] \tag{5}$$

s. t. $\forall i \in [1, N+M]$，$\exists j \in [1, N+M]$，且 $i \neq j$，使得

$$\sqrt{(x_i - x_j)^2 + (y_i - y_j)^2} < R_c$$

其中：$f_1(X) = \text{Cov}(X)$，$f_2(X) = \text{Sleep}(X)$.

1.2 冗余节点的检测

由于传感器节点的随机部署很容易形成感知覆盖的重叠区域，因此可通过尽可能关闭冗余节点来延长网络使用寿命. 本文采用主动侦测的自适应休眠调度方法来关闭或启动传感器节点[8]. 首先，随机置部分传感器节点于休眠状态和工作状态，然后使每个休眠节点在经过一段随机休眠时间 t_s 后醒来，并侦测直径为 $0.8 R_s$ 区域内是否存在工作节点，从而决定本节点是否需要工作.

具体侦测方法是：节点醒来后以适当的功率在直径为 $0.8 R_s$ 区域内发送 PROBE 消息，区域内的工作节点收到该消息后回复 REPLY 消息并在此区域内传播，休眠节点若能侦听到 REPLY 消息，则调整休眠时间并进入休眠；若在一段时间内收不到 REPLY 消息，该休眠节点则转入工作状态.

2 带邻域扰动的多目标粒子群优化

粒子群优化算法（particle swarm optimization，PSO）及其各种改进算

法[9~11]已成功地应用于众多领域的优化问题，并在单目标领域获得很大的成功，被证明能够以较小的计算代价获得良好的优化解. 但是，将其用于多目标优化尚需要解决以下问题[12]：① 如何在搜索过程中产生非支配解并构成 Pareto 解集，这些解不仅对当前种群是非支配的，而且对所有的过去种群也是非支配的；② 采用何种策略从当前非支配解集中选择全局最优（或局部最优）粒子；③ 如何保持 Pareto 前沿上优化解的多样性.

本文提出的带邻域扰动的多目标粒子群优化算法，以 NSGA-II 非劣排序策略为基础，从非劣前端 F_1 中基于加权法选择全局最优粒子，并从中随机选择一个不同于自己的粒子作为局部最优粒子. 粒子在运动方程作用下更新位置，并基于各自的适应值进行自适应邻域扰动. 算法的基本流程如图 1 所示.

3 混合无线传感网络的覆盖优化

3.1 编码方法

对于目标区域随机投放的 N 个固定传感器节点和 M 个移动节点构成的混合无线传感网，覆盖优化的策略是通过调整移动节点的位置，使网络能尽可能覆盖更大的监测区域[13]，并且休眠的节点尽可能多.

M 个移动节点的一种部署方案用粒子群中一个粒子代表，$\boldsymbol{X}_i = (\boldsymbol{Z}_1^i, \boldsymbol{Z}_2^i, \cdots, \boldsymbol{Z}_M^i)$ 代表第 i 个粒子，其中 $\boldsymbol{Z}_k^i = (x_k^i, y_k^i)$，表示第 k 个移动节点的当前位置.

3.2 非劣排序

对于式(5)，若粒子 p 支配粒子 q，则当且仅当 $i=1,2$ 时，都有 $f_i(\boldsymbol{X}_p) \geqslant f_i(\boldsymbol{X}_q)$，且存在 $i \in \{1,2\}$，有 $f_i(\boldsymbol{X}_p) > f_i(\boldsymbol{X}_q)$，记为 $p > q$.

图 1 算法中，对种群 P 进行非劣排序得到 F_i 的过程如下[14~15]：

1) 种群 P 中能支配个体 p 的个体的数量记为 N_p，初始值为 0；个体 p 能支配的其他个体记为集合 S_p.

2) 对于每个 $p \in P, q \in P$，且 $p \neq q$，执行如下操作：如果 $p > q$，则 $S_p = S_p \bigcup \{q\}$；如果 $q > p$，则 $N_p = N_p + 1$.

3) 将所有 $N_p = 0$ 的个体放入非劣前端 F_1 中.

4）令 $i=1$.

5）令 Q 为空集，对于每个 $p \in F_i$，执行如下操作：对于每个 $q \in S_p$，$N_q = N_q - 1$，如果 $N_q = 0$，则 $Q = Q \bigcup \{q\}$.

6）如果 Q 不为空，则 $i = i + 1$，$F_i = Q$，转 5）；否则结束.

3.3 最优个体的选取

本文对非劣前端 F_1 中个体采用式（6）的加权法求该集合中各个个体的适应度值，用适应度最大的个体作为全局最优个体 g_{Best}. 第 i 个粒子的适应度定义为：

$$\text{Fit}(i) = \alpha \times \text{Cov}(X_i) + \beta \times \text{Sleep}(X_i) \quad (6)$$

其中 α 和 β 为调节系数，其值取决于网络设计者对网络性能指标的综合要求，$\alpha \in [0, 1]$，$\beta = 1 - \alpha$.

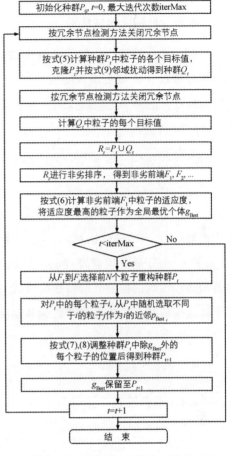

图 1 带邻域扰动的多目标粒子群优化算法流程

个体最优粒子的选取方法是：第 i 个粒子 p_i 的个体最优粒子 p_{Best_i} 是从当前非劣解集中随机选择的一个不同于 i 的粒子.

3.4 移动节点位置的更新

第 i 个粒子的速度和位置更新分别用式（7），（8）完成.

$$V_i(t+1) = w \cdot V_i(t) + c_1 \cdot r_1 \cdot (p_{Best_i}(t) - X_i(t)) + c_2 \cdot r_2 \cdot (g_{Best}(t) - X_i(t)) \quad (7)$$

$$X_i(t+1) = X_i(t) + V_i(t+1) \quad (8)$$

其中：w 是惯性权值，$X_i(t)$ 和 $V_i(t)$ 分别表示第 i 个粒子在 t 时刻的位置和速度，c_1 和 c_2 为加速因子，r_1 和 r_2 是在 $[0, 1]$ 范围内的 2 个随机数.

3.5　自适应邻域扰动

图 1 所示算法中,粒子邻域扰动定义为对克隆粒子所代表向量的各个分量在预设 δ 邻域范围内随机变化,以增强对该粒子当前位置的局部搜索. 针对粒子 i 的第 m 个分量 Z_m^i,其自适应扰动操作定义为:

$$Z_m^{i'} = \begin{cases} \begin{bmatrix} x_m^i + \delta \times \mathrm{e}^{-\mathrm{Fit}(i)} \times L_i(k) \times (-1)^k \\ y_m^i + \delta \times \mathrm{e}^{-\mathrm{Fit}(i)} \times L_i(k) \times (-1)^k \end{bmatrix}^{\mathrm{T}} & r_{im} \geqslant \dfrac{\mathrm{Fit}(t)}{\mathrm{Fit}(\mathrm{best})} \\ Z_m^i & \mathrm{else} \end{cases} \tag{9}$$

其中:δ 为扰动幅度参数,$L_i(k)$ 是 Logistic 序列中的第 k 个值,T 为最大迭代次数,t 为当前迭代次数,r_{im} 是一个取值在 $[0,1]$ 的随机数用于控制粒子 i 的第 m 个分量是否需要扰动. 从式(9)可以看出,扰动幅度的大小受适应值和迭代次数的控制,最初迭代时扰动大,越接近 T 扰动越小. 同时,如果个体适应值越大,则扰动的机会和幅度都越小.

4　实验与分析

4.1　参数设置

在仿真实验中,本文算法的参数设置如下:待覆盖目标区域为 $100\ \mathrm{m} \times 100\ \mathrm{m}$ 的二维平面,用 20 个固定节点和 10 个移动节点组成随机部署的混合无线传感器网络,每个节点的感知半径 $R_s = 10\ \mathrm{m}$,通信半径 $R_c = 20\ \mathrm{m}$. 本文算法中粒子群的种群规模设为 20,最大扰动幅度 δ 设为 $0.5 \times R_s$,即 $5\ \mathrm{m}$,参数 $c_1 = c_2 = 1$,$0.4 \leqslant w \leqslant 0.9$,最大迭代次数 $T = 50$. 式(6)中 $\alpha = 0.8$,$\beta = 0.2$.

4.2　算法的有效性及稳定性验证

为验证本文算法的稳定性,本文算法运行 10 次的结果如图 2 所示,该图给出了算法运行前后网络覆盖率的变化及覆盖优化后的休眠结点数量,其中虚线表示优化前随机部署的网络的初始覆盖率,实线表示优化后的覆盖率,图中数字表示该次优化后休眠结点的数量.

4.3 与其他算法的比较

为了进一步验证算法的性能,将本文所提出的算法(记为 WSNMOP)与文献[5]基于粒子群算法的混合无线传感网(记为 WSNPSO)进行对比测试.对相同待监测区域,每种算法各自独立运行 10 次,统计在进化过程中迭代次数和相应覆盖率的平均值,结果如图 3 所示.

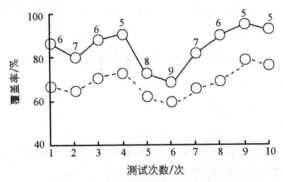

图 2 优化前与优化后覆盖率对比

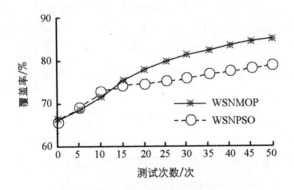

图 3 本文算法与文献[5]算法的对比

从图 3 中的对比曲线可以看出,文献[5]的算法在初期较本文算法收敛速度略快,但在经过约 10 次迭代后,曲线斜率变得很小,覆盖率的增幅放缓,逐渐稳定于某一个常数附近,陷入早熟陷阱,而本文算法由于基于两目标优化,并引入邻域扰动,故在迭代过程中,不断改善搜索结果,最终得到更高的网络覆盖率,该结果好于文献[5]算法的结果.

4.4 实验结果分析

本文用基于邻域扰动的多目标粒子群优化算法能较好优化随机部署的混合无线传感网络的覆盖性能,这得益于三方面的原因:首先,算法对粒子群进行克隆并采用动态邻域扰动操作,通过该操作,一方面适应性强的粒子扰动幅度小,达到增强局部精确搜索的目的,另一方面,对于适应性较差的粒子,增大扰动幅度,从而增加发现更好位置的机会;其次,基于精英保留的非支配排序策略为算法提供了良好的非劣解集;最后,通过加权法从当前非劣解集中选出全局最优粒子并从非劣解集中随机选取个体最优粒子,从而为粒子下一次进化指引了方向.

参考文献:

[1]屈 巍,汪晋宽,赵 旭,等.基于遗传算法的无线传感器网络覆盖控制优化策略[J].系统工程与电子技术,2010,32(11):2476—2479.

[2]LYUDMILA M,DONKA A,DAVID B,et al.Localization of Mobile Nodes in Wireless Networks with Correlated in Time Measurement Noise[J].IEEE Transactions on Mobile Computing,2011,10(1):44—53.

[3]WANG W,VIKRAM S,WANG B,et al.Coverage for Target Localization in Wireless Sensor Networks[J].IEEE Transactions on Wireless Communications,2008,7(2):667—676.

[4]张 晋,刘大昕,徐悦竹,等.WSN 关键区域覆盖启发式优化算法[J].计算机工程,2009,35(14):16—19.

[5]向西西,黄宏光,李予东.基于粒子群算法的混合无线传感网覆盖优化[J].计算机应用研究,2010,27(6):2273—2275.

[6]曾广朴,仲元昌,范会联.混合无线传感网络覆盖优化的粒子群算法[J].微电子学与计算机,2011,28(8):105—107,111.

[7]MUHAMMAD A,HALIM Y.Investigating the Gaussian Convergence of the Distribution of the Aggregate Interference Power in Large Wireless Networks[J].IEEE Transactions on Vehicular Technology,2010,59(9):4418—4424.

[8]FAN Y,ZHONG G,CHENG J,et al.A Robust Energy Conserving Protocols for Long-Lived Sensor Networks[C]//23rd International Conference on Distributed Computing Systems.New York:IEEE Press,2003:28—37.

[9]肖　丽.一种结合多样性策略的自适应粒子群优化算法[J].西南师范大学学报(自然科学版),2011,36(2):94－98.

[10]胡　勇.用随机模式和调整机制改进粒子群优化算法[J].重庆邮电大学学报(自然科学版),2010,22(1):99－102.

[11]中元霞.自主式粒子群优化模型研究[J].重庆邮电大学学报(自然科学版),2009,21(4):507－511.

[12]陈民铀,张聪誉,罗辞勇.自适应进化多目标粒子群优化算法[J].控制与决策,2009,24(12):1851－1855,1864.

[13]HU X M,ZHANG J,YU Y,et al.Hybrid Genetic Algorithm Using a Forward Encoding Scheme for Lifetime Maximization of Wireless Sensor Networks[J]. IEEE Transactions on Evolutionary Computation,2010,14(5):766－781.

[14] DEB K, PRATAP A, AGARWAL S, et al. A Fast and Elitist Multi-Objective Genetic Algorithm:NSGA-II[J].IEEE Transactions on Evolutionary Computation,2002,6(2):182－197.

[15]范会联,仲元昌.基于多目标进化的属性约简算法[J].计算机工程,2012,38(8):153－155,158.

作者简介: 李献礼(1961－),男,四川长宁人,教授,主要从事计算机网络的研究.

基金项目: 重庆市教委科学技术研究项目(KJ111304).

原载:《西南大学学报》(自然科学版)2013年第1期.

收录: 2017年入选"领跑者5000平台".

责任编辑　张　枸

外源 Ca²⁺，SA，NO 对盐胁迫下
决明幼苗生理特性的影响

谢英赞， 何 平， 王朝英，

段才绪， 刘海英， 韦品祥

西南大学生命科学学院，三峡库区生态环境教育部重点实验室，

重庆市三峡库区植物生态与资源重点实验室，重庆 400715

摘 要: 为提高决明幼苗在盐胁迫条件下的抗逆能力，该研究采用外施 Ca^{2+}，SA 及 NO 对盐胁迫下决明幼苗的光合及生理特性进行了研究. 结果表明：盐胁迫条件下决明幼苗生理受到严重影响，3 种外源物质均可在一定程度上缓解盐胁迫对决明幼苗造成的伤害. 其中在外施 20 mmol/L 的 Ca^{2+}，0.25 mmol/L 的 NO 及 100 mg/L 的 SA 处理下，幼苗叶片各项指标均与盐胁迫组差异显著，接近空白对照. 3 种外源物质中，0.25 mmol/L 的外源 NO 处理可以较好地缓解盐胁迫对决明幼苗的伤害. 在此处理下，幼苗叶片可溶性蛋白、总叶绿素质量分数分别达 25.68 mg/g，3.52 mg/g；MDA，$O_2^-\cdot$ 降低至 774.03 $\mu g/g$，33.60 $\mu g/g$；超氧化物歧化酶（SOD）、过氧化氢酶（CAT）、过氧化物酶（POD）和抗坏血酸过氧化物酶（APX）活性均显著升高，分别达到了 65.12 U/g·min，152.61 U/g·min，161.33 U/g·min 和 104.12 U/g·min；其净光合速率达到了 6.95 $\mu mol/m^2 \cdot s$，超过了空白对照组（6.92 $\mu mol/m^2 \cdot s$）.

决明子为豆科植物决明 *Cassia obtusifolia* L. 或小决明 *Cassia tora* L. 的干燥成熟种子，具有祛风散热，清肝明目，润肠通便等功效[1]. 早在《神农本草经》中就有"久服益精光，轻身"等记载，被列为 120 种"为君主养命以应天"的上药之一，是国家卫生部公布的 69 种药食同源物质之一[2]. 现代研究表明其主要含甾体化合物、大黄酚、大黄素等药用成分. 大黄素和大黄酚对人体有平喘、利胆、保肝、降压等功效，并有一定的抗菌和消炎作用. 决明是我国常用中药和保健品原料之一，虽资源分布广泛，全国各地多有栽培，但近年来需求量和需求品质在不断提升.

土壤盐渍化是农业栽培生产中的主要障碍之一，当前我国的盐渍化土壤面积不断扩大，对我国农业生产产生了严重的制约，造成了巨大的经济损失[3]. 一氧化氮(NO)是植物体内新发现的一种活性分子，主要通过一氧化氮合酶和硝酸还原酶催化合成. 研究表明，NO 可以缓解植物逆境环境下胁迫应答的调节，并且这种调节与 NO 的体积分数密切相关. SNP 为 NO 供体，施加外源 SNP 可以缓解盐胁迫下多裂骆驼蓬幼苗叶片光合色素质量分数的下降并提高盐胁迫下植物的净光合产量[4-6]. 水杨酸(SA)属苯丙氨酸代谢途径的产物，为肉桂酸的衍生物，近年来常被利用作为植物增强抗逆性的化学诱抗剂[7-9]. 大量元素 Ca²⁺ 除了满足植物正常生长发育外，还作为第二信使参与植物体内的许多生理生化过程[10]. 植物体内 Ca²⁺ 体积分数的变化受许多生物及非生物因子的影响，其体积分数升高可以降低 Na⁺ 的吸收，且能促进 Na⁺ 跨质膜外流，有效地控制 Na⁺/K⁺ 在植物体内选择性积累，维持细胞内离子平衡，减轻盐胁迫造成的渗透胁迫、离子毒害等，增强植物对盐胁迫的耐受性[11-13].

为改善决明子产量低，品质相对较差，种植面积受限等问题，需找到提高决明子产量、质量的方法及相对扩大种植面积的对策. 本研究通过分别施加外源 Ca²⁺，SA 和一氧化氮供体 SNP，比较 3 种物质对盐胁迫下决明幼苗抗逆性的影响，找到比较适合盐胁迫下决明生产的抗逆性物质并探讨其作用机理，为决明子的生产及提高药用植物耐盐性提供理论指导.

1 材料和方法

1.1 实验材料

供试的决明种子由河北安国胜利药材种子秧苗站提供，经西南大学生命科学学院何平教授鉴定为 *Cassia obtusifolia* L. 的干燥成熟种子. CaCl₂，SA 由重庆化工提供，外源一氧化氮供体硝普钠(SNP)由韩国 KAIST 提供. 由于 SNP 对光敏感，因此实验中溶液避光储存于 4 ℃条件下. 选取长势一致的二叶一心期决明幼苗作为实验材料，移栽于上口径 12 cm，下口径 8 cm，高度 8 cm 的花盆中，每盆种植 3 棵，待其长至三叶一心时，开始进行盐处理，每组处理设 6 个重复. 栽培实验于西南大学生命科学学院三峡库区教育部重点实验室温室进行.

1.2　实验设计

实验共设计 5 种处理，包括空白对照组 CK1、盐胁迫对照组 CK2、不同体积分数 $CaCl_2$ 处理组 T1－T4 组、不同体积分数 SA 处理组 T5－T8、不同体积分数 SNP 处理组 T9－T12(表 1).处理时先用 150 mmol/L 盐处理决明幼苗 1 d，CK1 浇自来水，之后 T1－T4 组采取隔天浇 $CaCl_2$ 溶液 30 mL，T5－T8 组隔天按不同体积分数浇 SA 溶液，T9－T12 组隔天按体积分数浇 SNP 溶液，CK2 组浇自来水，15 d 后测其各项生理指标.

表 1　试验设计处理

处理	NaCl /(mmol·L^{-1})	$CaCl_2$ /(mmol·L^{-1})	SA /(mg·L^{-1})	SNP /(mmol·L^{-1})	处理	NaCl /(mmol·L^{-1})	$CaCl_2$ /(mmol·L^{-1})	SA /(mg·L^{-1})	SNP /(mmol·L^{-1})
CK1	0	0	0	0	T6	150	0	50	0
CK2	150	0	0	0	T7	150	0	100	0
T1	150	5	0	0	T8	150	0	200	0
T2	150	10	0	0	T9	150	0	0	0.1
T3	150	20	0	0	T10	150	0	0	0.25
T4	150	40	0	0	T11	150	0	0	0.5
T5	150	0	25	0	T12	150	0	0	0.75

1.3　幼苗相关生理指标的测定

用羟胺氧化反应测定 O_2^-·质量分数[14]；丙二醛(MDA)质量分数参照文献[15]硫代巴比妥酸(TBA)检测法，以 $\mu g/g$ 表示；超氧化物歧化酶(SOD)活性采用张以顺[16]的方法进行测量，以抑制 NBT 光化还原 50% 所需的酶量为 1 个酶活力单位(U)，然后再计算出酶活力，以 U/mg 来表示；过氧化物酶(POD)采用愈创木酚法进行测量[17]，以每分钟吸光度的变化表示酶活力的大小，即以每分钟 OD 值减小 0.01 定义为 1 个酶活力单位(U)；过氧化氢酶(CAT)采用紫外吸收法测定[16]，以每分钟 OD 值减少 0.1 定义为 1 个酶活力单位(U)[17]；抗坏血酸过氧化物酶(APX)采用紫外吸收法测定，以每分钟 OD 值变化 0.01 定义为 1 个酶活力单位(U)[16]；净光合速率采用 LI-6400 光合仪测定.

1.4　统计分析

本实验数据采用单因素方差分析法揭示不同体积分数外源物质对决明

生理特征的影响(SPSS16.0 版)，并用 Duncan's 多重比较法检验每个生理指标($p = 0.05$)的差异显著性. 实验图、表用 Microsoft Office Excel 2003 根据 SPSS 分析结果制作.

2 结果与分析

2.1 外源 CaCl₂，SA 和 SNP 对盐胁迫下决明幼苗叶片可溶性蛋白 MDA 及 O₂⁻· 质量分数的影响

植物叶片中可溶性蛋白质量分数的多少一般由植物自身生理特性和其所受到的环境压力共同作用. MDA 及 $O_2^-\cdot$ 的质量分数多少则能够反映植物受到逆境胁迫压力的大小. 如表 2 中数据所示，盐胁迫(CK2)下，决明幼苗叶片可溶性蛋白质量分数显著降低，而 MDA，$O_2^-\cdot$ 质量分数却显著升高，其中 MDA 质量分数是空白对照组 CK1(665.79 $\mu g/g$)的 2.03 倍，达到了 1 349.6 $\mu g/g$；$O_2^-\cdot$ 质量分数也由 CK1(34.473 $\mu g/g$)升高到了 CK2(48.436 $\mu g/g$)，说明盐胁迫下决明幼苗体内渗透物质质量分数降低，有害物积累严重，决明幼苗明显受到胁迫伤害. 通过添加不同质量分数外源 Ca^{2+}，发现不同质量分数的外源 Ca^{2+} 对盐胁迫造成的决明幼苗叶片 MDA，$O_2^-\cdot$ 质量分数的过度积累都有一定的抑制效应. 研究结果表明，20 mmol/L (T3)的外源 Ca^{2+} 处理下，可对盐胁迫造成的 MDA，$O_2^-\cdot$ 质量分数的过度积累产生显著的抑制作用，在此处理下决明幼苗叶片较盐胁迫对照组 MDA，$O_2^-\cdot$ 的质量分数分别降低，与 CK2 的差异显著甚至略低于 CK1，可见适宜质量分数(20 mmol/L)的外源 Ca^{2+} 处理可以较好地缓解盐胁迫对植物体内 MDA，$O_2^-\cdot$ 的过度积累，保护质膜减缓或免受伤害，促进决明幼苗在盐胁迫下的生长.

不同质量分数的外源 SA 对盐胁迫造成的决明幼苗叶片 MDA，$O_2^-\cdot$ 质量分数的过度积累也都有一定的抑制效应，且抑制效果较外源 Ca^{2+} 相对更好. 研究结果显示，在 100 mmol/L (T7)和 200 mmol/L(T8)的外源 SA 处理下，对盐胁迫造成 MDA 质量分数的过度积累都能够产生显著的抑制作用，可见 SA 对植物抗盐能力提高的质量分数范围较广. 而 $O_2^-\cdot$ 的质量分数却只在 100 mmol/L SA(T7)处理下与 CK2 组差异显著，在 200 mmol/L(T8)的外源 SA 处理下，其质量分数虽有降低但不显著，估计是 SA 质量分数过高所致，只是其对质膜的伤害时间有限，暂时未大量生成 MDA. 决明

幼苗叶片 MDA，$O_2^- \cdot$ 的质量分数在 100 mmol/L SA（T7）处理时分别降低，与 CK2 差异显著. 可见 100 mmol/L 的外源 SA 处理可以很好地缓解盐胁迫对植物体内 MDA，$O_2^- \cdot$ 的过度积累，保护质膜减缓或免受伤害，促进决明幼苗在盐胁迫下的生长.

低质量分数的外源 NO（T9，0.1 mmol/L）供给可抑制盐胁迫下决明幼苗叶片 MDA 的积累，并降低 $O_2^- \cdot$ 的质量分数. 在适宜质量分数下（T10，0.25 mmol/L），外源 NO 供给可显著抑制 MDA 及 $O_2^- \cdot$ 的积累，进一步提高外源 NO 的质量分数（T11，0.5 mmol/L），研究发现较盐胁迫对照组，决明幼苗叶片中 MDA 质量分数显著降低，但 $O_2^- \cdot$ 的质量分数却几乎未曾改变. 最高质量分数的外源 NO（T12，0.75 mmol/L）供给，不仅不能缓解盐胁迫下决明幼苗叶片中 MDA 及 $O_2^- \cdot$ 的积累，反而加重了其积累. 据试验结果分析，应当是过量的 NO 积累加重了质膜过氧化反应，导致 $O_2^- \cdot$ 持续积累，进而导致 MDA 质量分数的升高.

表 2   不同质量分数外源 Ca^{2+}，SA 和 NO 处理下决明幼苗叶片
可溶性蛋白、MDA 及 $O_2^- \cdot$ 质量分数

处 理	可溶性蛋白质量分数 /(mg · g^{-1})	MDA 质量分数 /(μg · g^{-1})	$O_2^- \cdot$ 质量分数 /(μg · g^{-1})
CK1	25.530±2.050 b	665.794±0.820 a	34.473±1.417 a
CK2	18.935±1.264 a	1 349.603±0.814 b	48.436±2.174 bc
T1	23.758±1.096 ab	1 219.961±0.481 bc	46.492±1.033 bc
T2	24.183±2.283 ab	1 076.123±1.275 cd	42.684±2.185 b
T3	24.861±1.368 b	886.668±0.825 ad	34.226±1.516 a
T4	23.579±1.846 ab	1 069.133±1.637 cd	45.552±0.828 bc
T5	22.927±1.053 ab	1 124.189±0.512 bcd	47.315±1.801 bc
T6	24.655±1.991 ab	1 054.360±0.949 cd	45.543±2.458 bc
T7	24.581±1.885 b	877.012±1.800 ad	34.518±2.171 a
T8	22.669±2.379 ab	926.015±0.391 d	44.210±3.426 bc
T9	22.017±2.067 ab	894.523±1.498 ad	42.184±2.067 bc
T10	25.683±2.309 b	774.033±1.614 a	33.602±2.198 a
T11	23.143±2.414 ab	999.880±1.112 cd	45.240±3.095 bc
T12	21.552±1.308 a	1 454.600±1.211 bcd	50.193±2.553 c

注：表 2 中数值为平均数±标准误差；同列中不同字母表示相互间差异显著（$p <$ 0.05）

2.2 外源 Ca²⁺,SA 和 NO 对盐胁迫下决明幼苗叶片保护酶质量分数的影响

超氧化物歧化酶(SOD)、过氧化物酶(POD)、过氧化氢酶(CAT)和抗坏血酸过氧化物酶(APX)等植物保护酶可以缓解植物在逆境条件下的生存压力，SOD,POD,CAT 和 APX 之间的协同作用可以有效地保护植物在逆境下的生长.

如表 3 数据所示，盐胁迫下决明幼苗叶片 SOD,POD,CAT 和 APX 质量分数均有显著升高. 经不同质量分数外源 CaCl₂ 处理后，决明幼苗叶片保护酶质量分数进一步升高. 其中，20 mmol/L 的 CaCl₂ 处理后，决明幼苗叶片 SOD,POD,CAT 和 APX 质量分数升高幅度较大，与盐胁迫对照处理组相比(CK2)差异显著. 中等质量分数的外源 CaCl₂ 能够有效地提高决明幼苗叶片保护酶的质量分数，增强植株清除活性氧的能力，提升决明幼苗在盐胁迫下的适应能力，减少活性氧的积累，促进决明幼苗的正常生长.

经外源 SA 处理后，决明幼苗叶片保护酶质量分数进一步升高. 100 mg/L(T7)的 SA 处理后，决明幼苗叶片 SOD,POD,CAT 和 APX 质量分数升高，较盐胁迫对照处理组(CK2)相比差异显著. 中等质量分数的 SA 能够有效地提高决明幼苗叶片的 SOD,POD,CAT 和 APX 的质量分数，提升决明幼苗在盐胁迫下清除活性氧的能力，减少决明体内活性氧的积累，促进决明在盐胁迫下的生长.

经低质量分数和中等质量分数外源 SNP(T9－T11)处理后，决明幼苗叶片 SOD,POD,CAT 和 APX 活性进一步升高. 其中 0.25 mmol/L 的 SNP(T10)处理后，决明幼苗叶片 SOD,POD,CAT 和 APX 活性升高较盐胁迫对照处理组(CK2)显著. 施加相对较高质量分数的外源 SNP(T12)，不仅不能进一步提升保护酶的活性，反而在一定程度上降低了其活性，本研究推测是 NO 的过高质量分数所致. 低质量分数的 SNP，特别是 0.25 mmol/L 的 SNP 能够有效地提高决明幼苗叶片的保护酶活性，提升决明幼苗在盐胁迫下分解活性氧的能力，减少活性氧的积累，促进其在盐胁迫下的生长.

表 3　不同质量分数外源 Ca^{2+}，SA 和 NO 处理下决明幼苗叶片的保护酶活性

处理	SOD /[U·(g·min)$^{-1}$]	POD /[U·(g·min)$^{-1}$]	CAT /[U·(g·min)$^{-1}$]	APX /[U·(g·min)$^{-1}$]
CK1	29.745±0.06 a	55.668±1.43 a	49.584±0.74 a	47.490±1.08 a
CK2	48.642±0.14 b	81.630±1.67 b	76.700±1.52 b	70.935±1.73 bc
T1	52.008±0.08 b	93.580±2.54 bc	81.458±1.49 b	72.447±1.68 bc
T2	56.105±0.21 bcd	105.432±2.96 bcde	95.324±2.34 bcd	88.450±1.27 cd
T3	63.702±0.17 cd	117.97±3.54 cdef	101.040±1.57 cde	105.411±1.47 e
T4	57.392±0.26 bcd	97.002±2.88 bcd	90.730±2.43 bc	81.990±3.31 cd
T5	50.520±0.10 b	96.004±7.59 bcd	89.632±3.41 bc	65.880±1.81 b
T6	57.341±0.20 bcd	119.394±2.38 def	110.080±4.25 de	72.894±1.15 bc
T7	63.189±0.22 cd	138.184±5.25 f	131.666±3.64 f	88.107±0.94 cd
T8	58.735±0.12 bcd	100.954±2.67 bcde	93.252±3.44 bcd	88.158±0.70 cd
T9	53.896±0.28 bc	124.226±1.99 ef	117.904±3.53 ef	77.286±1.71 bc
T10	65.124±0.26 d	161.332±3.32 g	152.606±3.76 g	104.118±2.95 de
T11	51.500±0.16 b	89.374±6.53 b	82.120±3.40 b	71.868±2.04 bc
T12	31.013±0.11 a	52.064±2.03 a	49.366±2.32 a	49.506±1.03 a

注：表 3 中数值为平均数±标准误差；同列中不同字母表示相互间差异显著（$p <$ 0.05）

2.3　外源 Ca^{2+}，SA 和 NO 对盐胁迫下决明幼苗叶片光合色素质量分数及净光合速率的影响

盐胁迫抑制了光合色素的积累，阻碍了光合作用的进行. 盐胁迫处理后，决明幼苗叶绿素总量及类胡萝卜素质量分数降低显著，分别由 CK1(Chla＋b：3.77 mg/g，类胡萝卜素：0.6 mg/g)降低至 CK2(Chla＋b：2.93 mg/g，类胡萝卜素：0.5 mg/g)，且叶绿素 a/叶绿素 b 的比值下降：(CK1：2.731 mg/g，CK2：2.688 mg/g)，净光合速率降低显著(CK1：6.92 $\mu mol/m^2$ · s，CK2：6.07 $\mu mol/m^2$ · s).

通过表 4 数据及图 1，2，3 可知，施加不同体积分数的外源 $CaCl_2$ 都可缓解盐胁迫下决明幼苗叶片光合色素的质量分数、叶绿素 a/叶绿素 b 的比值及净光合速率降低现象. 在 $CaCl_2$ 体积分数为 20 mmol/L(T3)组处理下，Chla＋b，Chla，Chlb 和类胡萝卜素质量分数及净光合速率较盐胁迫对照(CK2)组升高，均达到了显著水平，接近空白对照(CK1)组水平. 同时，在此体积分数(20 mmol/L)处理下，叶绿素 a/叶绿素 b 的比值较盐胁迫对照

组明显升高，增强了决明幼苗吸收光子的能力，促进了植株的光合作用.

表 4 不同质量分数外源 Ca²⁺,SA 和 NO 处理后决明幼苗叶片光合色素质量分数

不同处理	Chla＋b 质量分数 /(mg·g⁻¹)	Chla 质量分数 /(mg·g⁻¹)	Chlb 质量分数 /(mg·g⁻¹)	类胡萝卜素 质量分数 /(mg·g⁻¹)	Chla/Chlb
CK1	3.770±0.460 a	2.763±0.335 b	1.012±0.123 b	0.602±0.054 a	2.731±0.032 a
CK2	2.931±0.227 b	2.136±0.166 a	0.795±0.062 a	0.504±0.015 b	2.688±0.080 a
T1	3.434±0.298 ab	2.504±0.217 ab	0.930±0.081 ab	0.570±0.025 ab	2.691±0.016 a
T2	3.438±0.208 a	2.509±0.152 ab	0.929±0.056 ab	0.583±0.008 a	2.702±0.064 a
T3	3.726±0.132 a	2.725±0.096 b	1.001±0.035 b	0.590±0.018 a	2.722±0.056 a
T4	3.413±0.144 ab	2.491±0.105 ab	0.923±0.039 ab	0.544±0.021 ab	2.699±0.022 a
T5	3.480±0.089 ab	2.538±0.065 ab	0.942±0.024 ab	0.547±0.029 ab	2.695±0.058 a
T6	3.533±0.093 ab	2.579±0.068 ab	0.954±0.025 ab	0.555±0.015 ab	2.705±0.100 a
T7	3.660±0.193 ab	2.676±0.141 b	0.984±0.052 b	0.571±0.019 a	2.719±0.064 a
T8	3.610±0.064 ab	2.635±0.047 b	0.976±0.017 b	0.554±0.029 ab	2.701±0.056 a
T9	3.478±0.105 ab	2.541±0.077 ab	0.938±0.028 ab	0.558±0.016 ab	2.709±0.032 a
T10	3.522±0.058 a	2.601±0.043 ab	0.921±0.015 ab	0.588±0.036 a	2.823±0.021 a
T11	3.454±0.130 ab	2.520±0.099 ab	0.934±0.037 ab	0.557±0.022 ab	2.698±0.127 a
T12	3.404±0.140 ab	2.475±0.102 ab	0.929±0.038 ab	0.544±0.024 ab	2.666±0.079 a

注：表 4 中数值为平均数±标准误差；同列中不同字母表示相互间差异显著($p < 0.05$)

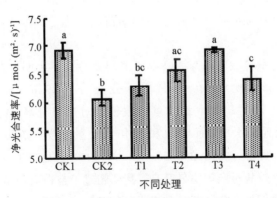

图 1 不同体积分数 Ca²⁺ 处理下决明幼苗叶片净光合速率

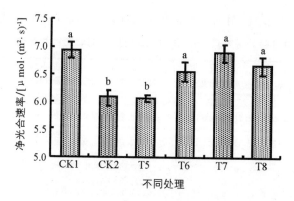

图 2　不同体积分数 SA 处理下决明幼苗叶片净光合速率

　　施加不同体积分数的外源 SA 可缓解盐胁迫下决明幼苗叶片光合色素的质量分数及净光合速率降低现象. 在 SA 体积分数为 100 mg/L 的处理下（T7），Chla＋b，Chla，Chlb 和类胡

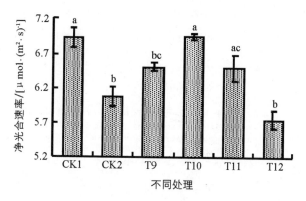

图 3　不同体积分数 SNP 处理下决明幼苗叶片净光合速率

萝卜素质量分数较盐胁迫对照组升高，均达到了显著水平，接近空白对照组水平. 同时，在此体积分数（100 mg/L）处理下，叶绿素 a/叶绿素 b 比值较盐胁迫对照组明显升高，增强了决明幼苗吸收光子的能力，有助于促进植株的光合作用.

　　供给不同体积分数的外源 NO 都可抑制盐胁迫下决明幼苗叶片光合色素质量分数的降低现象. 在 SNP 质量分数为 0.25 mmol/L 的处理下（T10），Chla＋b 和类胡萝卜素质量分数较盐对照组升高，达到了显著水平，接近空白对照组水平，而 Chla 和 Chlb 的质量分数升高虽未达到显著程度，但升高依然明显. 同时，在 0.25 mmol/L 的 SNP 处理下（T10），叶绿素 a/叶绿素 b 比值较盐对照组明显升高，甚至超过了空白对照组（CK1）. 本研究推测是通过增加光合色素总量和增大叶绿素 a/叶绿素 b 比值来增强了决明幼苗吸收光子的能力，促进植株的光合作用.

3　讨　论

　　植物幼苗期生长阶段是植物生活史中比较重要的阶段,此阶段植物生长状况的优劣严重影响到植物体后期的形态和生长发育,从而影响到植株的产量.因此,植物幼苗能否正常生长,怎样提高幼苗的抗逆性是保证其获得高产、稳产的前提[18].

3.1　外源 Ca^{2+} 对盐胁迫下决明幼苗生理特性的影响

　　盐胁迫可使植物体内发生一系列生理生化的变化,其中包括膜透性增大,可溶性渗透物质分解,叶绿素分解和膜脂过氧化物增多等,严重影响了植物的生长发育[19].大量研究证明,植物一旦遭受盐害,体内自由基大量积累,导致膜脂过氧化等一系列变化,最终使植物遭受伤害[20-22].可见,抗氧化系统对盐胁迫下的植物起关键作用.越来越多的事实证明,生物膜在植物的抗性方面起着非常重要的作用.通常情况下,植物体内存在着自己的清除系统,但当植物受到环境胁迫,这种自身的平衡受到破坏而活性氧超过阈值时,首先就会破坏膜系统.盐分胁迫导致细胞膜透性增加,使大量的Na^+流入细胞,影响一些酶的结构和功能,破坏了细胞的新陈代谢.因此,盐害的重要屏障是细胞膜,在盐分胁迫条件下保护酶结构和功能的完整性是植物耐盐的关键.钙作为一种重要的细胞膜保护物质,通过把膜表面的磷酸盐、磷酸酯以及蛋白质的羟基桥连起来,从而维持盐胁迫下细胞质膜、叶绿体膜和液泡膜的稳定性以及 ATPase 的活性以缓解盐胁迫[23-24].外源钙能抑制膜脂在盐胁迫下植物 MDA 的积累,即抑制膜脂过氧化作用,从而减轻膜脂过氧化对细胞的伤害.本研究结果显示,通过外施钙可以有效地减缓叶片 $O_2^-\cdot$ 和 MDA 升高的趋势,提高光合色素的积累和SOD,POD,CAT 及 APX 4 种抗氧化酶的活性,对盐胁迫下的决明幼苗具有一定的保护作用.

3.2　外源 SA 对盐胁迫下决明幼苗生理特性的影响

　　SA 通常被认为是植物在逆境胁迫反应中产生的一种信号分子,其作用机理之一可能是 SA 抑制了 MDA 累积引起的膜脂过氧化,保护了膜结构的稳定性,这与 SA 对小麦盐害及水分胁迫的缓解作用机理相似[25].研究表明，$100-200$ mg/L 的 SA 在缓解决明盐害中的作用较明显，这与宋士清等[26]在黄瓜幼苗中的研究结果相符. 在盐胁迫条件下，外源 SA 可明显地抑制 MDA 和 O_2^- · 的积累，减缓了盐胁迫带来的膜脂过氧化，保护了膜结构的稳定性，从而促进了盐胁迫下的决明幼苗生长.

3.3 外源 NO 对盐胁迫下决明幼苗生理特性的影响

当决明幼苗受到胁迫时，可引起体内活性氧(ROS)的产生，从而进一步导致膜脂发生过氧化作用，而 MDA 又是膜脂过氧化的主要产物，所以当植物体受到盐胁迫时，体内的 MDA 质量分数会升高，并且氧化程度越高，质量分数越高. 由于 ROS 的增加，细胞体内的抗氧化酶(SOD,POD,CAT 和 APX)活性都会有所升高以清除产生的 ROS，并且植物内源保护酶系可以协同作用共同抵御干旱胁迫诱导的氧化伤害[27]. SOD 是将超氧阴离子歧化为过氧化氢(H_2O_2)的关键酶，而 CAT,POD 和 APX 则可以清除 H_2O_2. 外源性的 NO 对 SOD,POD,CAT 和 APX 酶的活性具有明显的促进作用，提高了清除自由基防御系统的防御能力，缓解了 NaCl 胁迫对决明幼苗细胞的氧化作用. 由于抗氧化酶活性的升高，降低了 ROS 的质量分数，使细胞的渗透和耐盐能力提高. 外源 NO 降低了细胞膜的相对透性，对细胞膜具有较好的修复和保护作用，从而减轻了细胞膜对系统的伤害. Mata 等[28]研究发现，NO 缓解干旱胁迫造成的氧化损伤主要是通过 NO 与活性氧自由基发生反应，从而中断对细胞膜的损伤. 外源性 NO 能够缓解脂膜过氧化，提高保护酶的活性，这可能是由于 NO 对含铁的相关酶类有较高的亲和性，通过调节 CAT 等含血红素铁的酶类活性和抑制含非血红素铁的顺乌头酸酶等活性来参与植物抗性生理反应[29].

在 NaCl 处理下决明幼苗的生长受到明显的抑制，外源 Ca^{2+},SA 和 NO 可提高决明幼苗叶片中 SOD,CAT,POD 和 APX 等抗氧化酶的活性，减轻氧化损伤，并显著缓解盐胁迫对决明生长的抑制作用，从而提高植株的耐盐性.

参考文献：

[1]吕翠婷,黎海彬,李续娥,等.中药决明子的研究进展[J].食品科技,2006(8)：295－298.

[2]黎海彬,方昆阳,李续娥.中药决明子蒽醌类成分含量测定的研究[J].食品科学,2007,28(7)：427－429.

[3]张春平,何　平,喻泽莉,等.外源 Ca²⁺、ALA、SA 和 Spd 对盐胁迫下紫苏种子萌发及幼苗生理特性的影响[J].中国中药杂志,2010,35(24)：3260－3265.

[4]CHANDOK M R,YTTERBERG A J,VAN WIJK K J,et al.The Pathogen-Inducible Nitric Oxide Synthase(iNOS) in Plants is Variant of the P Protein of the Glycine Decarboxylase Complex[J].Cell,2003,113(4)：469－482.

[5]BELIGNI M V,LAMATTINA L.Nitric Oxide Counteracts Cytotoxic Processes Mediated by Reactive Oxygen Species in Plant tissues[J].Planta,1999,208(3)：337－344.

[6]刘建新,王　鑫,李博萍.外源一氧化氮供体对盐胁迫下多裂骆驼蓬幼苗光合作用和叶黄素循环的影响[J].中国沙漠,2011,31(1)：137－141.

[7]沈文飚,徐朗莱,叶茂炳.水杨酸诱导植物抗病性的新进展[J].生物化学与生物物理进展,1999,26(3)：237－240.

[8]姜中珠,陈祥伟.水杨酸对灌木幼苗抗旱性的影响[J].水土保持学报,2004,18(2)：166－169,185.

[9]王淑芳,杨雪清,田桂香,等.水杨酸对 NaCl 胁迫下黄芩幼苗生长的影响[J].西南师范大学学报(自然科学版),2006,31(5)：159－162.

[10]梁　洁,严重玲,李裕红,等.Ca(NO₃)₂ 对 NaCl 胁迫下木麻黄扦插苗生理特征的调控[J].生态学报,2004,24(5)：1073－1077.

[11]ZHU J K.Regulation of Ion Homeostasis Under Salt Stress[J].Current Opinion in Plant Biology,2003,6(5)：441－445.

[12]EPSTEIN E.How Calcium Enhances Plant Salt Tolerance[J].Science,1998,280(5371)：1906－1907.

[13]RUS A,LEE B H,MUNOZ-MAYOR A,et al.AtHKT1 Facilitates Na⁺ Homeostasis and K⁺ Nutrition in Planta[J].Plant Physiology, 2004,136(1)：2500－2511.

[14]王爱国,罗广华.植物的超氧物自由基与羟胺反应的定量关系)[J].植物生理学通讯,1990(6):55—57.

[15]赵世杰,许长成,邹　琦,等.植物组织中丙二醛测定方法的改进[J].植物生理学通讯,1991,30(3):207—210.

[16]张以顺,黄　霞,陈云凤.植物生理学实验教程[M].北京:高等教育出版社,2009:136—142.

[17]郝再彬,苍　晶,徐　仲.植物生理实验[M].哈尔滨:哈尔滨工业大学出版社,2004:115—116.

[18]喻泽莉,何　平,张春平,等.干旱胁迫对决明种子萌发及幼苗生理特性的影响[J].西南大学学报(自然科学版),2012,34(2):39—44.

[19]吴能表,何　凤,杨丽萍,等.NaCl对萝卜幼苗逆境指标及蛋白激酶活性的影响[J].西南师范大学学报(自然科学版),2004,29(4):651—654.

[20]张春平,何　平,喻泽莉,等.亚精胺对盐胁迫下紫苏种子萌发和幼苗生理特性的影响[J].中草药,2011,42(7):1407—1412.

[21]秦丽凤,石贵玉,李佳枚,等.盐胁迫对大米草幼苗某些生理指标的影响[J].广西植物,2010,30(2):265—268,279.

[22]陈　洁,林栖凤.植物耐盐生理及耐盐机理研究进展[J].海南大学学报(自然科学版),2003,21(2):177—182.

[23]张士功,高吉寅,宋景芝,等.硝酸钙对小麦幼苗生长过程中盐害的缓解作用[J].麦类作物,1998,18(5):60—64.

[24]晏　斌,戴秋杰,刘晓忠,等.钙提高水稻耐盐性的研究[J].作物学报,1995,21(6):685—690.

[25]李兆亮,原永兵,刘成连,等.黄瓜细胞中水杨酸的信号传递研究[J].植物学报,1998,40(5):430—436.

[26]宋士清,郭世荣,尚庆茂,等.外源SA对盐胁迫下黄瓜幼苗的生理效应[J].园艺学报,2006,33(1):68—72.

[27]GONG H J,ZHU X Y,CHEN K M,et al.Silicon Alleviates Oxidative Damage of Wheat Plants in Pots Under Drought[J].Plant Science,2005,169(2):313—321.

[28]MATA C G,LAMATTINA L.Nitric Oxide Induces Stomatal Closure and Enhances the Adaptive Plant Responses Against Drought Stress [J]. Plant Physiology,2001,126(3):1196—1204.

[29]CLARK D，DURNER J，NAVARRE D A，et al.Nitric Oxide Inhibition of Tobacco Catalase and Ascorbate Peroxidase ［J］. Molecular Plant-Microbe Interactions，2000，13(12)：1380－1384.

作者简介： 谢英赞(1987-)，男，江苏徐州人，硕士研究生，主要从事药用植物资源学及植物生态学研究.

基金项目： 国家自然科学基金资助项目(30070080)；林业公益专项西部山地型城市森林生态网络构建与景观建设研究项目(201004064).

原载：《西南大学学报》(自然科学版)2013 年第 3 期.

收录： 2014 年入选"领跑者 5000 平台".

责任编辑　夏　娟

理赔次数为复合 Poisson-Geometric
过程的风险模型

赵金娥[1]，王贵红[2]，龙　瑶[1]

1.红河学院数学学院,云南蒙自　661100；

2.玉溪农业职业技术学院计科系,云南玉溪　653106

摘　要: 对保费收入为复合 Poisson 过程，而理赔次数为复合 Poisson-Geometric 过程的风险模型进行研究，给出了生存概率满足的积分方程及其在指数分布下的具体表达式，并运用鞅方法得出了破产概率满足的 Lundberg 不等式和一般公式，同时导出有限时间内生存概率的偏积分—微分方程.

在经典风险模型及其推广[1-4]中，总是假设理赔次数 $\{N(t), t \geqslant 0\}$ 为齐次 Poisson 过程，而 Poisson 过程的一个基本性质是方差等于均值，即风险事件和理赔事件是等价的. 但在保险事务中，风险事件和理赔事件有可能不是等价的，特别是在保险公司推出免赔额制度和无赔款折扣等制度后，风险事件就不一定是理赔事件. 文献[5－6]对这一问题进行了研究，在保险公司对某同质保单组合实施免赔额制度和无赔款折扣等制度的背景下，引入了一类描述理赔计数过程为复合 Poisson-Geometric 过程的风险模型. 然而在这些研究中，总是假设保费的收入过程是时间的线性函数，即保险公司按照单位时间常数速率取得保单，并假定每张保单的保险费均为 c. 但任何风险事业都是在随机环境中进行的，因此单位时间内收到的保单数及每份保单收取的保费都是随机的，即保费收取过程应是一随机过程. 本文对文献[5－6]进行推广，建立保费收入为复合 Poisson 过程，而理赔次数为复合 Poisson-Geometric 过程的风险模型，给出了生存概率满足的积分方程及其在指数分布下的具体表达式，并利用鞅方法得到了最终破产概率满足的一般公式和 Lundberg 不等式，同时导出有限时间内生存概率的偏积分—微分方程. 使得模型更接近保险公司的实际经营运作，从而对保险监管部门设计某些监管指标系统以及保险公司设计相应的财务预警系统等有直接的参考和指导作用.

1 模型引入

定义 1 设 (Ω, F, P) 是一包含本文所有随机变量的完备概率空间，则对 $u \geqslant 0$，$t \geqslant 0$，定义保险公司的盈余过程为：

$$U(t) = u + \sum_{i=1}^{M(t)} X_i - \sum_{i=1}^{N(t)} Y_i$$

其中：u 为保险公司的初始资本；$\{M(t), t \geqslant 0\}$，$\{N(t), t \geqslant 0\}$ 分别表示保险公司在 $[0, t]$ 时间内收到的保单总数及发生的总理赔次数；X_i 为第 i 份保单的保费额，Y_i 为第 i 次的理赔额.

对上述模型作如下假设：

(1) $\{X_i, i \geqslant 1\}$，$\{Y_i, i \geqslant 1\}$ 是均值分别为 μ_x，μ_y 的非负独立同分布随机变量序列，其分布函数分别为 $F_X(x)$，$F_Y(y)$，密度函数分别为 $f_X(x)$，$f_Y(y)$，且 $F_Y^{*k}(y)$，$f_Y^{*k}(y)$ 分别为 $F_Y(y)$ 及 $f_Y(y)$ 的 k 重卷积；

(2) $\{M(t), t \geqslant 0\}$ 是强度为 λ^* 的 Poisson 过程，$\{N(t), t \geqslant 0\}$ 是参数为 $(\lambda, \rho)(0 \leqslant \rho < 1)$ 的 Poisson-Geometric 过程；

(3) $\{X_i, i \geqslant 1\}$，$\{Y_i, i \geqslant 1\}$，$\{M(t), t \geqslant 0\}$，$\{N(t), t \geqslant 0\}$ 相互独立.

记 $S(t) = \sum_{i=1}^{M(t)} X_i - \sum_{i=1}^{N(t)} Y_i$，表示保险公司在 t 时刻的盈利. 为保证保险公司的稳定运作，要求 $E[S(t)] > 0$，即

$$E[M(t)]E[X_i] - E[N(t)]E[Y_i] = \lambda^* \mu_x - \frac{\lambda}{1-\rho} \mu_y > 0$$

并由此定义相对安全负荷系数

$$\theta = \frac{\lambda^* \mu_x (1-\rho)}{\lambda \mu_y} - 1 > 0$$

定义 2 记 $T = \inf\{t \geqslant 0, U(t) < 0\}$，表示保险公司破产时刻（若对于任意的 $t \geqslant 0$ 都有 $U(t) \geqslant 0$，则定义 $T = \infty$），则在初始资本为 u 的条件下，定义保险公司最终破产概率为 $\psi(u) = \Pr\{T < \infty \mid U(0) = u\}$，生存概率为 $\varphi(u) = 1 - \psi(u)$. 定义保险公司在 t 时刻之前的破产概率为 $\psi(u, t) = \Pr\{T < t\}$，$t$ 时刻之前的生存概率为 $\varphi(u, t) = 1 - \psi(u, t)$.

2 预备引理

引理 1 $\lim\limits_{t \to \infty} U(t) = \infty$, a. s..

证 当 $t \to \infty$ 时, $M(t) \to \infty$, $N(t) \to \infty$, 由强大数定律和文献[7]有

$$\lim_{t \to \infty} \frac{U(t)}{t} = \lim_{t \to \infty} \frac{u}{t} + \lim_{t \to \infty} \left[\frac{\sum\limits_{i=1}^{M(t)} X_i}{M(t)} \cdot \frac{M(t)}{t} \right] - \lim_{t \to \infty} \left[\frac{\sum\limits_{i=1}^{N(t)} Y_i}{N(t)} \cdot \frac{N(t)}{t} \right] =$$

$$\lambda^* E[X_i] - \frac{\lambda}{1-\rho} E[Y_i] = \lambda^* \mu_x - \frac{\lambda}{1-\rho} \mu_y > 0, \text{ a. s.}$$

故 $\lim\limits_{t \to \infty} U(t) = \infty$, a. s..

引理 2 $\lim\limits_{u \to \infty} \varphi(u) = 1$, a. s..

证 由引理 1 知, 当 t 充分大时, $S(t) > 0$, 即 $\exists T > 0$, 对 $\forall t > T$, $S(t) > 0$. 而在 T 之前只有有限次理赔发生, 故 $\inf\limits_{t < T} S(t)$ 以概率 1 有下界, 即 $\inf\limits_{t \geqslant 0} S(t) > -\infty$, a. s., 所以, 当 $u \to \infty$ 时, 有 $U(t) \to \infty$, 从而 $\lim\limits_{u \to \infty} \varphi(u) = 1$, a. s..

引理 3 对于盈利过程 $\{S(t), t \geqslant 0\}$, 存在函数 $g(r)$, 使得 $E[e^{-rS(t)}] = e^{tg(r)}$.

证

$$E[e^{-rS(t)}] = E\left[e^{-r\sum\limits_{i=1}^{M(t)} X_i + r\sum\limits_{i=1}^{N(t)} Y_i}\right] = E\left[e^{-r\sum\limits_{i=1}^{M(t)} X_i}\right] \cdot E\left[e^{r\sum\limits_{i=1}^{N(t)} Y_i}\right] =$$

$$e^{\lambda^* t(M_x(-r)-1)} e^{\frac{\lambda t(M_r(r)-1)}{1-\rho M_r(r)}} = e^{\left[\lambda^* (M_x(-r)-1) + \frac{\lambda(M_r(r)-1)}{1-\rho M_r(r)}\right]t}$$

其中 $M_X(r) = E[e^{rX}]$ 为随机变量 X 的矩母函数, 令

$$g(r) = \lambda^* [M_X(-r) - 1] + \frac{\lambda(M_Y(r) - 1)}{1 - \rho M_Y(r)}$$

即有 $E[e^{-rS(t)}] = e^{tg(r)}$.

引理 4 假设存在 r^*, 使得 $M_Y(r^*) = \dfrac{1}{\rho}$, 则有调节方程 $g(r) = 0$ 存在唯一正解 R, 且 $R < r^*$, 称 R 为调节系数.

证 因为 $g(0) = 0$, 且

$$g'(r) = -\lambda^* M'_X(-r) + \frac{\lambda(1-\rho)M'_Y(r)}{(1-\rho M_Y(r))^2}$$

从而有

$$g'(0) = -\lambda^* \mu_x + \frac{\lambda}{1-\rho}\mu_y < 0$$

又

$$g''(r) = \lambda^* M''_X(-r) + \frac{\lambda(1-\rho)}{(1-\rho M_Y(r))^2}\left[M''_Y(r) + \frac{2\rho(M'_Y(r))^2}{1-\rho M_Y(r)}\right]$$

由假设及矩母函数的性质知，当 $r < r^*$ 时 $g''(r) < 0$，所以曲线 $g(r)$ 在 $(0, r^*]$ 内是下凸的，故方程 $g(r) = 0$ 在 $(0, r^*]$ 内至多有两解，$r = 0$ 是平凡解，又 $r \to r^*$ 时，$g(r) \to \infty$，所以方程 $g(r) = 0$ 除 $r = 0$ 外有唯一正解 R，且 $R < r^*$.

引理 5　令 $M_u(t) = e^{-r(u+S(t))-tg(r)}$，则 $M_u(t)$ 是关于 σ - 域 $F^s = \{F^s_t, t \geqslant 0\}$ 的鞅，其中 $F^s_t = \sigma\{S(t'), t' \leqslant t\}$.

证　$\forall v \leqslant t$，由引理 3 得

$$E[M_u(t) \mid F^s_v] = E[e^{-r(u+S(t))-tg(r)} \mid F^s_v] = E[e^{-rU(v)-vg(r)} e^{-r(S(t)-S(v))-(t-v)g(r)} \mid F^s_v] = M_u(v) \cdot E[e^{-r(S(t)-S(v))-(t-v)g(r)} \mid F^s_v] = M_u(v)$$

所以 $\{M_u(t), F^s_t, t \geqslant 0\}$ 是鞅.

引理 6[1]　T 是 F^s 停时.

引理 7[5]　设 $\{N(t), t \geqslant 0\}$ 是参数为 $(\lambda, \rho)(0 \leqslant \rho < 1)$ 的复合 Poisson-Geometric 过程，记 $\alpha = \frac{\lambda(1-\rho)}{\rho}$（$\rho = 0$ 时，$\alpha = \lambda$），则当 t 足够小时有

$$\Pr\{N(t) = 0\} = e^{-\lambda t} = 1 - \lambda t + o(t)$$

$$\Pr\{N(t) = k\} = \alpha\rho^k t + A_k(t)o(t) \qquad k = 1, 2, \cdots$$

其中 $A_k(t) = \rho^k + (k-1)[\rho(1+\alpha t)]^{k-2}$，$o(t)$ 与 k 无关，且 $\sum_{k=0}^{\infty} A_k(t)$ 一致收敛.

3　主要结果

定理 1　记 $f_\rho(y) = \sum_{k=1}^{\infty}(1-\rho)\rho^{k-1}f_Y^{*k}(y)$，则风险模型的生存概率 $\varphi(u)$ 满足下列积分方程：

$$(\lambda^* + \lambda)\varphi(u) = \lambda^* \int_0^{\infty}\varphi(u+x)\mathrm{d}F_X(x) + \lambda\int_0^u\varphi(u-y)f_\rho(y)\mathrm{d}y \quad (1)$$

特别地，若 $\{X_i, i \geqslant 1\}, \{Y_i, i \geqslant 1\}$ 分别服从参数为 a, b 的指数分布，则

$$\varphi(u) = 1 - \frac{\lambda[a + (1-\rho)b]}{(1-\rho)b(\lambda^* + \lambda)} \mathrm{e}^{\frac{a\lambda - (1-\rho)b\lambda}{\lambda^* + \lambda}u}$$

证 由全概率公式及引理 7，有：

$$\varphi(u) = [1 - \lambda^* \mathrm{d}t + o(\mathrm{d}t)][1 - \lambda \mathrm{d}t + o(\mathrm{d}t)]\varphi(u) +$$

$$[1 - \lambda^* \mathrm{d}t + o(\mathrm{d}t)]\sum_{k=1}^{\infty}\int_0^u \varphi(u-y)\mathrm{d}F_Y^{*k}(y)[\alpha\rho^k \mathrm{d}t + A_k(\mathrm{d}t)o(\mathrm{d}t)] +$$

$$[\lambda^* \mathrm{d}t + o(\mathrm{d}t)][1 - \lambda \mathrm{d}t + o(\mathrm{d}t)]\int_0^{\infty}\varphi(u+x)\mathrm{d}F_X(x) + o(\mathrm{d}t)$$

经整理，得

$$[(\lambda^* + \lambda)\mathrm{d}t]\varphi(u) = \sum_{k=1}^{\infty}\int_0^u \varphi(u-y)f_Y^{*k}(y)\mathrm{d}y[\alpha\rho^k \mathrm{d}t + A_k(\mathrm{d}t)o(\mathrm{d}t)] +$$

$$\lambda^* \mathrm{d}t\int_0^{\infty}\varphi(u+x)\mathrm{d}F_X(x) + o(\mathrm{d}t)$$

由 $0 \leqslant \rho < 1$ 及引理 7 知，$\sum_{k=1}^{\infty}\rho^k f_Y^{*k}(y)$，$\sum_{k=1}^{\infty}A_k(\mathrm{d}t)f_Y^{*k}(y)$ 均一致收敛，故

$$[(\lambda^* + \lambda)\mathrm{d}t]\varphi(u) = \int_0^u \varphi(u-y)\left(\sum_{k=1}^{\infty}\alpha\rho^k f_Y^{*k}(y)\right)\mathrm{d}y\mathrm{d}t + \lambda^* \mathrm{d}t\int_0^{\infty}\varphi(u+x)\mathrm{d}F_X(x) + o(\mathrm{d}t)$$

而 $\alpha = \dfrac{\lambda(1-\rho)}{\rho}$，所以

$$[(\lambda^* + \lambda)\mathrm{d}t]\varphi(u) = \lambda^* \mathrm{d}t\int_0^{\infty}\varphi(u+x)\mathrm{d}F_X(x) + \lambda \mathrm{d}t\int_0^u \varphi(u-y)f_\rho(y)\mathrm{d}y + o(\mathrm{d}t)$$

上式两边同时除以 $\mathrm{d}t$，并令 $\mathrm{d}t \to 0$，即证结论.

因为 Y_i 服从参数为 b 的指数分布，则 $f_Y^{*k}(y)$ 是参数为 (k, b) 的 Gamma 分布，即

$$f_Y^{*k}(y) = \frac{b^k y^{k-1}}{(k-1)!}\mathrm{e}^{-by}$$

所以

$$f_\rho(y) = \sum_{k=1}^{\infty}(1-\rho)\rho^{k-1}f_Y^{*k}(y) = (1-\rho)b\mathrm{e}^{-(1-\rho)by}$$

又 $F_X(x) = 1 - \mathrm{e}^{-ax}$，则 (1) 式可化为

$$(\lambda^* + \lambda)\varphi(u) = \lambda^*\int_0^{\infty}\varphi(u+x)a\mathrm{e}^{-ax}\mathrm{d}x + \lambda\int_0^u \varphi(u-y)(1-\rho)b\mathrm{e}^{-(1-\rho)by}\mathrm{d}y$$

$$(2)$$

由文献[8]知 $\varphi(u)$ 具有可微性，故(2)式两边对 u 求导，得

$$(\lambda^* + \lambda)\varphi'(u) + [a\lambda^* - (1-\rho)b\lambda]\varphi(u) =$$
$$a\lambda^* \int_0^\infty \varphi(u+x)ae^{-ax}dx - (1-\rho)b\lambda \int_0^u \varphi(u-y)(1-\rho)be^{-(1-\rho)by}dy \quad (3)$$

(3)式两边再对 u 求导，可得

$$(\lambda^* + \lambda)\varphi''(u) + [a\lambda^* - (1-\rho)b\lambda]\varphi'(u) + \{a^2\lambda^* + [(1-\rho)b]^2\lambda\}\varphi(u) =$$
$$a^2\lambda^* \int_0^\infty \varphi(u+x)ae^{-ax}dx + [(1-\rho)b]^2\lambda \int_0^u \varphi(u-y)(1-\rho)be^{-(1-\rho)by}dy$$

$$(4)$$

由(2),(3),(4)式得

$$(\lambda^* + \lambda)\varphi''(u) - [a\lambda - (1-\rho)b\lambda^*]\varphi'(u) = 0$$

解之得

$$\varphi(u) = C_1 + C_2 e^{\frac{a\lambda - (1-\rho)b\lambda^*}{\lambda^* + \lambda}u}$$

又由 $\varphi(\infty) = 1$ 得 $C_1 = 1$，在(2)式中令 $u = 0$，得

$$(\lambda^* + \lambda)\varphi(0) = \lambda^* \int_0^\infty \varphi(x)ae^{-ax}dx$$

由此得

$$(\lambda^* + \lambda)(1 + C_2) = \lambda^* \int_0^\infty [1 + C_2 e^{\frac{a\lambda - (1-\rho)b\lambda^*}{\lambda^* + \lambda}x}]ae^{-ax}dx = \lambda^* + a\lambda^* C_2 \frac{\lambda^* + \lambda}{\lambda^*[a + (1-\rho)b]}$$

解得

$$C_2 = -\frac{\lambda[a + (1-\rho)b]}{(1-\rho)b(\lambda^* + \lambda)}$$

所以

$$\varphi(u) = 1 - \frac{\lambda[a + (1-\rho)b]}{(1-\rho)b(\lambda^* + \lambda)}e^{\frac{a\lambda - (1-\rho)b\lambda^*}{\lambda^* + \lambda}u}$$

定理 2 风险模型的最终破产概率满足 Lundberg 不等式

$$\psi(u) \leqslant e^{-Ru}$$

其中 $R = \sup_{r>0}\{r : g(r) \leqslant 0\}$.

证 因为 T 是 F^s 停时，选取 $t_0 < \infty$，易知 $T \wedge t_0$ 是 F^s 停时，由引理 5 有

$$e^{-ru} = M_u(0) = E[M_u(T \wedge t_0)] =$$
$$E[M_u(T \wedge t_0) \mid T \leqslant t_0]Pr\{T \leqslant t_0\} + E[M_u(T \wedge t_0) \mid T > t_0]Pr\{T > t_0\} \geqslant$$

$$E[M_u(T \wedge t_0) \mid T \leqslant t_0] \Pr\{T \leqslant t_0\} =$$
$$E[M_u(T) \mid T \leqslant t_0] \Pr\{T \leqslant t_0\} \tag{5}$$

因为当 $T < \infty$ 时, 有 $u + S(T) \leqslant 0$, 所以 $e^{-r(u+S(t))} \geqslant 1$, 故

$$\Pr\{T \leqslant t_0\} \leqslant \frac{e^{-ru}}{E[M_u(t) \mid T \leqslant t_0]} \leqslant \frac{e^{-ru}}{E[e^{-Tg(r)} \mid T \leqslant t_0]} \leqslant e^{-ru} \sup_{0 \leqslant t \leqslant t_0} e^{tg(r)}$$

在上式两端令 $t_0 \to \infty$, 有 $\psi(u) \leqslant e^{-ru} \sup_{t>0} e^{tg(r)}$, 取 $R = \sup_{r>0}\{r: g(r) \leqslant 0\}$, 即证结论.

定理 3 风险模型的最终破产概率为

$$\psi(u) = \frac{e^{-Ru}}{E[e^{-RU(T)} \mid T < \infty]}$$

其中 R 为调节系数.

证 根据 (5) 式, 取 $r = R$, 得

$$e^{-Ru} = E[e^{-RU(T)} \mid T \leqslant t_0] \Pr\{T \leqslant t_0\} + E[e^{-RU(t_0)} \mid T > t_0] \Pr\{T > t_0\} \tag{6}$$

以 $I(A)$ 表示集合 A 的示性函数, 则

$$0 \leqslant E[e^{-RU(t_0)} \mid T > t_0] \Pr\{T > t_0\} = E[e^{-RU(t_0)} I\{T > t_0\}] \leqslant E[e^{-RU(t_0)} I\{U(t_0) \geqslant 0\}]$$

由于 $0 \leqslant e^{-RU(t_0)} I\{U(t_0) \geqslant 0\} \leqslant 1$, 且根据强大数定理可证当 $t_0 \to \infty$, $U(t_0) \to \infty$, $P-a.s$, 故由控制收敛定理, 有 $\lim_{t_0 \to \infty} E[e^{-RU(t_0)} \mid T > t_0] \Pr\{t > t_0\} = 0$, $P-a.s$, 于是在 (6) 式两端令 $t_0 \to \infty$, 即证结论.

定理 4 风险模型在有限时间内的生存概率 $\varphi(u, t)$ 满足下列偏积分—微分方程:

$$\frac{\partial \varphi(u, t)}{\partial u} + (\lambda^* + \lambda) \varphi(u, t) = \lambda^* \int_0^\infty \varphi(u + x, t) dF_X(x) + \lambda \int_0^u \varphi(u - y, t) f_\rho(y) dy$$

证 类似于定理 1, 由全概率公式及引理 7, 有:

$$\varphi(u, t) = [1 - \lambda^* dt + o(dt)][1 - \lambda dt + o(dt)] \varphi(u, t - dt) +$$
$$[1 - \lambda^* dt + o(dt)] \sum_{k=1}^\infty \int_0^u \varphi(u - y, t - dt) dF_Y^{*k}(y)[\alpha \rho^k dt + A_k(dt) o(dt)] +$$
$$[\lambda^* dt + o(dt)][1 - \lambda dt + o(dt)] \int_0^\infty \varphi(u + x, t - dt) dF_X(x) + o(dt)$$

即

$$\varphi(u,t)-\varphi(u,t-\mathrm{d}t)=-[(\lambda^*+\lambda)\mathrm{d}t]\varphi(u,t-\mathrm{d}t)+\lambda^*\mathrm{d}t\int_0^\infty\varphi(u+x,$$
$$t-\mathrm{d}t)\mathrm{d}F_X(x)+\sum_{k=1}^\infty\int_0^u\varphi(u-y,t-\mathrm{d}t)f_Y^{*k}(y)\mathrm{d}y[\alpha\rho^k\mathrm{d}t+A_k(\mathrm{d}t)o(\mathrm{d}t)]$$
$$+o(\mathrm{d}t)=-[(\lambda^*+\lambda)\mathrm{d}t]\varphi(u,t-\mathrm{d}t)+\lambda^*\mathrm{d}t\int_0^\infty\varphi(u+x,t-\mathrm{d}t)\mathrm{d}F_X(x)+$$
$$\int_0^u\varphi(u-y,t-\mathrm{d}t)(\sum_{k=1}^\infty\alpha\rho^k f_Y^{*k}(y))\mathrm{d}y\mathrm{d}t+o(\mathrm{d}t)=-[(\lambda^*+\lambda)\mathrm{d}t]\varphi(u,$$
$$t-\mathrm{d}t)+\lambda^*\mathrm{d}t\int_0^\infty\varphi(u+x,t-\mathrm{d}t)\mathrm{d}F_X(x)+\lambda\mathrm{d}t\int_0^u\varphi(u-y,t-\mathrm{d}t)f_\rho(y)\mathrm{d}y+o(\mathrm{d}t)$$

上式两边同时除以 $\mathrm{d}t$，再令 $\mathrm{d}t\to0$，即证结论．

参考文献：

[1]GRANDEII J.Aspects of Risk Theory[M].New York：Springer-Verlag,1991.

[2]BOIKOV A V. The Cramér-Lundberg Model with Stochastic Premium Process[J].Theory of Probability and Its Applications,2003,47(3):489－493.

[3]赵金娥,轩素梅,穆　凤.退保因素下保费收入为复合 Poisson 过程的风险模型[J].西南大学学报(自然科学版),2009,31(7):53－57.

[4]唐加山,励源芝.基于进入过程带扰动风险模型的破产概率[J].重庆邮电大学学报(自然科学版),2009,21(6):825－827.

[5]毛泽春,刘锦萼.索赔次数为复合 Poisson-Geometric 过程的风险模型及破产概率[J].应用数学学报,2005,28(3):419－428.

[6]廖基定,龚日朝,刘再明,等.复合 Poisson-Geometric 风险模型 Gerber-Shiu 折现惩罚函数[J].应用数学学报,2007,30(6):1076－1085.

[7]何声武.随机过程引论[M].北京：高等教育出版社,1999:8－18.

[8]张春生,吴　荣.关于破产概率函数的可微性的注[J].应用概率统计,2001,17(3):267－275.

作者简介：赵金娥(1978 -),女,云南大理人,讲师,主要从事金融数学方面的研究．

基金项目：国家自然科学基金资助项目(11161020)；云南省科技厅自然科学研究基金资助项目(2008CD186)；云南省教育厅科研基金资助项目(2011C121)．

原载：《西南大学学报》(自然科学版)2013 年第 3 期．

收录：2015 年入选"领跑者 5000 平台"．

责任编辑　张　枸

保 E^* 关系的部分一一变换半群

龙伟锋[1]， 游泰杰[1]， 龙伟芳[2]， 瞿云云[1]

1.贵州师范大学数学与计算机科学学院，贵阳 550001；

2.凯里学院数学科学学院，贵州 凯里 556011

摘 要：令 X 为有限集合，E 为 X 上的等价关系，I_X 是 X 上的对称逆半群. 令 $I_{E^.}(X) = \{f \in I_X : (x, y) \in E$ 当且仅当 $(f(x), f(y)) \in E\}$，则 $I_{E^.}(X)$ 是 I_X 的逆子半群. 讨论了半群 $I_{E^.}(X)$ 的格林关系与秩.

对变换半群秩的讨论一直是变换半群研究的一个重要课题，国内外许多学者对此进行了深入广泛的研究（参见文献[1－4]）. 文献[1] 观察了一类拓扑空间：设 E 是集合 X 上的一个等价关系，则 X 构成一个拓扑空间，其中由所有的 E -类集合构成 X 的拓扑基. 令

$$T_E(X) = \{\alpha \in T_X : (x, y) \in E \text{ 当且仅当}(x\alpha, y\alpha) \in E\}$$

那么 X 上的所有连续自映射在映射合成运算下构成一个半群 $T_E(X)$. 就代数意义而言，文献[1] 研究了 $T_E(X)$ 的格林关系与正则性. 在文献[1] 的基础上，文献[2] 讨论了 $T_E(X)$ 的秩，得到 $T_E(X)$ 的秩小于等于 6，并且还讨论了 $T_E(X)$ 的某些子半群的生成集与秩，例如 $T_E(X)$ 的同胚群 G. f 在 $T_E(X)$ 中是一个双射当且仅当 f 是由所有 E -类作为基的拓扑空间 X 上的同胚映射. $T_E(X)$ 中所有双射构成了 $T_E(X)$ 的一个子群 G，称之为同胚群. 令 $\tau = (12)$，$\zeta = (1\ 2\ \cdots\ n)$，它们是循环置换. 定义 τ_*，ζ_* 为

$$x\tau_* = \begin{cases} x + n & x \in A_1 \\ x - n & x \in A_2 \\ x & \text{其他} \end{cases}$$

$$x\zeta_* = \begin{cases} x + n & x \notin A_m \\ x - (m-1)n & x \in A_m \end{cases}$$

并得到 $T_E(X)$ 的同胚群 G 可由 $\tau,\zeta,\tau_*,\zeta_*$ 生成,那么 rank $G \leqslant 4$.

基于文献 $[1-2]$,我们得到了一类全新的半群 —— 保 E^* 关系的部分——变换半群. 令 X 是一个集合,E 为 X 上的一个等价关系,令

$$I_{E^*}(X) = \{f \in I_X : \text{对于任意的 } x,y \in \mathrm{dom}f,\ (x,y) \in E \text{ 当且仅当}$$
$$(f(x),f(y)) \in E\}$$

可证明 $I_{E^*}(X)$ 为 I_X 的逆子半群,称为保 E^* 关系的部分——变换半群. 但是对于一般情况,即对于任意的有限全序集 X 和 X 上的任意等价关系,很难描述 $I_{E^*}(X)$ 的结构特征. 因此,先考虑一种特殊情形. 本文总是假设全序集 $X = \{1,2,\cdots,nm\}$($n \geqslant 3,m \geqslant 2$),$E$ 为 X 上的等价关系,满足

$$E = (A_1 \times A_1) \bigcup (A_2 \times A_2) \bigcup \cdots \bigcup (A_m \times A_m)$$

其中 $A_i = [(i-1)n+1,in]$($i=1,2,3,\cdots,m$). 在上述全序集合及等价关系的假设下,本文刻画了 $I_{E^*}(X)$ 的格林关系与秩.

1 $I_{E^*}(X)$ 的格林关系

定理 1 $I_{E^*}(X)$ 是 I_X 的逆子半群.

证 在 $I_{E^*}(X)$ 中任意取两个变换 f,g.

情形 1 $\mathrm{im}f \bigcap \mathrm{dom}g \neq \varnothing$. 对于任意的 $x,y \in f^{-1}(\mathrm{im}f \bigcap \mathrm{dom}g)$,若 $(x,y) \in E$,由于 $f \in I_{E^*}(X)$,则 $(x,y) \in E$ 当且仅当 $(f(x),f(y)) \in E$. 又由于 $f(x),f(y) \in \mathrm{dom}g$ 且 $g \in I_{E^*}(X)$,则可得 $(f(x),f(y)) \in E$ 当且仅当 $(g(f(x)),g(f(y)) \in E$. 因此 $gf \in I_{E^*}(X)$.

情形 2 $\mathrm{im}f \bigcap \mathrm{dom}g = \varnothing$. 显然 $gf \in I_{E^*}(X)$. 那么 $I_{E^*}(X)$ 是 I_X 的子半群. 对于任意的 $f \in I_{E^*}(X)$,设

$$f = \begin{pmatrix} a_1 & a_2 & \cdots & a_t \\ b_1 & b_2 & \cdots & b_t \end{pmatrix} t \leqslant nm$$

令 $g = f^{-1}$,g 是 f 的逆元. 由于 $f \in I_{E^*}(X)$,若 $(b_i,b_j) \in E$,则 $(b_i,b_j) \in E$ 当且仅当 $(a_i,a_j) \in E$. 从而 $g \in I_{E^*}(X)$. 因此 $I_{E^*}(X)$ 是 I_X 的逆子半群.

注意到 $I_{E^*}(X)$ 也是 I_X 的正则子半群(因为 $I_{E^*}(X)$ 是 I_X 的逆子半群),则有以下定理成立:

定理 2 对于任意的 $f, g \in I_{E.}(X)$，fRg 当且仅当 $\mathrm{im} f = \mathrm{im} g$；$fLg$ 当且仅当 $\mathrm{dom} f = \mathrm{dom} g$；$fHg$ 当且仅当 $\mathrm{im} f = \mathrm{im} g$ 且 $\mathrm{dom} f = \mathrm{dom} g$.

定义 1 设 X 是有限集合，E 为 X 上的等价关系，A 是 X 的非空子集，记

$$A^E = \{M_i: M_i = A \cap A_i, A_i \in X/E, A \cap A_i \neq \emptyset\}$$

称 A^E 为 A 的 E 划分.

定义 2 令 X 的一个子集族为 $U = \{U_1, U_2, \cdots, U_s\}$ $(1 \leqslant s \leqslant 2^{nm})$，其中 U_i 是 X 的子集. 定义

$$\mathrm{card}(U) = \{|U_1|, |U_2|, \cdots, |U_s|\}$$

引理 1 设 $f \in I_{E.}(X)$，则 $\mathrm{card}(\mathrm{im} f^E) = \mathrm{card}(\mathrm{dom} f^E)$.

证 设

$$\mathrm{im} f^E = \{B_1, B_2, \cdots, B_t\} \qquad 1 \leqslant t \leqslant m$$
$$\mathrm{dom} f^E = \{C_1, C_2, \cdots, C_s\} \qquad 1 \leqslant s \leqslant m$$

由于 $f \in I_{E.}(X)$，则对于任意的 $x, y \in \mathrm{dom} f$，若 $(x, y) \in E$ 当且仅当 $(f(x), f(y)) \in E$，那么 $s = t$. 重新对 $\mathrm{dom} f^E$ 中的 C_i 进行排列，可使得 $f(C_i) = B_i$ $(i = 1, 2, \cdots, t)$. 因 f 为双射，于是有 $|B_i| = |C_i|$，进而 $\mathrm{card}(\mathrm{im} f^E) = \mathrm{card}(\mathrm{dom} f^E)$.

定理 3 设 $f, g \in I_{E.}(X)$，fDg 当且仅当 $\mathrm{card}(\mathrm{im} f^E) = \mathrm{card}(\mathrm{im} g^E)$.

证 必要性 设 fDg，则存在 $h \in I_E(X)$，使得 $fLhRg$. 根据定理 2，$\mathrm{dom} f = \mathrm{dom} h$，$\mathrm{im} h = \mathrm{im} g$，从而

$$\mathrm{card}(\mathrm{im} f^E) = \mathrm{card}(\mathrm{dom} f^E) = \mathrm{card}(\mathrm{dom} h^E) = \mathrm{card}(\mathrm{im} h^E) = \mathrm{card}(\mathrm{im} g^E)$$

充分性 设 $\mathrm{card}(\mathrm{im} f^E) = \mathrm{card}(\mathrm{im} g^E) = \{r_1, r_2, \cdots, r_t\}$ $(1 \leqslant t \leqslant m)$. 记

$$\mathrm{im} f^E = \{B_1, B_2, \cdots, B_t\} \qquad |B_i| = r_i, i = 1, 2, \cdots, t$$
$$\mathrm{im} g^E = \{C_1, C_2, \cdots, C_t\} \qquad |C_i| = r_i, i = 1, 2, \cdots, t$$

设 φ_i 是 B_i 到 C_i 的任一双射. 定义 $\varphi: \mathrm{im} f \longrightarrow \mathrm{im} g$，对任意 $x \in \mathrm{im} f$，若 $x \in B_i$，则 $\varphi(x) = \varphi_i(x)$ $(i \in \{1, 2, \cdots, t\})$. 显然 $\varphi \in I_{E.}(X)$. 令 $h = \varphi f$，于是 $h \in I_{E.}(X)$，且 $\mathrm{dom} h = \mathrm{dom} f$，$\mathrm{im} h = \mathrm{im} g$，则 $fLhRg$. 因此 fDg.

由于 X 是有限集合，立即可得：

定理 4 设 $f, g \in I_{E^*}(X)$，fJg 当且仅当 $\operatorname{card}(\operatorname{im} f^E) = \operatorname{card}(\operatorname{im} g^E)$.

2 $I_{E^*}(X)$ 的秩

记 $K_r = \{f \in I_{E^*}(X): |\operatorname{im} f| \leqslant r\}$，$V_r = \{f \in I_E(X): |\operatorname{im} f| = r\}$，$0 \leqslant r \leqslant nm$. 当 $r = nm$ 时，$V_{nm} = \{f \in I_{E^*}(X): |\operatorname{im} f| = nm\}$ 是 $I_E(X)$ 的顶端 J 类，也是 $T_E(X)$ 的同胚群[2]；当 $r = nm-1$ 时，$V_r = V_{nm-1}$ 包含一个 J 类；当 $r \leqslant nm-2$ 时，V_r 所包含的 J 类有多个.

定理 5 $V_r \subseteq V_{r+1} V_{r+1} (r \leqslant nm-2)$.

证 对于任意的 $f \in V_r$，$1 \leqslant r \leqslant nm-2$，设

$$f = \begin{pmatrix} a_1 & a_2 & \cdots & a_r \\ b_1 & b_2 & \cdots & b_r \end{pmatrix}$$

由于 $r \leqslant nm-2$，则存在 $a \in X$，使得 $a \notin \operatorname{dom} f$.

若存在 $a_i (i=1,2,3,\cdots,r)$，使得 $(a_i, a) \in E$，注意到 $f \in I_{E^*}(X)$，则存在 $b \in X$，使得 $(b_i, b) \in E$ 且 $b \notin \operatorname{im} f$. 令

$$\xi = \begin{pmatrix} a_1 & a_2 & \cdots & a_i & a & a_{i+1} & \cdots & a_r \\ b_1 & b_2 & \cdots & b_i & b & b_{i+1} & \cdots & b_r \end{pmatrix}$$

由于 $r \leqslant nm-2$，那么存在 b'，使得 $b' \neq b$，$b' \notin \operatorname{im} f$. 令

$$\eta = \begin{pmatrix} b_1 & b_2 & \cdots & b_i & b' & b_{i+1} & \cdots & b_r \\ b_1 & b_2 & \cdots & b_i & b' & b_{i+1} & \cdots & b_r \end{pmatrix}$$

显然 $\xi, \eta \in V_{r+1}$，$f = \eta \xi$.

若对任意的 $a_i (i=1,2,3,\cdots,r)$，都有 $(a_i, a) \notin E$，按照上述的方法同理可构造 $\xi, \eta \in V_{r+1}$，使得 $f = \eta \xi$.

综上所述，$V_r \subseteq V_{r+1} V_{r+1} (r \leqslant nm-2)$.

定理 6 $K_0 \subseteq K_1 \subseteq \cdots \subseteq K_{nm-1} \subseteq K_{nm} = I_{E^*}(X)$ 为理想链，每个 $K_{r(r=0,1,\cdots,nm-1)}$ 都是 $I_{E^*}(X)$ 的逆子半群，且 $K_r = \langle K_r \rangle (r \leqslant nm-1)$.

证 由定理 5 可得 $K_r = \langle K_r \rangle (r \leqslant nm-1)$. 由 K_r 的定义知 $K_0 \subseteq K_1 \subseteq \cdots \subseteq K_{nm-1} \subseteq K_{nm} = I_{E^*(X)}$ 为理想链，且每个 $K_r (r=0,1,\cdots,nm-1)$ 都是 $I_{E^*}(X)$ 的逆子半群.

定义 3　对于任意的 $f \in I_{E^*}(X)$，定义 $E(f) = \{A_i : A_i \cap \mathrm{dom} f \neq \varnothing, A_i \in X/E\}$.

对于任意的 $f \in I_{E^*}(X)$，设 $E(f) = \{A_{i_1}, A_{i_2}, \cdots, A_{i_r}\}$ $(1 \leqslant r \leqslant m)$，其中 $A_{i_j} \in X/E$，$j = 1, 2, \cdots, r$. $\mathrm{dom} f^E = \{B_1, B_2, \cdots, B_r\}$，其中 $B_j = A_{i_j} \cap \mathrm{dom} f$，$j = 1, 2, \cdots, r$. 那么每个 f 可诱导商集 X/E 上的部分一一变换半群.

定义 4　对于任意的 $f \in I_{E^*}(X)$，设 $E(f) = \{A_{i_1}, A_{i_2}, \cdots, A_{i_r}\}$ $(1 \leqslant r \leqslant m)$，$\mathrm{dom} f^E = \{B_1, B_2, \cdots, B_r\}$，其中 $B_j = A_{i_j} \cap \mathrm{dom} f$，$j = 1, 2, \cdots, r$. 定义 $f^E(A_{i_j}) = A_l$ 当且仅当 $f(B_j) \subseteq A_l (1 \leqslant j, l \leqslant m)$.

定理 7　令 f 是 V_{nm-1} 中的任意元素，那么 $I_{E^*}(X) = \langle f, V_{nm} \rangle$.

证　对于任意的 $g \in V_{nm-1}$，因为 $g, f \in V_{nm-1}$，可设

$$g^E = \begin{bmatrix} A_1 & A_2 & \cdots & A_i & \cdots & A_m \\ A_1' & A_2' & \cdots & A_i' & \cdots & A_m' \end{bmatrix}$$

$$f^E = \begin{bmatrix} A_1 & A_2 & \cdots & A_j & \cdots & A_m \\ A_1'' & A_2'' & \cdots & A_j'' & \cdots & A_m'' \end{bmatrix}$$

$A_1', A_2', \cdots, A_i', \cdots, A_m'$ 与 $A_1'', A_2'', \cdots, A_j'', \cdots, A_m''$ 都是 $A_1, A_2, \cdots, A_i, \cdots, A_m$ 的排列. 其中 $|A_i \cap \mathrm{dom} g| = n - 1$，$|A_j \cap \mathrm{dom} f| = n - 1$. 设 $A_i \cap \mathrm{dom} g = \{a_1, a_2, \cdots, a_{n-1}\}$ $(a_1 < a_2 < \cdots < a_{n-1})$，$a^* \in A_i$，但 $a^* \notin \mathrm{dom} g$. $A_i' \cap \mathrm{im} g = \{b_1, b_2, \cdots, b_{n-1}\}$，$b^* \in A_i'$，但 $b^* \notin \mathrm{im} g$. $A_j \cap \mathrm{dom} f = \{c_1, c_2, \cdots, c_{n-1}\}$ $(c_1 < c_2 < \cdots < c_{n-1})$，$c^* \in A_j$，但 $c^* \notin \mathrm{dom} f$. $A_j'' \cap \mathrm{im} f = \{d_1, d_2, \cdots, d_{n-1}\}$，$d^* \in A_i''$，但 $d^* \notin \mathrm{im} f$. 如下定义 $\xi: X \longrightarrow X$：

若 $x \in A_i$，如果 $x \in A_i \cap \mathrm{im} f$，必存在 $a_t \in A_i \cap \mathrm{dom} f (1 \leqslant t \leqslant n-1)$，使得 $x = a_t$，令 $\xi(x) = \xi(a_t) = c_t$；如果 $x = a^*$，令 $\xi(a^*) = c^*$.

若 $x \in A_k$，$k \neq i$，

(1°) 如果 $i = j$，令 $\xi(x) = x$；

(2°) 如果 $i < j$，当 $i + 1 \leqslant k \leqslant j$ 时，令 $\xi(x) = x - n$；当 $k < i$ 或 $k > j$ 时，令 $\xi(x) = x$；

(3°) 如果 $i > j$，当 $j \leqslant k \leqslant i - 1$ 时，令 $\xi(x) = x + n$；当 $k > i$ 或 $k < j$ 时，令 $\xi(x) = x$.

显然 $\xi \in V_{nm}$. 定义 $\eta : X \longrightarrow X$ 如下：

若 $x \in A_j''$，如果 $x \in \mathrm{im} f$，令 $\eta(x) = g\xi^{-1}f^{-1}(x)$；如果 $x \notin \mathrm{im} f$，那么 $x = d^*$，令 $\eta(d^*) = b^*$.

若 $x \in A_l''(l \neq j)$，令 $\eta(x) = g\xi^{-1}f^{-1}(x)$.

下证 $\eta \in V_{nm}$. 若 $(x, y) \in E$，设 $(x, y) \in A_s''$. 若 $s \neq j$，有 $(\eta(x), \eta(y)) = (g\xi^{-1}f^{-1}(x), g\xi^{-1}f^{-1}(y))$，由于 $f, \xi, g \in I_{E^*}(X)$，则 $(\eta(x), \eta(y)) \in E$. 如果 $s = j$，若 $x, y \in \mathrm{im} f$，同理可证 $(\eta(x), \eta(y)) \in E$. 如果 $x = d^* \in A_j''$，$y \in A_j''$ 且 $y \in \mathrm{im} f$，$\eta(y) = g\xi^{-1}f^{-1}(y) \subseteq g\xi^{-1}f^{-1}(A_j''/d^*) \subseteq g\xi^{-1}(A_j) \subseteq g(A_i) = A_i'/b^*$，$\eta(d^*) = b^* \in A_i'$，所以 $(\eta(x), \eta(y)) \in E$. 综上所述，若 $(\eta(x), \eta(y)) \in E$，可证 $(x, y) \in E$. 从而 $\eta \in V_{nm}$.

现在验证 $\eta f \xi = g$. 由 $f, g \in I_{E^*}(X)$，则对任意 $x \in \mathrm{im} f$，$\eta f \xi = g(\xi^{-1}(f^{-1}(f(\xi(x))))) = g(x)$. 因此 $\eta f \xi = g$. 那么 $V_{nm-1} \subseteq \langle f, V_{nm} \rangle$，由定理 5，$I_{E^*}(X) = \langle f, V_{nm} \rangle$.

定理 8 令 f 是 V_{nm-1} 中的任意元素，则 $I_{E^*}(X) = \langle \tau, \zeta, \tau_*, \zeta_*, f \rangle$.

证 V_{nm} 为 $T_E(X)$ 的同胚群 G，根据文献[2]的定理 2.6，$G = \langle \tau, \zeta, \tau_*, \zeta_* \rangle$，即 $V_{nm} = \langle \tau, \zeta, \tau_*, \zeta_* \rangle$. 由定理 7，$I_{E^*}(X) = \langle f, V_{nm} \rangle = \langle \tau, \zeta, \tau_*, \zeta_*, f \rangle$.

推论 1 令 $X = \{1, 2, \cdots, nm\}$ $(n \geqslant 3, m \geqslant 2)$，$E$ 是 X 上的一个等价关系，满足

$$E = (A_1 \times A_1) \bigcup (A_2 \times A_2) \bigcup \cdots \bigcup (A_m \times A_m)$$

其中 $A_i = [(i-1)n+1, in](1 \leqslant i \leqslant m)$. 那么如果 $m = 2$，有 $\mathrm{rank} I_{E^*}(X) \leqslant 4$；如果 $m \geqslant 3$，有 $\mathrm{rank} I_{E^*}(X) \leqslant 5$.

证 由定理 8 立即可得此推论，仅对 $m = 2$ 的情形进行说明即可. 当 $m = 2$ 时，$\tau = \zeta$. 因此 $I_{E^*}(X) = \langle \tau, \tau_*, \zeta_*, f \rangle$，$\mathrm{rank} I_{E^*}(X) \leqslant 4$.

参考文献：

[1] PEI H S. Regularity and Green's Relations for Semigroups of Transformations that Preserve an Equivalence[J].Commuincations in Algebra,2005,33(1):109—118.

[2]PEI H S.On the Rank of the Semigroup $T_E(X)$[J].Semigroup Forum,2005,70(1):107－117.

[3]高荣海,徐　波.降序有限部分变换半群的幂等元秩[J].西南大学学报(自然科学版),2008,30(8):9－12.

[4]瞿云云,曹　慧,罗永贵,等.关于不定方程 $x(x+1)(x+2)(x+3)=15y(y+1)(y+2)(y+3)$[J].西南师范大学学报(自然科学版),2012,37(6):9－14.

作者简介: 龙伟锋(1984－),女,贵州松桃人,硕士,讲师,主要从事半群代数理论的研究.

基金项目: 国家自然科学基金资助项目(11161010);贵州省科学技术厅、贵州师范大学联合科技基金资助项目(黔科合 J 字 LKS〔2010〕04 号;黔科合 J 字 LKS〔2011〕15 号).

原载:《西南大学学报》(自然科学版)2013 年第 4 期.

收录: 2015 年入选"领跑者 5000 平台".

责任编辑　廖　坤

Smarandache 函数及其相关函数的性质

郇　乐

西北大学数学系,西安　710127

摘　要：应用初等方法研究 Smarandache 函数及其相关函数 $SL(n)$，$\overline{SL}(n)$，$Sdf(n)$ 和 $Zw(n)$ 的算术乘积的计算问题，并在一些特殊情况下给出它们的精确的计算公式.

美籍罗马尼亚数论专家 F. Smarandache 在他所著的 *Only Problems, Not Solutions*（见文献[1]）一书中引入了不少新的算术函数及数列，同时提出了 105 个未解决的问题. 本文主要利用初等方法研究了其中几个典型函数[Smarandache 函数 $S(n)$、Smarandache LCM 函数 $SL(n)$、SL 对偶函数 $\overline{SL}(n)$、Smarandache 双阶乘函数 $Sdf(n)$、伪 Smarandache 无平方因子函数 $Zw(n)$]的算术性质. 关于这几类函数的定义参阅文献[1].

对于这些函数以及任意正整数 n，我们考虑乘积形式，获得了几个有趣的恒等式. 具体地说也就是证明了下面的几个定理(不失一般性，假定 $p_1 < p_2 < \cdots < p_k$)：

定理 1　当 $n = p_1 p_2 \cdots p_k$ 为无平方因子数时，我们有恒等式

$$\prod_{d \mid n} S(d) = p_1 \cdot p_2^2 \cdot \cdots \cdot p_{k-1}^{2^{k-2}} \cdot p_k^{2^{k-1}}$$

定理 2　当 $n = p_1 p_2 \cdots p_k$ 为无平方因子数，以及 $n = p^k$ 为素数方幂时，我们有恒等式

$$\prod_{d \mid n} SL(d) = \begin{cases} p_1 \cdot p_2^2 \cdot \cdots \cdot p_{k-1}^{2^{k-2}} \cdot p_k^{2^{k-1}} & n = p_1 p_2 \cdots p_k \\ p^{\frac{k(k+1)}{2}} & n = p^k \end{cases}$$

定理 3　当 $n = p_1 p_2 \cdots p_k$ 为无平方因子数，以及 $n = p^k$ 为素数方幂时，我们有恒等式

$$\prod_{d \mid n} \overline{SL}(d) = \begin{cases} p_1^{2^{k-1}} \cdot p_2^{2^{k-2}} \cdot p_3^{2^{k-3}} \cdot \cdots \cdot p_{k-1}^{2} \cdot p_k & n = p_1 p_2 \cdots p_k \\ p^{\frac{k(k+1)}{2}} & n = p^k \end{cases}$$

定理 4 当 $n = p_1 p_2 \cdots p_k$ 为无平方因子奇数，以及 $n = 2 p_1 p_2 \cdots p_k$ 为无平方因子偶数时，我们有恒等式

$$\prod_{d|n} Sdf(d) = \begin{cases} p_1 \cdot p_2^2 \cdots \cdot p_{k-1}^{2^{k-2}} \cdot p_k^{2^{k-1}} & n = p_1 p_2 \cdots p_k \\ 2^{2^k} \cdot p_1^2 \cdot p_2^{2^2} \cdot p_3^{2^3} \cdots \cdot p_k^{2^k} & n = 2 p_1 p_2 \cdots p_k \end{cases}$$

定理 5 当 $n = p_1 p_2 \cdots p_k$ 为无平方因子数，以及 $n = p^k$ 为素数方幂时，我们有恒等式

$$\prod_{d|n} Zw(d) = \begin{cases} (p_1 p_2 \cdots p_{k-1} p_k)^{2^{k-1}} & n = p_1 p_2 \cdots p_k \\ p^k & n = p^k \end{cases}$$

对于一般的正整数 $n > 1$，是否有类似的结论也是一个公开的问题，有待于我们进一步研究.

1 几个引理

为完成定理的证明，我们需要下面几个引理：

引理 1[2] 对任意正整数 n，有 $S(n) = \max\{S(p_1^{\alpha_1}), S(p_2^{\alpha_2}), \cdots, S(p_k^{\alpha_k})\}$，其中 $n = p_1^{\alpha_1} p_2^{\alpha_2} \cdots p_k^{\alpha_k}$ 为 n 的标准分解式.

引理 2[3] 对任意给定的正整数 n，有 $SL(n) = \max\{p_1^{\alpha_1}, p_2^{\alpha_2}, \cdots, p_k^{\alpha_k}\}$，其中 $n = p_1^{\alpha_1} p_2^{\alpha_2} \cdots p_k^{\alpha_k}$ 为 n 的标准分解式.

引理 3 当 n 为无平方因子偶数时，有 $Sdf(n) = 2 \cdot \max\{p_1, p_2, \cdots, p_k\}$；当 n 为无平方因子奇数时，有 $Sdf(n) = \max\{p_1, p_2, \cdots, p_k\}$. 其中 $p_i (i = 1, 2, \cdots, k)$ 为互不相同的奇素因子.

证 当 n 为无平方因子偶数时，不失一般性，设 $n = 2 p_1 p_2 \cdots p_k$，其中 $p_1 < p_2 < \cdots < p_k$，如果 $Sdf(n) = 2m$，那么 $2m$ 是满足 $n | 2 \cdot 4 \cdot 6 \cdots (2m)$ 的最小正整数，所以 $m = p_k$. 事实上，对于 $2m = 2 \cdot p_k$，有

$$2 \cdot 4 \cdot 6 \cdots (2 \cdot p_k) = 2^k (p_k)! \qquad k \in \mathbf{N}$$

所以 $n | (2m)!!$.

当 n 为无平方因子奇数时，不失一般性，设 $n = p_1 p_2 \cdots p_k$，其中 $p_1 < p_2 < \cdots < p_k$，$Sdf(n) = m$. 显然有 $n | 1 \cdot 3 \cdot 5 \cdots p_k$，所以 $m = p_k$.

引理 4[4] 对于任意正整数 n，如果 $n = p_1^{\alpha_1} p_2^{\alpha_2} \cdots p_k^{\alpha_k}$ 表示 n 的标准分解式，那么 $Zw(n) = p_1 p_2 \cdots p_k$，因此 $Zw(n)$ 为 n 的可乘函数.

2 定理的证明

定理 1 的证明

当 $n = p_1 p_2 \cdots p_k$ 为无平方因子数时，不失一般性，假定 $p_1 < p_2 < \cdots < p_k$，注意到 $d \mid p_1 p_2 \cdots p_{k-1}$ 时有 $S(dp_k) = p_k$，于是由引理 1 可得

$$\prod_{d \mid n} S(d) = \prod_{d \mid p_1 p_2 \cdots p_{k-1}} S(d) \prod_{d \mid p_1 p_2 \cdots p_{k-1}} S(dp_k) =$$

$$\prod_{d \mid p_1 p_2 \cdots p_{k-2}} S(d) \prod_{d \mid p_1 p_2 \cdots p_{k-2}} S(dp_{k-1}) \prod_{d \mid p_1 p_2 \cdots p_{k-1}} S(dp_k) = \cdots =$$

$$\prod_{d \mid p_1} S(d) \prod_{d \mid p_1} S(dp_2) \prod_{d \mid p_1 p_2} S(dp_3) \cdots \prod_{d \mid p_1 p_2 \cdots p_{k-2}} S(dp_{k-1})$$

$$\prod_{d \mid p_1 p_2 \cdots p_{k-1}} S(dp_k) = p_1 \cdot p_2^{d(p_1)} \cdot p_3^{d(p_1 p_2)} \cdot \cdots \cdot p_{k-1}^{d(p_1 p_2 \cdots p_{k-2})} \cdot$$

$$p_k^{d(p_1 p_2 \cdots p_{k-1})} = p_1 \cdot p_2^2 \cdot \cdots \cdot p_{k-1}^{2^{k-2}} \cdot p_k^{2^{k-1}}$$

其中 $d(n)$ 为 Dirichlet 除数函数.

定理 2 的证明

当 $n = p_1 p_2 \cdots p_k$ 为无平方因子数时，利用定理 1 的证明方法及引理 2 可得

$$\prod_{d \mid n} SL(d) = \prod_{d \mid p_1 p_2 \cdots p_{k-1}} SL(d) \prod_{d \mid p_1 p_2 \cdots p_{k-1}} SL(dp_k) =$$

$$\prod_{d \mid p_1 p_2 \cdots p_{k-2}} SL(d) \prod_{d \mid p_1 p_2 \cdots p_{k-1}} SL(dp_{k-1}) \prod_{d \mid p_1 p_2 \cdots p_{k-1}} SL(dp_k) = \cdots =$$

$$\prod_{d \mid p_1} SL(d) \prod_{d \mid p_1} SL(dp_2) \prod_{d \mid p_1 p_2} SL(dp_3) \cdots \prod_{d \mid p_1 p_2 \cdots p_{k-1}} SL(dp_k) =$$

$$p_1 \cdot p_2^{d(p_1)} \cdot p_3^{d(p_1 p_2)} \cdot \cdots \cdot p_{k-1}^{d(p_1 p_2 \cdots p_{k-2})} \cdot p_k^{d(p_1 p_2 \cdots p_{k-1})} =$$

$$p_1 \cdot p_2^2 \cdot \cdots \cdot p_{k-1}^{2^{k-2}} \cdot p_k^{2^{k-1}}$$

当 $n = p^k$ 为素数方幂时，

$$\prod_{d \mid n} SL(d) = SL(p) SL(p^2) SL(p^3) \cdots SL(p^k) = p \cdot p^2 \cdot p^3 \cdot \cdots \cdot p^k = p^{\frac{k(k+1)}{2}}$$

定理 3 的证明

当 $n = p_1 p_2 \cdots p_k$ 为无平方因子数时，利用定义可得

$$\prod_{d \mid n} \overline{SL}(d) = \prod_{d \mid p_1 p_2 \cdots p_{k-1}} \overline{SL}(d) \prod_{d \mid p_1 p_2 \cdots p_{k-1}} \overline{SL}(dp_k) =$$

$$\prod_{d \mid p_1 p_2 \cdots p_{k-2}} \overline{SL}(d) \prod_{d \mid p_1 p_2 \cdots p_{k-2}} \overline{SL}(dp_{k-1}) \prod_{d \mid p_1 p_2 \cdots p_{k-1}} SL(dp_k) = \cdots =$$

$$\prod_{d\mid p_1}\overline{SL}(d)\prod_{d\mid p_1}\overline{SL}(dp_2)\prod_{d\mid p_1p_2}\overline{SL}(dp_3)\cdots\prod_{d\mid p_1p_2\cdots p_{k-1}}\overline{SL}(dp_k)=$$

$$p_1\cdot(p_1p_2)\cdot(p_1^2p_2p_3)\cdot(p_1^4p_2^2p_3p_4)\cdot(p_1^8p_2^4p_3^2p_4p_5)\cdot\cdots\cdot$$

$$(p_kp_{k-1}p_{k-2}^2p_{k-3}^{2^2}p_{k-4}^{2^3}\cdots p_1^{2^{k-2}})=p_1^{2^{k-1}}p_2^{2^{k-2}}p_3^{2^{k-3}}\cdots p_{k-1}^2p_k$$

当 $n=p^k$ 为素数方幂时，

$$\prod_{d\mid n}\overline{SL}(d)=\overline{SL}(1)\,\overline{SL}(p)\,\overline{SL}(p^2)\,\overline{SL}(p^3)\cdots\overline{SL}(p^k)=p\cdot p^2\cdot p^3\cdot\cdots\cdot p^k=p^{\frac{k(k+1)}{2}}$$

定理 4 的证明

当 $n=p_1p_2\cdots p_k$ 为无平方因子奇数时，利用定理1的证明方法及引理3可得

$$\prod_{d\mid n}Sdf(d)=\prod_{d\mid p_1p_2\cdots p_{k-1}}Sdf(d)\prod_{d\mid p_1p_2\cdots p_{k-1}}Sdf(dp_k)=$$

$$\prod_{d\mid p_1p_2\cdots p_{k-2}}Sdf(d)\prod_{d\mid p_1p_2\cdots p_{k-2}}Sdf(dp_{k-1})\prod_{d\mid p_1p_2\cdots p_{k-1}}Sdf(dp_k)=\cdots=$$

$$\prod_{d\mid p_1}Sdf(d)\prod_{d\mid p_1}Sdf(dp_2)\prod_{d\mid p_1p_2}Sdf(dp_3)\cdots\prod_{d\mid p_1p_2\cdots p_{k-1}}Sdf(dp_k)=$$

$$p_1\cdot p_2^{d(p_1)}\cdot p_3^{d(p_1p_2)}\cdot\cdots\cdot p_{k-1}^{d(p_1p_2\cdots p_{k-2})}\cdot p_k^{d(p_1p_2\cdots p_{k-1})}=$$

$$p_1\cdot p_2^2\cdot\cdots\cdot p_{k-1}^{2^{k-1}}\cdot p_k^{2^{k-1}}$$

当 $n=2p_1p_2\cdots p_k$ 为无平方因子偶数时，利用定理 1 的证明方法及引理3可得

$$\prod_{d\mid n}Sdf(d)=\prod_{d\mid 2p_1p_2\cdots p_{k-1}}Sdf(d)\prod_{d\mid 2p_1p_2\cdots p_{k-1}}Sdf(dp_k)=$$

$$\prod_{d\mid 2p_1p_2\cdots p_{k-2}}Sdf(d)\prod_{d\mid 2p_1p_2\cdots p_{k-2}}Sdf(dp_{k-1})\prod_{d\mid 2p_1p_2\cdots p_{k-1}}Sdf(dp_k)=\cdots=$$

$$\prod_{d\mid 2p_1}Sdf(d)\prod_{d\mid 2p_1}Sdf(dp_2)\prod_{d\mid 2p_1p_2}Sdf(dp_3)\cdots\prod_{d\mid 2p_1p_2\cdots p_{k-1}}Sdf(dp_k)$$
$$=$$

$$(2^2p_1^2)\cdot(2^2p_2^4)\cdot(2^4p_3^8)\cdot(2^8p_4^{16})\cdot\cdots\cdot(2^{2^{k-1}}p_k^{2^k})=$$

$$2^{2^k}\cdot p_1^2\cdot p_2^{2^2}\cdot p_3^{2^3}\cdot p_4^{2^4}\cdot\cdots\cdot p_k^{2^k}$$

定理 5 的证明

当 $n=p_1p_2\cdots p_k$ 为无平方因子数时，利用定理1的证明方法及引理4，并注意到 $Zw(n)$ 的可乘性，得

$$\prod_{d\mid n}Zw(d)=\prod_{d\mid p_1p_2\cdots p_{k-1}}Zw(d)\prod_{d\mid p_1p_2\cdots p_{k-1}}Zw(dp_k)=$$

$$\prod_{d\,|\,p_1p_2\cdots p_{k-2}} Zw(d) \prod_{d\,|\,p_1p_2\cdots p_{k-2}} Zw(dp_{k-1}) \prod_{d\,|\,p_1p_2\cdots p_{k-1}} Zw(dp_k) = \cdots =$$

$$\prod_{d\,|\,p_1} Zw(d) \prod_{d\,|\,p_1} Zw(dp_2) \prod_{d\,|\,p_1p_2} Zw(dp_3) \cdots \prod_{d\,|\,p_1p_2\cdots p_{k-1}} Zw(dp_k) =$$

$$p_1 \cdot (p_1 p_2^2) \cdot (p_1^2 p_2^2 p_3^4) \cdot \cdots \cdot (p_1^{2^{k-2}} \cdots p_{k-1}^{2^{k-2}} p_k^{2^{k-1}}) =$$

$$(p_1 p_2 \cdots p_{k-1} p_k)^{2^{k-1}}$$

当 $n = p^k$ 为素数方幂时，

$$\prod_{d\,|\,n} Zw(d) = Zw(1)Zw(p)Zw(p^2)Zw(p^3)\cdots Zw(p^k) = p \cdot p \cdot \cdots \cdot p = p^k$$

参考文献：

[1] SMARANDACHE F. Only Problems, Not Solutions[M]. Chicago：Xiquan Publishing House, 1993：17—60.

[2] CHARLES A. An Introduction to the Smarandache Function[M]. Vail：Erhus University Press, 1955：8—9.

[3] MURTHY A. Some Notions on Least Common Multiples[J]. Smarandache Notions Journal, 2001, 12(1—3)：307—308.

[4] FELICE R. A Set of New Smarandache Functions, Sequences and Conjectures in Number Theory[M]. USA：American Research Press, 2000：25—27.

作者简介： 郇　乐(1987 -)，女，陕西榆林人，硕士研究生，主要从事数论的研究.

基金项目： 国家自然科学基金资助项目(11071194).

原载：《西南大学学报》(自然科学版)2013 年第 4 期.

收录： 2014 年入选"领跑者 5000 平台".

责任编辑　廖　坤

几类与圈有关图的优美性

王　涛[1]，王　清[1]，李德明[2]

1.华北科技学院基础部,河北三河　065201；

2.首都师范大学数学系,北京　100048

摘　要：证明了：对任意自然数 n,k，非连通图 $C_{4k}^{(n)} \bigcup C_{4k-1}$，$C_{4k}^{(n)} \bigcup C_{4k} \bigcup C_{8k-1}$，$C_{4k}^{(n)} \bigcup P_{2k+5}$ 和 $C_{4k}^{(n)} \bigcup P_{3k+3}$ 是优美图.

在图的优美性的研究成果中，多数是关于连通图优美性的研究[1]，近年来也有不少关于非连通图优美性的结论[2-7].本文对与圈相关的非连通并图的优美性进行了研究，推广了文献[3-5]中的结论，证明了：非连通图 $C_{4k}^{(n)} \bigcup C_{4k-1}$，$C_{4k}^{(n)} \bigcup C_{4k} \bigcup C_{8k-1}$，$C_{4k}^{(n)} \bigcup P_{2k+5}$ 和 $C_{4k}^{(n)} \bigcup P_{3k+3}$ 是优美图.

本文所讨论的图 $G(V,E)$ 均为简单无向图.设 $V=V(G)$ 为图 G 的顶点集，$E=E(G)$ 为图 G 的边集，$|E|$ 为图 G 的边数，C_m 为有 m 个顶点的圈，P_n 为有 n 个顶点的路.设 n 个圈 C_m 的顶点分别为 $x_{i1},x_{i2},\cdots,x_{im}(i=1,2,\cdots,n)$，$C_m^{(n)}$ 是将这 n 个圈的顶点 $x_{i(m-1)}$ 和 $x_{(i+1)1}(i=1,2,\cdots,n-1)$ 粘合（共 $n-1$ 个粘合点）所构成的连通图.容易知道，$C_m^{(n)}$ 的顶点数为 $n(m-1)+1$，边数为 mn.用 $[a,b]$ 表示不小于 a 且不大于 b 的所有整数集. $A-B$ 表示集合 A 与 B 的差集.

定义 1　设图 $G=(V,E)$，k 为正整数，如果存在一个单射 $f:V \longrightarrow \{0,1,\cdots,|E|+k-1\}$，使得对所有的边 $uv \in E$，由 $f'(uv)=|f(u)-f(v)|$ 可导出一个双射 $f':E \longrightarrow \{k,k+1,\cdots,|E|+k-1\}$，则称图 G 是 k-优美图，f 是 G 的一个 k-优美标号.1-优美图也称优美图，1-优美标号也称优美标号.

下面 3 个结果是本文要推广的结论.

定理 A[3]　对任意自然数 $k \geqslant 1$，图 $C_{4k} \bigcup C_{4k-1}$ 是优美图.

定理 B[4]　对任意自然数 $k \geqslant 1$，图 $C_{4k} \bigcup C_{4k} \bigcup C_{8k-1}$ 是优美图.

定理 C[5]　对任意自然数 $k \geqslant 1$，图 $C_{4k} \bigcup P_{2k+5}$ 和 $C_{4k} \bigcup P_{3k+3}$ 是优美图.

定理 1　对任意自然数 $k \geqslant 1$，$n \geqslant 1$，图 $C_{4k}^{(n)} \bigcup C_{4k-1}$ 是优美图.

证　设 $C_{4k}^{(n)}$ 中第 i 个圈的顶点为 $x_{i1}, x_{i2}, \cdots, x_{i(4k)}(i=1,2,\cdots,n)$，圈 C_{4k-1} 的顶点为 $y_1, y_2, \cdots, y_{4k-1}$，且 $E = E(C_{4k}^{(n)} \bigcup C_{4k-1})$，则 $|E| = 4k(n+1) - 1$.

定义图 $C_{4k}^{(n)} \bigcup C_{4k-1}$ 的顶点标号为 f，$C_{4k}^{(n)}$ 中第 $i(i=1,2,\cdots,n)$ 个圈的顶点标号为

$$f(x_{ij}) = \begin{cases} \dfrac{j-1}{2} + 2k(i-1) & j = 1,3,5,\cdots,2k-1 \\[2mm] \dfrac{j+1}{2} + 2k(i-1) & j = 2k+1, 2k+3, \cdots, 4k-1 \\[2mm] 4k(n+1) - \dfrac{j}{2} - 2k(i-1) & j = 2,4,\cdots,4k \end{cases}$$

圈 C_{4k-1} 的顶点标号为

$$f(y_j) = \begin{cases} \dfrac{j+1}{2} + 2kn & j = 1,3,5,\cdots,2k-1 \\[2mm] k(2n-1) & j = 2k+1 \\[2mm] \dfrac{j-1}{2} + 2kn & j = 2k+3, 2k+5, \cdots, 4k-1 \\[2mm] 2k(n+2) - 1 - \dfrac{j}{2} & j = 2,4,\cdots,4k-2 \end{cases}$$

下面证明标号 f 是图 $C_{4k}^{(n)} \bigcup C_{4k-1}$ 的优美标号. 由于

$0 = f(x_{11}) < f(x_{13}) < f(x_{15}) < \cdots < f(x_{1(4k-1)}) =$

$f(x_{21}) < f(x_{23}) < f(x_{25}) < \cdots < f(x_{2(4k-1)}) =$

$f(x_{31}) < f(x_{33}) < \cdots < f(x_{3(4k-1)}) =$

$f(x_{(n-1)1}) < f(x_{(n-1)3}) < \cdots < f(x_{(n-1)(4k-1)}) =$

$f(x_{n1}) < f(x_{n3}) < f(x_{n5}) < \cdots < f(x_{n(2k-1)}) <$

$f(y_{2k+1}) < f(x_{n(2k+1)}) < f(x_{n(2k+3)}) < \cdots < f(x_{n(4k-1)}) <$

$f(x_{n3}) < \cdots < f(x_{n(4k-1)}) <$

$f(y_1) < f(y_3) < \cdots < f(y_{2k-1}) < f(y_{2k+3}) < f(y_{2k+5}) < \cdots <$

$f(y_{4k-1}) < f(y_{4k-2}) < f(y_{4k-4}) < f(y_{4k-6}) < \cdots <$

$f(y_4) < f(y_2) < f(x_{n(4k)}) < f(x_{n(4k-2)}) < f(x_{n(4k-4)}) < \cdots < f(x_{n2}) <$

$f(x_{(n-1)(4k)}) < f(x_{(n-1)(4k-2)}) < \cdots < f(x_{2(4k)}) < f(x_{2(4k-2)}) < \cdots <$

$$f(x_{22}) <$$
$$f(x_{1(4k)}) < f(x_{1(4k-2)}) < \cdots < f(x_{14}) < f(x_{12}) = 4k(n+1) - 1$$

故映射 $f: V \longrightarrow \{0, 1, \cdots, 4k(n+1)-1\}$ 是单射.

对所有的边 $uv \in E$, 设 $f'(uv) = |f(u) - f(v)|$, 则对 $C_{4k}^{(n)}$ 中的第一个圈有

$$f'(x_{1j}x_{1(j+1)}) = 4k(n+1) - j \qquad j = 1, 2, \cdots, 2k-1$$
$$f'(x_{11}x_{1(4k)}) = 4k(n+1) - 2k$$
$$f'(x_{1j}x_{1(j+1)}) = 4k(n+1) - 1 - j \qquad j = 2k, 2k+1, \cdots, 4k-1$$

从而序列 $4k(n+1) - 1 = f'(x_{11}x_{12}), f'(x_{12}x_{13}), \cdots, f'(x_{1(2k-1)}x_{1(2k)}),$ $f'(x_{11}x_{1(4k)}), f'(x_{1(2k)}x_{1(2k+1)}), f'(x_{1(2k+1)}x_{1(2k+2)}), \cdots, f'(x_{1(4k-1)}x_{1(4k)}) = 4kn$ 严格单调递减.

第一个圈的边标号集为 $\{4kn + j : j = 0, 1, 2, \cdots, 4k-1\}$. 由 $C_{4k}^{(n)}$ 中顶点标号的递推性知, 第 $i+1$ 个圈偶数位置的顶点标号比第 i 个圈对应偶数位置的顶点标号小 $2k$, 第 $i+1$ 个圈奇数位置的顶点标号比第 i 个圈对应奇数位置的顶点标号大 $2k$. 即当 j 为偶数时, $f(x_{(i+1)j}) - f(x_{ij}) = -2k$; 当 j 为奇数时, $f(x_{(i+1)j}) - f(x_{ij}) = 2k$. 因此, $C_{4k}^{(n)}$ 中第 $i(i = 1, 2, \cdots, n)$ 个圈的边标号集为 $\{4kn - 4k(i-1) + j : j = 0, 1, 2, \cdots, 4k-1\}$, $C_{4k}^{(n)}$ 中的边标号集为 $\{4k + i : i = 0, 1, 2, \cdots, 4kn-1\}$.

对圈 C_{4k-1} 中的边有

$$f'(y_j y_{j+1}) = 4k - 1 - j \qquad j = 2k+2, 2k+3, \cdots, 4k-2$$
$$f'(y_1 y_{4k-1}) = 2k - 2$$
$$f'(y_j y_{j+1}) = 4k - 2 - j \qquad j = 1, 2, \cdots, 2k-1$$
$$f'(y_{2k+1} y_{2k+2}) = 4k - 2 \qquad f'(y_{2k} y_{2k+1}) = 4k - 1$$

从而, 序列

$$1 = f'(y_{4k-2} y_{4k-1}), f'(y_{4k-3} y_{4k-2}), \cdots, f'(y_{2k+2} y_{2k+3}), f'(y_1 y_{4k-1})$$
$$f'(y_{2k-1} y_{2k}), f'(y_{2k-2} y_{2k-1}), \cdots, f'(y_1 y_2), f'(y_{2k+1} y_{2k+2}), f'(y_{2k} y_{2k+1}) = 4k - 1$$

严格单调递增.

所以 $f': E \longrightarrow \{1, 2, \cdots, 4k(n+1)-1\}$ 是双射. 因此图 $C_{4k}^{(n)} \bigcup C_{4k-1}$ 是优美图.

定理 2 对任意自然数 $k \geqslant 1$, $n \geqslant 1$, 图 $C_{4k}^{(n)} \bigcup C_{4k} \bigcup C_{8k-1}$ 是优美图.

证 设 $C_{4k}^{(n)}$ 中第 i 个圈的顶点为 $x_{i1}, x_{i2}, \cdots, x_{i(4k)}(i = 1, 2, \cdots, n)$, 圈

C_{4k} 的顶点为 $y_1,y_2,\cdots,y_{4k}$，圈 C_{8k-1} 的顶点为 $z_1,z_2,\cdots,z_{8k-1}$，且 $E = E(C_{4k}^{(n)} \bigcup C_{4k} \bigcup C_{8k-1})$，则 $|E| = 4k(n+3) - 1$.

定义图 $C_{4k}^{(n)} \bigcup C_{4k} \bigcup C_{8k-1}$ 的顶点标号为 f，$C_{4k}^{(n)}$ 中第 i $(i = 1,2,\cdots,n)$ 个圈的顶点标号为

$$f(x_{ij}) = \begin{cases} \dfrac{j-1}{2} + (2k-1)(i-1) & j = 1,3,5,\cdots,4k-1 \\[2mm] 4k(n+3) - 1 - \dfrac{j}{2} - (2k+1)(i-1) & j = 2,4,\cdots,2k-2 \\[2mm] 4k(n+3) - 2 - \dfrac{j}{2} - (2k+1)(i-1) & j = 2k,2k+2,\cdots,4k-2 \\[2mm] 4k(n+3) - 1 - (2k+1)(i-1) & j = 4k \end{cases}$$

圈 C_{4k} 的顶点标号为

$$f(y_j) = \begin{cases} 14k - \dfrac{j+3}{2} + (2k-1)(n-1) & j = 1,3,5,\cdots,2k-1 \\[2mm] 15k - 1 + (2k-1)(n-1) & j = 2k+1 \\[2mm] 14k - \dfrac{j+1}{2} + (2k-1)(n-1) & j = 2k+3,2k+5,\cdots,4k-1 \\[2mm] 2k + \dfrac{j}{2} + (2k-1)(n-1) & j = 2,4,\cdots,4k \end{cases}$$

圈 C_{8k-1} 的顶点标号为

$$f(z_j) = \begin{cases} 4k + \dfrac{j+1}{2} + (2k-1)(n-1) & j = 1,3,5,\cdots,4k-1 \\[2mm] 2k + (2k-1)(n-1) & j = 4k+1 \\[2mm] 4k + \dfrac{j-1}{2} + (2k-1)(n-1) & j = 4k+3,4k+5,\cdots,8k-1 \\[2mm] 12k - \dfrac{j}{2} - 1 + (2k-1)(n-1) & j = 2,4,\cdots,8k-2 \end{cases}$$

类似定理 1 可证明定理 2.

例 1 考虑图 $C_8^{(3)} \bigcup C_8 \bigcup C_{15}$ 的优美标号.

$C_8^{(3)}$ 中第一个圈的顶点标号为：$0,46,1,44,2,43,3,47$. $C_8^{(3)}$ 中第二个圈的顶点标号为：$3,41,4,39,5,38,6,42$. $C_8^{(3)}$ 中第三个圈的顶点标号为：$6,36,7,34,8,33,9,37$. 两个标号为 3 和 6 的为粘合点. 圈 C_{4k} 的顶点标号为：$32,11,31,12,35,13,30,14$. 圈 C_{15} 的顶点标号为：$15,28,16,27,17,26,18,25,10,24,19,23,20,22,21$.

定理 3 对任意自然数 $k \geqslant 1$，$n \geqslant 1$，图 $C_{4k}^{(n)} \bigcup P_{2k+5}$ 和 $C_{4k}^{(n)} \bigcup P_{3k+3}$ 是优美图.

证 设 $C_{4k}^{(n)}$ 中第 i 个圈的顶点为 $x_{i1}, x_{i2}, \cdots, x_{i(4k)}$ $(i = 1, 2, \cdots, n)$，路 P_{2k+5} 的顶点为 $y_1, y_2, \cdots, y_{2k+5}$，路 P_{3k+3} 的顶点为 $z_1, z_2, \cdots, z_{3k+3}$. 设 $E = E(C_{4k}^{(n)} \bigcup P_m)$，则 $|E| = 4kn + m - 1$.

定义图 $C_{4k}^{(n)} \bigcup P_m (m = 2k + 5, 3k + 3)$ 的顶点标号为 f，$C_{4k}^{(n)}$ 中第 i $(i = 1, 2, \cdots, n)$ 个圈的顶点标号为

$$f(x_{ij}) = \begin{cases} \dfrac{j-1}{2} + (2k-1)(i-1) & j = 1, 3, 5, \cdots, 4k - 1 \\[2mm] 4kn + m - \dfrac{j}{2} - (2k+1)(i-1) & j = 2, 4, \cdots, 2k \\[2mm] 4kn + m - 1 - \dfrac{j}{2} - (2k+1)(i-1) & j = 2k+2, 2k+4, \cdots, 4k \end{cases}$$

路 P_{2k+5} 和 P_{3k+3} 的顶点标号分别为

$$f(y_j) = \begin{cases} 4k + 3 + (2k-1)(n-1) & j = 1 \\[2mm] 2k + \dfrac{j-3}{2} + (2k-1)(n-1) & j = 3, 5, \cdots, 2k+5 \\[2mm] 4k + 3 - \dfrac{j}{2} + (2k-1)(n-1) & j = 2, 4, \cdots, 2k+2 \\[2mm] 5k + 4 + (2k-1)(n-1) & j = 2k+4 \end{cases}$$

$$f(z_j) = \begin{cases} 2k + \dfrac{j+1}{2} + (2k-1)(n-1) & j = 1, 3, \cdots, a \\[2mm] 5k + 2 - \dfrac{j}{2} + (2k-1)(n-1) & j = 2, 4, \cdots, 2k-2 \\[2mm] 6k + 2 + (2k-1)(n-1) & j = 2k \\[2mm] 2k + (2k-1)(n-1) & j = 2k+2 \\[2mm] 5k + 4 - \dfrac{j}{2} + (2k-1)(n-1) & j = 2k+4, 2k+6, \cdots, b \end{cases}$$

其中 a, b 分别表示不超过 $3k + 3$ 的最大奇数和偶数.

1) 当 $m = 2k + 5$ 时，$C_{4k}^{(n)}$ 和 P_{2k+5} 中的顶点标号集分别为

$[0, n(2k-1)] \bigcup [2kn + m - n, 4kn + m - 1] - \{4kn + m - k - 1 - j(2k+1) : j = 0, 1, \cdots, n-1\}$

和

$[2kn - n + 1, 2kn + 2k - n + 4] \bigcup \{2kn + 3k - n + 5\}$

图 $C_{4k}^{(n)} \bigcup P_{2k+5}$ 的顶点标号集为

$$[0, 4kn+m-1]-\{4kn+m-k-1-j(2k+1): j=0,1,\cdots,n-2\}$$

当 $n=1$ 时，$C_{4k}^{(n)} \bigcup P_{2k+5}$ 的顶点标号集为 $[0, 4kn+m-1]$. 映射 $f:$ $V \longrightarrow \{0, 1, \cdots, 4kn+m-1\}$ 是单射.

容易计算出 $C_{4k}^{(n)}$ 中第 $i(i=1,2,\cdots,n)$ 个圈的边标号集为 $[4k(n-i)+m, 4k(n-i+1)+m-1]$，$P_m$ 的边标号集为 $[1, m-1]$，图 $C_{4k}^{(n)} \bigcup P_m$ 的边标号集为 $[1, 4kn+m-1]$.

因此，映射 f 是图 $C_{4k}^{(n)} \bigcup P_{2k+5}$ 的优美标号.

2) 当 $m=3k+3$ 时，类似1) 可证映射 f 是图 $C_{4k}^{(n)} \bigcup P_{3k+3}$ 的优美标号.

例 2　考虑 $C_{12}^{(4)} \bigcup P_{12}$ 的优美标号. $C_{12}^{(4)}$ 中 4 个圈的顶点标号分别为：

0,59,1,58,2,57,3,55,4,54,5,53；

5,52,6,51,7,50,8,48,9,47,10,46；

10,45,11,44,12,43,13,41,14,40,15,39；

15,38,16,37,17,36,18,34,19,33,20,32.

其中 3 个粘合点的标号为：5,10,15. 路 P_{12} 的顶点标号分别为：22,31,23,30,24,35,25,21,26,29,27,28.

参考文献：

[1]程　辉,刘文娟,姚　兵.具有完美匹配的对虾树是强优美树[J].西南大学学报(自然科学版),2012,34(4):89－92.

[2]于艳华,王文祥,张昆龙.k-优美图与优美图 G_{k-1} 的优美性研究[J].西南师范大学学报(自然科学版),2012,37(5):1－5.

[3]ABRHAM J,KOTZIG A.Graceful Valuation of 2-Regular Graphs with Two Components[J].Discrete Mathematics,1996,150(1):3－15.

[4]董俊超.$(C_{4k} \bigcup C_{4k} \bigcup C_m)$ 的优美性[J].烟台大学学报(自然科学与工程版),1999,12(4):238－241.

[5]梁志和,白占立,于向东.几类 $C_m \bigcup P_n$ 图的优美性[J].河北大学学报(自然科学版),1999,19(1):71－72.

[6]潘　伟,路　线.两类非连通图 $(P_2 \vee \overline{K_n}) \bigcup St(m)$ 及 $(P_2 \vee \overline{K_n}) \bigcup T_n$ 的优美性[J].吉林大学学报(理学版),2003,41(2):152－154.

[7]魏丽侠,贾治中.非连通图 $G_1 \bigcup G_2$ 及 $G_1 \bigcup G_2 \bigcup K_2$ 的优美性[J].应用数学学报,2005,28(4):689－694.

作者简介：王　涛(1972 –)，男，河北迁安人，副教授，主要从事图论的研究.

基金项目：国家自然科学基金资助项目(10201022)；北京市自然科学基金资助项目(1102015)；中央高校基本科研业务费资助项目(2011B019，3142013104，JCB1207B).

原载：《西南大学学报》(自然科学版)2013 年第 8 期.

收录：2014 年入选"领跑者 5000 平台".

责任编辑　廖　坤

忆阻 Fourier 神经网络在图像复原中的应用

王丽丹， 段书凯， 段美涛

西南大学电子信息工程学院，重庆　400715

摘　要：将传统 Fourier 神经网络与忆阻器相结合，用忆阻器做突触，构建新型的忆阻 Fourier 神经网络．推导忆导变化与权值更新的关系，提出忆阻突触权值更新规则，构建单输入忆阻 Fourier 神经网络，提出忆阻 BP 算法对模糊二值图像和灰度进行处理．Matlab 仿真实验表明该算法可以有效实现图像复原，提高图像清晰度．忆阻 Fourier 神经网络有望用于解决复杂的图像处理问题．

　　图像在获取和传输过程中，会降低清晰度．然而，在许多领域都需要清晰、高质量的图像，因此图像复原有重要的研究意义．图像复原有很多经典方法，如逆滤波、维纳滤波、约束最小平方滤波、非线性复原、盲去卷积、图像几何复原等[1]．然而，传统方法无法获得准确的点扩散函数，复原时存在困难，而神经网络具有良好的并行计算能力、鲁棒性和自适应学习能力，因此在这方面显示出了优势．近年来，BP 神经网络[2-5]、Hopfield 神经网络[6]、混沌神经网络[7]、Fourier 神经网络[8]等神经网络在图像复原领域得到了广泛的应用．然而用于图像复原的一般神经网络运算量大、收敛慢、容易陷于局部最小值．实验证实，Fourier 神经网络用于图像复原具有更优异的效果，但存在难以用硬件电路实现的问题．忆阻器是电子领域的新型电路元件，非常适合作神经网络中的突触，利用忆阻器可以实现忆阻细胞神经网络[9]、忆阻脉冲神经网络[10]及离散时间忆阻细胞神经网络[11]等忆阻神经网络，同时便于用超大规模集成电路（VLSI）实现．本文将忆阻器与 Fourier 神经网络相结合构建的新型忆阻 Fourier 神经网络有以下方面的优势：

①单输入忆阻 Fourier 神经网络只需 3 层就可实现图像复原；② 忆阻 Fourier 神经网络只需调整隐层到输出层的权值，调整工作量大大减少，有利于加快算法的收敛性；③ 由于忆阻器的无源性且尺寸小，用忆阻器做突触所构建忆阻 Fourier 神经网络硬件电路功耗低，芯片密集度高，便于用大规模集成电路实现.

本文从理论分析和 Matlab 仿真两方面建立了忆导与突触权值变量的对应关系，并将忆阻器作为 Fourier 神经网络中的突触，构建新型的忆阻 Fourier 神经网络，然后提出忆阻 BP 学习算法实现了图像复原.

1 忆阻突触

本文利用忆阻器作突触，实现连续突触权值的存储与更新，从而构建新型的忆阻 Fourier 神经网络. HP 实验室提出的忆阻器物理模型[12]如图 1 所示. 其中 $W(t)$ 表示掺杂层宽度，D 表示忆阻器厚度. 文

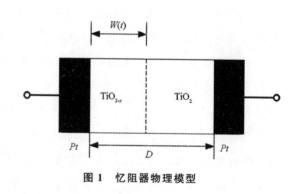

图1 忆阻器物理模型

献[13]定义忆导变化 $\dfrac{\mathrm{d}G}{\mathrm{d}t}$ 为忆阻器两端电压 U 的函数，文献[14]构建忆阻器电导值为

$$\frac{\mathrm{d}G}{\mathrm{d}t} = \alpha\sinh(\beta U),\tag{1}$$

其中：α 和 β 依赖于忆阻器的材料、尺寸、制造工艺等因素. 设 $\alpha=4$，$\beta=3$，忆导变化与电压关系曲线如图 2 所示.

2 忆阻 Fourier 神经网络建模

实验设定 Fourier 神经网络的输入输出层神经元为线性激励函数，隐层神经元的激励函数为一组傅立叶三角正交基函数：

$$\left\{1,cos\frac{\pi x}{1},sin\frac{\pi x}{1},cos\frac{2\pi x}{1},sin\frac{2\pi x}{1},\cdots,cos\frac{m\pi x}{1},sin\frac{m\pi x}{1}\right\},x\in(-1,1). \quad (2)$$

将忆阻器作为突触构建单输入忆阻 Fourier 神经网络模型如图 3 所示,它由输入层、隐层和输出层组成,其中输入层至隐层的权值固定为 1,隐层至输出层的权值由忆导控制,所有神经元的阈值设定为 0,隐层有 $2m+1$ 个神经元并用一组 Fourier 正交函数系 $T_i(x)$ 作为传递函数,$i=0,1,2,\cdots,2m$,其中,

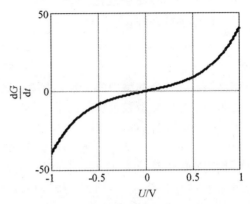

图 2 忆导变化与电压关系曲线

$$T_i(x)=\begin{cases}1, & i=0, \\ \cos\left(\dfrac{i+1}{2}\dfrac{\pi x}{l}\right), & i=1,3,5,\cdots,2m-1, \\ \sin\left(\dfrac{i}{2}\dfrac{\pi x}{l}\right), & i=2,4,6,\cdots,2m.\end{cases} \quad (3)$$

3 图像复原的忆阻 BP 算法

对于大小为 $M\times N$ 的图像,忆阻 Fourier 神经网络实现图像复原算法如下:

输入层:$o=x$.

隐层神经元输入:$net_i=o$.

隐层神经元输出:$o_i=T_i(net_i)$.

输出层:

$$y=\sum_{i=0}^{2m}W_iO_i=\sum_{i=0}^{2m}W_iT_i(x). \quad (4)$$

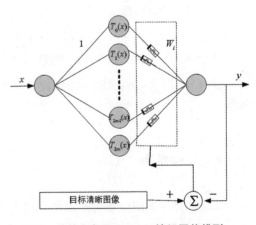

图 3 单输入忆阻 Fourier 神经网络模型

设样本 $(y_t, f(x_t))$，$t = 1, 2, \cdots, s$，在 $M \times N$ 输入作用下，网络输出 y 与目标值 $f(x)$ 的误差记为 $e_t = f(x_t) - y_t$ U

网络训练指标：

$$E = \frac{1}{2} \sum_{t=1}^{M \times N} e_t^2. \tag{5}$$

用忆阻器作神经网络中的突触，为建立忆阻器电导与突触权值变量的关系，必须设定忆阻突触权值更新的学习法则. 由(1)式可知，当 Δt 很小的时候，可以用 ΔG 代替 dG，可得：

$$\Delta G = \alpha \sinh(\beta U) \times \Delta t. \tag{6}$$

将忆阻器的电导值 G 与 Fourier 神经网络中的突触变量 W 相对应，令忆阻 Fourier 神经网络通过如下学习规则来更新权值：

$$\Delta W(k) = \eta \cdot \alpha \sinh[\beta(y_d(k) - y(k))] \cdot T, \tag{7}$$

其中：$\eta = \Delta t$ 为学习率，$y_d(k)$ 为目标清晰图像像素值，$y(k)$ 为 Fourier 神经网络的实际输出图像像素值.

忆阻 BP 学习算法实现图像复原的步骤如下：

步骤 1：任取隐神经元个数 $n \geqslant 3$，选取初始权值 $W_i(0)$ 为忆阻器初始电导，学习率 $0 < \eta < 1$，ε 为给定任意小正数，令 $E = 0$，$t = 1$，$k = 0$.

步骤 2：计算

$$y_t(k_1) = \sum_{i=0}^{2m} W_i T_i(x_t), \ e_t = f(x_t) - y_t(k), \ E = E + 0.5 e_t^2. \tag{8}$$

步骤 3：权值调整

$$W_i(k + 1) = W_i(k) + \Delta W_i(k). \tag{9}$$

步骤 4：$t = t + 1$，若 $t < s$，则跳回步骤 2，否则转步骤 5.

步骤 5：若 $E \leqslant \varepsilon$，则结束学习，否则令 $E = 0$，$t = 1$，$k = k + 1$，跳回步骤 2.

4 实验结果

本实验用二值图像和灰度图像分别进行测试，二值图像去噪实验中，由于噪声与图像像素值关系不大，因此选取噪声图像的像素值作为训练样本，原始清晰图像的对应像素值作为训练目标值，而在灰度图像去模糊实验中，由于模糊与图像像素值关系密切，相同像素值邻域不同则模糊程度也完全不同,因此选取 3×3 的滑动窗口对模糊图像进行采样.用峰值信噪比(Peak Signal to Noise Ratio)来描述图像复原效果,即

$$PSNR = -10 \log_{10} \frac{\sum\limits_{i=1}^{M} \sum\limits_{j=1}^{N} [f(i,j) - \hat{f}(i,j)]^2}{A^2}, \quad (10)$$

其中:$f(i,j)$ 表示目标清晰图像的灰度值,$\hat{f}(i,j)$ 表示复原图像的灰度值,A 表示退化图像的最大灰度值,PSNR 越大,说明图像复原效果越好.

4.1 二值图像去噪

本实验采用 20×20 的二值图像"A"进行实验,图 4 为原始清晰图像,通过加均值为 0,方差为 0.02 的高斯噪声得到带有噪声的图像,如图 5 所示.取忆阻器初始值 $M(0)=1×10^3\,\Omega$,忆阻 Fourier 神经网络的结构为 1×11×1,学习次数 k 为 1 000 次,目标误差为 $2×10^{-4}$,学习率为 0.001,通过 MATLAB 仿真,忆阻 Fourier 神经网络学习 17 次就满足了目标误差,得实际误差为 $1.949\,5×10^{-4}$,二值图像复原过程如图 6 所示.忆阻 Fourier 神经网络学习过程中的误差变化如图 7 所示,训练后,最终的忆阻突触权值如图 8 所示.

图 4　原始清晰图像

图 5　带噪声图像

(a) k=2　　　(b) k=5　　　(c) k=8　　　(d) k=11　　　(e) k=14　　　(f) k=17

图 6　二值图像去噪过程

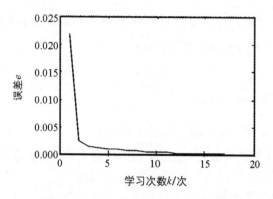

图 7　忆阻 Fourier 神经网络误差曲线

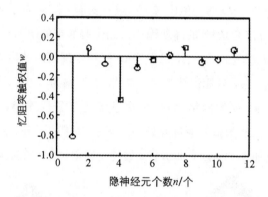

图 8　忆阻 Fourier 神经网络最终的忆阻突触权值

4.2　灰度图像去模糊

采用 100×100 的灰度图像"character"进行实验. 图 9 为原始清晰图像,通过加大小为 9×9 的高斯模糊,得到模糊图像(图 10). 取忆阻器初始值为 $M(0)=1 \times 10^3 \Omega$,忆阻 Fourier 神经网络的结构为 $1 \times 21 \times 1$,学习次数 k 为 1 000 次,目标误差为 2×10^{-4},学习率为 0.000 1,通过 MAT-LAB 仿真,该忆阻 Fourier 神经网络学习 81 次就满足了目标误差,得实际误差为 $1.995 1 \times 10^{-4}$,灰度图像去模糊过程如图 11 所示.该忆阻 Fourier 神经网络学习过程中的误差变化如图 12 所示,训练后,最终的忆阻突触权值如图 13 所示.

图 9　原始清晰图像

图 10　模糊图像

(a) $k=1$

(b) $k=10$

(c) $k=30$

(d) $k=50$

(e) $k=70$

(f) $k=81$

图 11　灰度图像去模糊过程

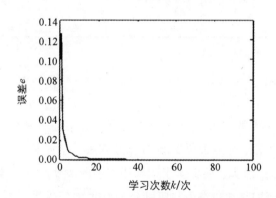

图 12　忆阻 Fourier 神经网络误差曲线

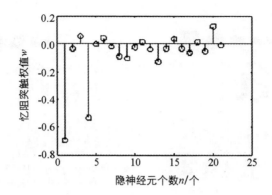

图 13　忆阻 Fourier 神经网络最终的忆阻突触权值

复原前后图像的峰值信噪比见表 1. 可以看出，本实验忆阻 Fourier 神经网络能实现满意的图像复原.

表 1　忆阻 Fourier 神经网络图像复原 PSNR 比较

图像类型	PSNR	
	二值图像去噪	灰度图像去模糊
模糊图像	8.852 4	18.760 4
复原图像	34.701 1	33.268 7

5　结　论

本文将忆阻器和 Fourier 神经网络相结合，构建了新型的忆阻 Fourier 神经网络，提出忆阻突触权值更新的学习算法，并实现了二值图像去噪及灰度图像去模糊. 仿真实验证实了该算法实现图像复原的有效性，同时，该新型的忆阻神经网络比传统的忆阻神经网络更加便于进行参数调节且网络结构更加简单. 本文设计的忆阻 Fourier 神经网络有望用于模式识别、数据压缩等方面.

参考文献：

[1]高展宏,徐文波.基于 MATLAB 的图像处理案例教程[M].北京:清华大学出版社,2011.

[2]景越峰,刘　军,管永红.基于 BP 神经网络的闪光照相图像复原[J].强激光与粒子束,2012,24(9):2215－2219.

［3］SUBASHINI P，KRISHNAVENI M，VIJAY S.Image Deblurring Using Back Propagation Neural Network［J］.World of Computer Science and Information Technology Journal，2011，1(6)：277－282.

［4］KHARE C，NAGWANSHI K K.Image Restoration in Neural Network Domain Using Back Propagation Network Approach［J］.International Journal of Computer Information Systems，2011，2(5)：25－31.

［5］高艺文，贺可鑫，陶青川，等.基于 BP 神经网络的雾天图像复原算法［J］.微计算机信息，2011，27(2)：165－167.

［6］韩玉兵，吴乐南.基于状态连续变化的 Hopfield 神经网络的图像复原［J］.信号处理，2004，20(5)：431－435.

［7］丁　伟.基于混沌神经网络的图像复原算法［J］.计算机与数字工程，2012，40(6)：127－129，150.

［8］田启川，田茂新.基于 Fourier 神经网络的图像复原算法［J］.计算机应用研究，2012，29(3)：1143－1145.

［9］高士咏，段书凯，王丽丹.忆阻细胞神经网络及图像去噪和边缘提取中的应用［J］.西南大学学报(自然科学版)，2011，33(11)：63－70.

［10］AFIFI A，AYATOLLAHI A，RAISSI F.Implementation of Biologically Plausible Spiking Neural Network Models on the Memristor Crossbar-based CMOS/Nano Circuits［C］//2009 European Conference on Circuit Theory and Design.New York：IEEE Press，2009：563－566.

［11］ITOH M，CHUA L O.Memristor Cellular Automata and Memristor Discrete-Time Cellular Neural Networks［J］.International Journal of Bifurcation and Chaos，2009，19(11)：3605－3656.

［12］STRUKOV D B，SNIDER G S，STEWART D R，et al.The Missing Memristor Found［J］.Nature，2008，453(7191)：80－83.

［13］SNIDER G.Spike-Timing-Dependent Learning in Memristive Nanodevices［C］//IEEE/ACM International Symposium on Nanoscale Architec-tures.New York：IEEE Press，2008：85－92.

［14］AFIFI A，AYATOLLAHI A，RAISSI F.STDP Implementation Using Memristive Nanodevice in CMOS-Nano Neuromorphic Networks［J］.IEICE Electronics Express，2009，6(3)：148－153.

作者简介: 王丽丹(1976-)，女，河南长垣人，教授，硕士生导师，主要从事人工神经网络、非线性系统与电路设计、生物电子电路和神经形态系统的研究.

基金项目: 新世纪优秀人才支持计划项目(教技函〔2013〕47号)；国家自然科学基金资助项目(61372139,61101233,60972155)；教育部"春晖计划"科研项目(Z2011148)；留学人员科技活动项目择优资助经费资助项目(国家级，优秀类，渝人社办〔2012〕186号)；重庆市高等学校优秀人才支持计划项目(渝教人〔2011〕65号)；重庆市高等学校青年骨干教师资助计划项目(渝教人〔2011〕65号)；中央高校基本科研业务费专项资金项目(XD-JK2012A007，XDJK2013B011).

原载:《西南大学学报》(自然科学版)2014年第1期.

收录: 2014年入选"领跑者5000平台".

责任编辑 张 枸

国内新型城镇化研究进展的文献计量分析

申丽娟[1]，　谢　佳[2]，　丁恩俊[2]

1.西南大学政治与公共管理学院，重庆　400715；

2.西南大学图书馆，重庆　400715

摘　要:新型城镇化是经济发展和现代化的重要标志，已经成为社会转型的重要特征.通过中国学术期刊网络出版总库(CAJD)平台，借助于文献计量学和数理统计法，对2005—2014年国内新型城镇化研究文献的年份、核心作者、研究机构、研究层次、基金资助、学科类别、研究主题等指标进行了整理和分析，为了解新型城镇化领域研究进展提供参考依据.

　　改革开放以来，随着越来越多的农村人口进城，城镇人口迅速增加，由1978年的1.7亿增加到2014年的7.5亿；城镇化率稳步提升，由1978年的17.9%增长到2014年的54.77%.但与此同时，滋生了严重的经济社会问题与风险，阻碍了城镇化的健康有序发展，这就要求各界积极探索新型城镇化的相关理论与实践经验.十八大报告、十八届三中全会《中共中央关于全面深化改革若干重大问题的决定》(下简称《决定》)对于新型城镇化的相继提及以及国务院对于新型城镇化的战略规划部署，激发了学界研究新型城镇化的热潮并产生了丰富的研究成果.本文利用中国学术期刊网络出版总库(CAJD)平台，借助文献计量学和数理统计法，系统梳理近年来新型城镇化研究文献的基本情况，以期能够较为全面地、系统地把握国内新型城镇化的研究进展.

1 数据来源与方法

数据的准确性与完整性是进行文献计量分析的前提条件,更是本论文研究所要解决的关键问题. 为了充分了解国内新型城镇化研究的现实状况,本研究以 CAJD 为数据来源,在 2014 年 12 月 31 日对新型城镇化研究的相关文献进行检索.

研究文献的具体确立和甄选过程如下:首先,以 CSSCI 为来源期刊类别,以新型城镇化为主题,共检索到 1 192 篇文献;其次,运用人工筛选方式排除与新型城镇化研究相关度不大的文献,再逐一排除重复发表、会议通知与报道、专家访谈、征文启事等非学术性文献;最后,剔除没有关键词的文献,得到纳入分析的文献 810 篇.

2 结果与分析

2.1 文献年份分布

研究文献的分布年份可以反映某领域在某时段内的研究进展与水平. 通过对研究文献的梳理发现,2005—2014 年国内新型城镇化研究的相关文献总量为 810 篇(图 1). 以冯尚春(2005)发表的《中国特色城镇化道路与产业结构升级》为起点,国内学界开始了新型城镇化相关内容的缓慢研究,直至 2012 年研究新型城镇化相关内容的文献共有 70 篇. 此后,新型城镇化研究呈现井喷之势,2013 年的研究文献为 271 篇,2014 年的研究文献已经达到 469 篇. 究其原因,在于党的十八大报告(2012)强调,要在提高城镇化质量上下功夫,提出坚持走中国特色新型城镇化道路. 党的十八届三中全会《决定》(2013)对中国特色新型城镇化道路给予了具体阐释. 2014 年 3 月,中共中央、国务院印发了《国家新型城镇化规划(2014—2020)》. 新型城镇化是党的十八大以来明确提出的新要求,引发了学界对于新型城镇化的研究热潮. 这说明,新型城镇化研究与党和政府的战略指向和政策引导紧密相关.

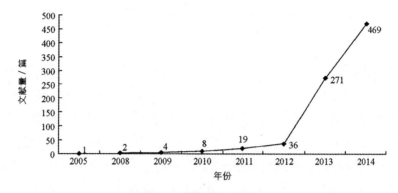

图1 文献年份分布状况

表1 发文量在3篇及以上的高产核心作者

序号	作者	篇数	单 位	序号	作者	篇数	单 位
1	辜胜阻	6	武汉大学	8	孙红玲	4	湖南商学院
2	张占斌	5	国家行政学院	9	黄亚平	3	华中科技大学
3	刘士林	4	上海交通大学	10	李子联	3	江苏师范大学
4	倪鹏飞	4	中国社会科学院	11	王发曾	3	河南大学
5	张占仓	4	河南省科学院	12	黄建洪	3	苏州大学
6	仇保兴	4	住房和城乡建设部	13	苏昕	3	山西大学
7	石忆邵	4	同济大学	—	—	—	—

2.2 文献作者及研究机构分布

根据文献计量学对于核心作者重要特征的界定,即在学科领域内的不可替代性(重要性)和突出影响力,可从发文量来评价核心作者的重要性和影响力[1]. 依据普赖斯定律公式进行分析: $M_p = 0.749\sqrt{N_{p\max}}$. 2005—2014年新型城镇化研究中以第一作者(包含独立作者)发文量最多的为6篇,通过公式计算得到值为1.835,按照取整选择,发表2篇及以上论文的第一作者(包含独立作者)可入选为核心作者.据此,可统计出新型城镇化研究领域的核心作者有56人,共发表论文136篇,占文献总量的16.79%.与核心作者发文量应占发文总量20%的下限相比,该比例略低,说明近年来国内新型城镇化研究正在形成一支较为稳定的核心作者群.表1是发文量在3篇及以上的高产核心作者,以武汉大学的辜胜阻教授作为第一作者发文6篇为最多,其次是国家行政学院的张占斌教授发文5篇.可以说,他们是国内新型城镇化研究领域的权威学者,为推动新型城镇化深入研究做出了重要的贡献.

　　研究机构是作者进行学术研究的依托,为学者研究提供了基本科研平台,尤其是核心研究机构及其动向更成为学者研究的风标. 表2是发文量在5篇及以上的核心研究机构,以中国社会科学院的发文数量30篇为最多,其次是中国人民大学发文27篇,与其他院校的发文量有着明显差距. 由表2可知,国内新型城镇化研究的主要依托平台除了各大高校之外,还有中国社会科学院、中国科学院(大学)、国务院(发展研究中心和参事室)等专职研究机构. 这说明,近年来,国内的新型城镇化研究不仅是高校系统的研究热点,还引起了政府部门的高度重视与极大兴趣.

表2　发文量在5篇及以上的核心研究机构

序号	单　位	篇数	序号	单　位	篇数	序号	单　位	篇数
1	中国社会科学院	30	11	西南财经大学	9	21	苏州大学	7
2	中国人民大学	27	12	国家行政学院	9	22	中南财经政法大学	7
3	南京大学	16	13	河南大学	9	23	兰州大学	7
4	南开大学	16	14	同济大学	8	24	清华大学	6
5	武汉大学	16	15	华中师范大学	8	25	山东大学	6
6	北京大学	15	16	东北师范大学	8	26	上海交通大学	6
7	华东师范大学	15	17	西北大学	8	27	华东理工大学	6
8	四川大学	12	18	东北财经大学	7	28	国务院	6
9	北京师范大学	11	19	华中科技大学	7	29	复旦大学	6
10	吉林大学	10	20	中央财经大学	7	30	中国科学院	5

表3　国内新型城镇化研究前20位的高被引文献

序号	主要作者	标　题	被引频次	期刊名	年/期
1	张占斌	新型城镇化的战略意义和改革难题	165	国家行政学院学报	2013/1
2	倪鹏飞	新型城镇化的基本模式、具体路径与推进对策	93	江海学刊	2013/1
3	吴江	中国新型城镇化进程中的地方政府行为研究	79	中国行政管理	2009/3

序号	主要作者	标　　题	被引频次	期刊名	年/期
4	张占仓	河南省新型城镇化战略研究	74	经济地理	2010/9
5	王永苏	试论中原经济区工业化、城镇化、农业现代化协调发展	70	中州学刊	2011/3
6	王发曾	中原经济区的新型城镇化之路	70	经济地理	2010/12
7	仇保兴	中国特色的城镇化模式之辨	65	城市发展研究	2009/1
8	沈清基	论基于生态文明的新型城镇化	64	城市规划学刊	2013/1
9	单卓然	"新型城镇化"概念内涵、目标内容、规划策略及认知误区解析	55	城市规划学刊	2013/2
10	黄亚平	新型城镇化背景下异地城镇化的特征及趋势	45	城市发展研究	2011/8
11	曾志伟	新型城镇化新型度评价研究	38	城市发展研究	2012/3
12	仇保兴	我国城镇化中后期的若干挑战与机遇	34	城市规划	2010/1
13	吴江	重庆新型城镇化路径选择影响因素的实证分析	30	西南大学学报（社会科学版）	2012/2
14	李程骅	科学发展观指导下的新型城镇化战略	26	求是	2012/14
15	辜胜阻	城镇化要从"要素驱动"走向"创新驱动"	26	人口研究	2012/6
16	李程骅	新型城镇化战略下的城市转型路径探讨	24	南京社会科学	2013/2
17	何平	中国城镇化质量研究	23	统计研究	2013/6
18	刘静玉	河南省新型城镇化的空间格局演变研究	23	地域研究与开发	2012/5
19	王小刚	走新型城镇化道路	23	社会科学研究	2011/5
20	黄亚平	欠发达山区县域新型城镇化动力机制探讨	22	城市规划学刊	2012/4

2.3 文献内容分布

对于文献内容的分析,主要是基于研究层次、基金资助、学科类别、研究主题等维度来考察. 从研究层次来看,国内新型城镇化研究主要集中在理论基础研究和政策研究. 从学科类别来看,新型城镇化研究主要集中于宏观经济管理与可持续发展、农业经济、经济体制改革、行政学及国家行政管理等方面,涵盖了管理学、政治学、经济学等学科,证明该领域具有较大的综合交叉性质. 从基金资助情况来看,在纳入分析的 810 篇新型城镇化研究文献中,有 475 篇文献获得了各类基金项目的资助,占总文献的 58.64%;在获得基金资助的研究文献中,获得国家基金(包括国家社会科学基金重大项目、重点项目、一般项目、青年项目以及国家自然科学基金等)资助的文献有 228 篇,是获得基金资助文献总量的 48%.

研究主题是一篇研究文献具体内容的集中呈现,可谓研究精华的高度浓缩,可通过高被引文献和高频关键词来反映. 表 3 是 2005—2014 年国内新型城镇化领域前 20 位的高被引文献,涵盖了新型城镇化的概念内涵、评价体系、模式路径、"三化"协调、对策等方面内容. 对于关键词的处理,在合并归类相关词、近义词之后,对文献中所有的关键词频数进行排序,并以 7 次为频数阈值,共获得 64 个高频关键词(详见表 4). 这 64 个高频关键词累计频次 1371 次,占总频次的 44.4%,平均频次 21.4 次. 结合高被引文献和高频关键词,可以确定近年来国内新型城镇化研究的热点主题为:新型城镇化的内涵及其评价体系,城镇化与工业化、农业现代化、信息化的关系,农民工及其市民化,城乡关系,小城镇、城市群与区域城镇化,新型城镇化进程中的公共服务、规划、生态、户籍、经济、房地产、投融资、文化、土地、社会保障、科技等问题及其对策.

表 4　高频关键词表(频数 ≥ 7)

序号	关键词	词频	序号	关键词	词频	序号	关键词	词频
1	新型城镇化	390	23	户籍	13	45	面板数据模型	8
2	城镇化	170	24	中原经济区	12	46	土地财政	8
3	对策	59	25	三化协调发展	12	47	智慧城市	8
4	市民化	50	26	中国	12	48	土地利用	8

序号	关键词	词频	序号	关键词	词频	序号	关键词	词频
5	工业化	28	27	二元结构	12	49	人的城镇化	8
6	农民工	27	28	产业结构	11	50	动力机制	7
7	公共服务	25	29	新农村	11	51	政府	7
8	小城镇	21	30	指标体系	11	52	城镇化模式	7
9	城乡一体化	21	31	人口城镇化	11	53	区域经济	7
10	以人为本	20	32	低碳	10	54	可持续发展	7
11	城乡统筹	19	33	经济增长	10	55	三农	7
12	城市化	19	34	就业	10	56	互动	7
13	农村人口转移	18	35	房地产	10	57	金融创新	7
14	城乡规划	17	36	投融资	10	58	制度创新	7
15	农业现代化	16	37	文化产业	10	59	科技创新	7
16	问题	16	38	河南省	9	60	现代化	7
17	生态文明	15	39	影响因素	9	61	税收	7
18	农民	15	40	城镇化质量	9	62	城乡关系	7
19	均等化	15	41	土地制度	9	63	县域经济	7
20	城市群	14	42	社会保障	8	64	经济转型	7
21	战略	13	43	收入差距	8			
22	协调发展	13	44	欠发达地区	8			

1) 新型城镇化的内涵及其评价体系

新型城镇化作为一个新兴概念,在其出现之初就与城镇化、城市化、新型城市化、传统城镇化、中国特色城镇化等概念密切相关,但英文基本都为"urbanization".围绕着城镇化与城市化概念的区别,学者们展开了长达数年的争论与探讨.可以说,城市化是外国的或者一般而言的"urbanization",而城镇化是中国语境下的"urbanization"[2].新型城镇化最初是从中国特色城镇化的相关研究中分解开来,有学者指出,中国特色城镇化的实质就是人口城镇化与产业结构优化升级相结合的新型城镇化[3].不同于传统城镇化,新型城镇化注定是一场涉及经济、政治、社会等领域的深刻革命,具有民生、可持续发展和质量等内涵,其核心目标是平等城镇化、幸福城镇化、转型城镇化、绿色城镇化、健康城镇化和集约城镇化[4-6].根据新型城镇化的内涵规范,学者们相继展开对新型城镇化评价体系的研究,多数是综合评价指标体系的构建,并以具体的省区市为实证检验和评价对象[7].有学者提出新型城镇化的"星系"模型,并以此为理论根据,构建起新型城镇化评价体系的基本框架[8]. 当然, 也不乏对新型城镇化的新型度、质量、健康状况的测度与评价[9-11].

2) 城镇化与工业化、农业现代化和信息化的关系

推动城镇化、工业化、信息化与农业现代化之间良性互动、协调同步发展是十八大报告提出的重要战略思想. 在"四化"关系中, 城镇化与工业化的关系是学界研究最早同时也是成果最多的领域. 国内学者普遍认为, 中国城镇化滞后于工业化和经济发展水平, 因此, 应加快推动城镇化进程, 使新型城镇化与新型工业化协调发展[12-13]. 关于城镇化、工业化和农业现代化的关系, 学者多是以全国或者某省为对象开展实证研究, 发现实际中三者在时间上不同步、脱节现象, 并提出三者相互促进、相辅相成的逻辑思路[14]. 关于城镇化、工业化、信息化和农业现代化的关系, 学者则是从近 2 年开始关注并研究的, 这是由于中国在十八大报告中提及信息化, 信息化被首次上升为国家战略时间不久. 学者研究点在于"四化"的关联机制、作用机理、发展策略, 以及对于四化同步发展的初步测度与评价[15-17].

3) 农民工及其市民化

人口城镇化是新型城镇化的核心和难点, 其中农民工及其市民化成为新型城镇化的巨大挑战[18], 主要原因在于新型城镇化涉及对于既有利益格局的调整, 要切实解决"钱从哪里来"和"人到哪里去"的现实难题[19]. 这里就牵扯到一个农业转移人口市民化的成本问题, 学者们对于其社会成本、公共支出总成本以及政府、个人、企业之间的成本分担机制与政策含义进行了激烈的探讨, 得出的成本估算结论也不尽相同, "从 1.5 万元至 10 万元不等"[20-21]. 除了成本问题, 农民工进城落户还面临着户籍及其衍生出来的一系列制度障碍, 即使已经落户成功, 依然存在着与城市社会的融入、融合困境, 潜伏着社会、人际、生态等多重风险[22-23], 尤其是新生代农民工面临的问题更为严重.

4) 城乡关系

城乡关系起始于城镇的出现, 是城镇化研究领域的重要议题. 鉴于传统城镇化进程中的城市偏向及其导致的严重城乡发展鸿沟问题, 加上超过 50% 的城镇化率意味着城乡社会迎来了转型的关键时期, 因此, 新型城镇化要求正确处理城乡关系, 构建起新型城乡关系[24-25]. 目前, 国内新型城

镇化研究领域中城乡关系的密切相关热点包括城乡一体化、城乡协调、城乡统筹(统筹城乡)、城乡规划等方面. 城乡发展一体化是国家新型城镇化规划中提出的具体要求,其中一个重要方面就是要求城乡规划一体化. 城乡统筹(统筹城乡)不仅存在于理论界的探讨,现实中也得到了试验及一定推广,如全国统筹城乡综合配套改革试验区在重庆、成都的设立. 城乡协调发展主要是针对城乡发展不协调的症结性问题提出的,要求着力破解城乡之间在要素、人口等方面流动不协调的困境.

5) 小城镇、城市群与区域城镇化

城镇体系(规模)结构是一直以来城镇化研究的重点内容. 近年来,尤其是十八大以来,大中小城市和小城镇协调发展理念已经为学者所普遍认同,并上升为国家发展战略. 从学者的研究倾向来看,新型城镇化进程中的小城镇与城市群得到了学界相对较多的关注与研究,长株潭城市群、长三角城市群是学者研究的热点地区. 除此之外,鉴于全国范围内东部、中部、西部地区的较大差异性,以重庆、四川、新疆等省区市为典型对象的西部地区、少数民族地区以及河南省的中原经济区,也是学者们进行区域城镇化研究的热门实证地区.

6) 新型城镇化进程中的问题及其对策

新型城镇化既面临着传统城镇化遗留下来的历史问题,也要解决不断涌现出来的新问题. 归结起来,主要问题包括:公共服务及其均等化,经济保障,生态环境,文化保护与传承,科技支撑,户籍、土地、投融资、社会保障等制度障碍及其破解. 在公共服务及其均等化方面,基本公共服务供给与城镇化水平之间有着相互促进与制约关系[26],基本公共服务供给不足且不均等成为城镇化健康有序发展的障碍,因此,实现基本公共服务均等化是推动新型城镇化进程的重要方面. 在经济保障方面,学者们大多从经济增长和发展方式转变、产业结构升级等角度进行了探讨,也有学者验证了城镇化水平与房地产市场供需之间的正相关关系,提出了新型城镇化背景下房地产业健康发展与调控的路径[27-28]. 在生态环境方面,学者从生态文明的角度提出了低碳城镇化、绿色城镇化的发展理念与模式,并对生态文明建设及其与城镇化的耦合协调度进行了评价研究[29-31]. 在文化保护与传承方面,学者认为"赶超式"城镇化导致城市文化、农村文化、城乡文化、传统文化、民俗文化等的断裂,因此新型城镇化既要总结城市文化传承的隐忧及应对方略,又要注重保护与传承"乡愁符号"等物质文化与非物质文化[32-33]. 在科技支撑方面,学者们认识到科技创新是新型城镇化的强大软实力和核心支撑力,探讨了新型城镇化背景下的科技创新支撑体系[34-36]. 在制度建设方面,户籍制度、土地制度、投融资制度、社会保障制度的不完善是传统城镇化的主要桎梏,也是新型城镇化进程中亟须突破的制度难题,学者在这些方面研究形成了丰富的成果.

3 结 论

新型城镇化是经济发展和现代化的重要标志,已经成为中国社会转型的重要特征. 本文从 2005-2014 年 CSSCI 源刊的文献入手分析了国内新型城镇化的研究进展. 在文献年份方面,2012 年之后的研究文献呈现井喷之势,证明新型城镇化研究受到党和政府的新型城镇化战略指向和政策引导较大影响. 在文献作者与研究机构方面,核心研究作者有 56 人,研究机构以各大高校为主,但也引起了国务院(发展研究中心、参事室)等政府部门的高度重视. 在研究层次方面,主要集中在理论基础研究和政策研究. 在学科类别方面,主要集中于宏观经济管理与可持续发展、农业经济、经济体制改革、行政学及国家行政管理等,涵盖了管理学、政治学、经济学等学科,证明该领域具有较大的综合交叉性质. 在基金资助方面,有 58.64% 的文献获得了各类基金项目资助. 在研究主题方面,主要集中于新型城镇化的内涵及其评价体系,城镇化与工业化、农业现代化、信息化的关系,农民工及其市民化,城乡关系,小城镇、城市群与区域城镇化,新型城镇化进程中的问题及其对策.

参考文献:

[1]钟文娟.基于普赖斯定律与综合指数法的核心作者测评——以《图书馆建设》为例[J].科技管理研究,2012(2):57-60.

[2]张占斌.新型城镇化的战略意义和改革难题[J].国家行政学院学报,2013(1):48-54.

[3]冯尚春.中国特色城镇化道路与产业结构升级[J].吉林大学社会科学学报,2005,45(5):128—132.

[4]吴 江,王 斌,申丽娟.中国新型城镇化进程中的地方政府行为研究[J].中国行政管理,2009(3):88—91.

[5]仇保兴.中国特色的城镇化模式之辨——"C模式":超越"A模式"的诱惑和"B模式"的泥淖[J].城市发展研究,2009,16(1):1—7.

[6]单卓然,黄亚平."新型城镇化"概念内涵、目标内容、规划策略及认知误区解析[J].城市规划学刊,2013(2):16—22.

[7]涂建军,何海林.重庆市新型城镇化测度及其时空格局演变特征[J].西南大学学报(自然科学版),2014,36(6):128—134.

[8]徐 林,曹红华.从测度到引导:新型城镇化的"星系"模型及其评价体系[J].公共管理学报,2014,11(1):65—74,140—141.

[9]曾志伟,汤放华,易 纯,等.新型城镇化新型度评价研究——以环长株潭城市群为例[J].城市发展研究,2012,19(3):中彩页1—4.

[10]吕 丹,叶 萌,杨 琼.新型城镇化质量评价指标体系综述与重构[J].财经问题研究,2014(9):72—78.

[11]张占斌,黄 锟.我国新型城镇化健康状况的测度与评价——以35个直辖市、副省级城市和省会城市为例[J].经济社会体制比较,2014(6):32—42.

[12]周 兵,高君希,吕 斐.新型工业化和新型城镇化协调发展分析——基于重庆市的实证[J].重庆师范大学学报(自然科学版),2014,31(2):105—109.

[13]何海林,涂建军,林 曦,等.基于VAR模型的城镇化、工业化对城乡统筹的影响分析——重庆市的实证[J].西南师范大学学报(自然科学版),2013,38(10):69—76.

[14]姜会明,王振华.吉林省工业化、城镇化与农业现代化关系实证分析[J].地理科学,2012,32(5):591—595.

[15]蓝庆新,彭一然.论"工业化、信息化、城镇化、农业现代化"的关联机制和发展策略[J].理论学刊,2013(5):35—39,127—128.

[16]董梅生,杨德才.工业化、信息化、城镇化和农业现代化互动关系研究——基于VAR模型[J].农业技术经济,2014(4):14—24.

[17]徐维祥,舒季君,陈国亮,等.中国"四化"同步发展地区差异及同步合作区架构研究[J].浙江工业大学学报(社会科学版),2014(4):361—367.

[18]魏后凯.党的十八大以来社会各界关于城镇化的主要观点[J].经济研究参考,2013(14):15-17,32.

[19]方辉振,黄科.新型城镇化的核心要求是实现人的城镇化[J].中共天津市委党校学报,2013(4):63-68.

[20]张北平.农业转移人口市民化的成本研究[J].山西财经大学学报,2013,35(1):14-15.

[21]谌新民,周文良.农业转移人口市民化成本分担机制及政策涵义[J].华南师范大学学报(社会科学版),2013(5):134-141,209.

[22]何绍辉.双重边缘化:新生代农民工社会融入调查与思考[J].中国青年政治学院学报,2013(5):64-69.

[23]简　敏,念兴昌.农民市民化的社会稳定风险及其治理[J].理论探索,2014(3):74-77,90.

[24]林聚任,王忠武.论新型城乡关系的目标与新型城镇化的道路选择[J].山东社会科学,2012(9):48-53.

[25]马晓河,涂圣伟,张义博.推进新型城镇化要处理好四大关系[J].经济纵横,2014(11):1-8.

[26]胡　畔.任重道远:从基本公共服务供给看新型城镇化[J].城市发展研究,2012,19(7):29-35.

[27]谢福泉,黄俊晖.城镇化与房地产市场供需:基于中国数据的检验[J].上海经济研究,2013(8):115-123.

[28]尹伯成,黄海天.新型城镇化背景下房地产业的发展和调控[J].学习与探索,2013(4):81-85.

[29]龙　伟,郑钦玉,何　艺,等.重庆生态城市指标体系的建立及综合评价[J].西南农业大学学报(自然科学版),2006,28(5):881-884,888.

[30]孙　凡,冯沈萍,肖　强.科学发展观视野下城乡生态文明建设研究——以重庆市彭水县为例[J].西南大学学报(自然科学版),2014,36(12):101-106.

[31]侯　培,杨庆媛,何　建,等.城镇化与生态环境发展耦合协调度评价研究——以重庆市 38 个区县为例[J].西南师范大学学报(自然科学版),2014,39(2):80-86.

[32]蔡瑞林,陈万明.城镇化进程中文化的断裂与传承[J].中州学刊,2014(11):111-116.

［33］李枝秀.新型城镇化建设中"乡愁符号"的保护与传承［J］.江西社会科学，2014（9）：254－256.

［34］李　曦，彭品贺.新型城镇化背景下地方科技创新体系建设研究［J］.科技进步与对策，2014，31（8）：27－31.

［35］丁明磊，陈宝明，吴家喜.科技创新支撑引领新型城镇化的思路与对策研究［J］.科学管理研究，2013，31（4）：18－21.

［36］于　莲.新型城镇化科技支撑体系研究［J］.科技进步与对策，2014，31（12）：46－50.

作者简介： 申丽娟（1986－），女，河南郑州人，博士，主要从事公共管理与公共政策的研究.

基金项目： 国家科技支撑项目（2012BAD15B04－3）；国家社会科学基金青年项目（15CSH020）；重庆市社会科学规划青年项目（2014QNZZ08）.

原载： 《西南大学学报》（自然科学版）2015 年第 11 期.

收录： 2015 年入选"领跑者 5000 平台".

责任编辑　陈绍兰

三峡库区汉丰湖水质的时空变化特征分析

黄　祺[1,2]，　何丙辉[1]，　赵秀兰[1]，　王宇飞[1]，　曾清萍[1]

1.西南大学资源环境学院,三峡库区生态环境教育部重点实验室,
重庆　400715;

2.中国电建集团贵阳勘测设计研究院有限公司,贵阳　550081

摘　要:采用聚类分析和因子分析方法,对三峡库区汉丰湖进行了时空变化分析.结果表明:在时间聚类分析上,水质变化可划分为 3 类,对应蓄水期和汛期,在蓄水期中水质受三峡库区蓄水影响,而在汛期中暴雨引起水质变化较大;在空间分析中,水质随空间划分为 2 类,反映出汉丰湖水质被扰动状态和变化程度,与汉丰湖水质的空间分布相符.汉丰湖呈现富营养化现象主要受 Chl-a,TP,TN,NO_3^--N,DO,pH 的影响,而高锰酸钾指数和 TSS 的干扰不可轻视.按照主成分综合得分对采样断面的污染程度排名依次为镇东大丘,石龙船大桥,东湖郡,头道河大桥,三河交汇处,东河大桥和调节坝.汉丰湖水质东河最好,南河最差,南河应作为重点治理对象.

汉丰湖位于三峡库区小江流域的上游,由于人类活动、工农业发展、湖泊消落带等污染源释放出较多的营养物质对小江流域水质影响较大[1-3].自 2007 年以来,小江流域多次出现水华,使部分区域水质污染程度加重[4],多处河段处于中营养和富营养化状态[5].2012 年调节坝试运行后,于次年 5 月发生水华现象,使得该湖泊水质恶化加剧,因此研究并治理该湖泊已显得刻不容缓.本文以三峡库区汉丰湖作为研究对象,探究影响该湖泊水质的主要污染因子,以期为治理汉丰湖以及对三峡库区水质环境治理方案提供科学依据.

1　材料与方法

1.1　研究区概况

汉丰湖位于重庆市开县(现开州区)城区($31°11'13''$N，$108°25'01''$E)与三峡水库澎溪河回水末端相连，该湖是我国西部内陆最大的城市人工湖泊，周长为 36.4 km，经南河和东河汇聚，呈"Y"字形沿县城东西延展，蓄水量8 000 万 m^3，常年水面 14.8 km^2，东起乌杨桥水位调节坝，西至南河大桥坝，南以新城防护堤高程 180 m 为界，北到老县城所在的汉丰坝至乌杨坝一线[6]．

1.2　研究区样品采集与处理

根据汉丰湖湖区支流的入湖情况及湖泊采样点位设置原则，在湖区设置了 7 个采样点(图1)，在位于澎溪河的出湖口调节坝(HF1)布置 1 个采样点，围绕县城的南河设置包括东湖郡(HF2)、头道河大桥(HF4)、石龙船大桥(HF5)及镇东大丘(HF6)4 个采样点；东河采样点设在东河大桥(HF3)，在三河交汇处(HF7)设置 1 个采样点．2013 年 4 月至 2014 年 3 月，逐月进行了水质监测，用多参数水质仪现场测定温度(TEMP)、透明度(SD)、pH、叶绿素 a(Chl-a)、可溶解氧(DO)，同时采集水样，当日运回实验室，参照《水和废水监测分析方法》[7]分别对氨氮(NH_4^+-N)、硝态氮(NO_3^--N)、总磷(TP)、总氮(TN)、高锰酸钾指数(COD_{Mn})、总固体悬浮物(TSS)等水质指标进行测定．

1.3　数据分析方法

本文利用系统聚类分析法(HCA)与因子分析法(FA)对汉丰湖水质时空变化特征进行多元统计分析．运用 Ward 方法和欧式距离生成聚类树；在因子分析之前，进行 KMO 与 Bartlett 检验，结果 KMO 值为 0.639，Bartlett 球形度检验结果 $p < 0.01$，表明应用因子分析方法可行，且分析结果较好[8]．数据处理采用 Excel 2010，SPSS13.0 与 Arcgis．

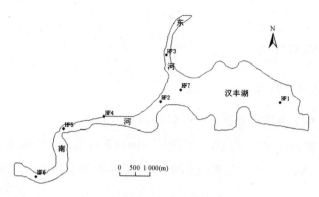

图1 汉丰湖与采样断面分布图

2 分析结果

各采样点水质变化范围和年平均值统计结果见表1.

表1 汉丰湖水质统计描述

参　数		采　样　点						
		HF1	HF2	HF3	HF4	HF5	HF6	HF7
温度 TEMP/℃	范围	10.81~32.5	10.94~29.8	10.96~30.0	10.73~26.00	10.66~29.50	10.43~29.30	11.17~30.00
	平均值	20.60	20.15	20.12	18.78	21.04	20.95	20.31
透明度 SD/m	范围	0.12~2.91	0.19~2.91	0.10~3.02	0.30~2.88	0.16~2.90	0.12~3.00	0.08~3.17
	平均值	1.27	1.17	1.10	1.10	0.96	0.83	1.22
pH	范围	6.70~9.43	6.93~9.13	6.86~9.36	7.51~9.16	7.18~9.12	6.87~9.12	7.51~9.27
	平均值	8.38	8.36	8.51	8.38	8.35	8.31	8.48
叶绿素 (Chl-a)/ (mg·m^{-3})	范围	0.63~10.22	0.64~20.03	0.65~52.80	0.70~12.19	0.70~30.75	0.82~26.46	0.69~16.88
	平均值	4.62	6.97	8.01	5.32	8.68	9.92	5.90
氨氮 (NH$_4^+$-N)/ (mg·L^{-1})	范围	0.05~0.33	0.03~1.90	0.04~0.47	0.06~0.96	0.04~0.64	0.04~0.39	0.05~0.93
	平均值	0.16	0.20	0.18	0.24	0.26	0.17	0.19
总磷 (TP)/ (mg·L^{-1})	范围	0.07~0.17	0.09~0.33	0.04~0.22	0.04~0.25	0.12~0.28	0.13~0.30	0.05~0.29
	平均值	0.12	0.16	0.11	0.16	0.17	0.18	0.16
总氮 (TN)/ (mg·L^{-1})	范围	0.50~2.53	0.67~3.48	0.56~2.90	0.52~2.93	0.52~3.31	0.72~3.69	0.43~3.26
	平均值	1.61	1.94	1.40	1.56	1.93	1.99	1.80

参　数		采　样　点						
		HF1	HF2	HF3	HF4	HF5	HF6	HF7
高锰酸钾指数（COD_{Mn}）/（mg·L^{-1}）	范围	2.17～5.79	2.65～5.31	1.54～5.58	2.81～5.10	2.60～5.31	2.69～5.31	1.79～5.61
	平均值	3.30	4.17	2.92	3.95	4.37	4.55	3.92
总固体悬浮物（TSS）/（mg·L^{-1}）	范围	1.33～185.50	1.50～91.00	1.33～139.00	1.50～82.00	1.67～88.00	1.00～102.50	1.33～222.00
	平均值	26.18	16.15	19.08	16.42	16.22	22.19	27.96
硝态氮（NO_3^--N）/（mg·L^{-1}）	范围	0.19～1.23	0.23～1.90	0.05～1.03	0.07～1.77	0.15～1.57	0.11～1.67	0.05～1.53
	平均值	0.57	0.81	0.47	0.69	0.81	0.77	0.64
可溶性氧(DO)/（mg·L^{-1}）	范围	2.11～10.30	2.12～9.72	2.19～10.96	2.51～7.98	2.42～11.10	2.62～9.06	2.48～10.06
	平均值	5.63	5.50	6.10	5.75	5.67	5.49	5.59

2.1 时空聚类(HCA)分析

根据时间尺度的变化，采取系统聚类分析多元统计方法对三峡库区汉丰湖为期1年的监测的11个水质指标所得的采样数据进行分析. 由图2看出，研究区域的水质按时间可分为3个时期，2013年10月至2014年4月为一个时期（A期），2013年5,6,8月和9月为一个时期（B期），2013年7月为一个时期（C期）. 其中A期属于该流域的非汛期（三峡蓄水期），根据实际蓄水情况

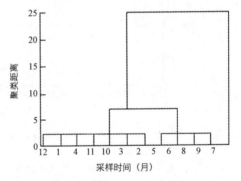

图2　研究区水质采样时间聚类分析图（10,11,12 为 2013 年 10～12 月，其余为 2014 年月份）

来看，汉丰湖蓄水时期与三峡库区运行一致[9]（水位＞160.5 m），说明湖区水位受三峡库区蓄水影响，同时在该期内降雨量较低；在该期内湖区水文基本无变化，水质中污染物累积得不到排放，同时自净能力差,当大面积的土地被淹时,该期水质恶化具有独特的性质[10]. B期与C期属于汛期（三峡水库非蓄水阶段），在该期内三峡库区水位在143.22 m，而汉丰湖未下闸蓄水水位（该年未蓄水)基本保持在160.0 m，不受三峡库区水位影响；同时 B 期和 C 期与该流域汛期相对应,B期和C期受降雨影响较大(该流域 B 期和 C 期降雨量占

全年降雨量的 75%[9]). 但 C 期 7 月采样正值暴雨天气,同时根据重庆市万州气象局重要天气消息及预警报道,该月降雨量大且集中,截至采样当日已连续降雨多日,降雨量 >200 mm[11],经测定该次水样总固体悬浮物高达 130 mg/L,含量最高,说明降雨将地表物质带入汉丰湖,对水质的变化有较大的影响. 在对地表水质聚类分析中,曲疆奇等[12]在北京陶然亭湖研究中得出,如果按照季节或者丰水期与枯水期为标准划分所表达信息会产生偏差,还与污染指标变化有关,王召唤等[13]对喻家湖水质的研究中也得出了类似的结论. 因此,说明汉丰湖水质在(非汛期)三峡库区蓄水阶段与汛期中水质变化存在差别;在汛期中,暴雨造成水土流失对水质影响较大,按照蓄水期和汛期能有效地说明时间聚类结果.

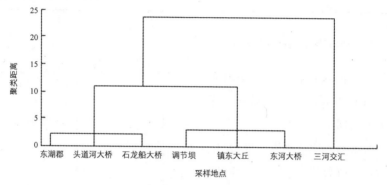

图 3 研究区水质采样地点聚类分析图

结合表 1 数据进行地点聚类. 由图 3 所示,根据水质因子以及地理位置的相似性将研究区的 7 个采样点分为两类:P1 和 P2. P1 为采样点 HF1～HF6,P2 为采样点 HF7. 在 P1 分组中,各采样点周围人类活动频繁,水质受扰动和受污染的类型相似,变化特征相近. 在 P2 分组中,从空间来看,其具有特殊的地理位置与水文特点,使 HF7 号点归为一类.结合图 1 的空间位置,该点在整个湖区处在东河、南河与澎溪河的交汇处,该点湖面宽阔且处于中心地带,受人为影响较小.根据表 1 所示,东河大桥和三河交汇的地方其总固体悬浮物浓度高于其他各点;在三河交汇后,由于东河与南河的水质间存在差异且在三河交汇引起水质较大的变化,因此,处于湖心的监测点 HF7 三河交汇与其他监测点水质呈现不同变化. 根据水质空间的相似性与差异性聚类结果分析,将水质随空间变化分为两类,说明汉丰湖水质按人为扰动程度、水文、支流水质影响划分符合实际,能够有效表达水质特点的空间分布.

2.2 水质因子(FA)分析

为进一步探究出影响汉丰湖水质的主要影响因子,取各采样点 2013 年 4 月至 2014 年 3 月的水质监测结果进行因子分析,通过降低原始变量的维数共提取出了 3 个主成分,参见表 2,分别为 K1,K2,K3,累积的贡献率达到 71.172%(可表达总体 2/3 的信息),其中 K1 的贡献率为 36.936%,其中 Chl-a,TP,TN,NO_3^--N,DO 所占的比例较大,COD_{Mn} 为次较高因子,能够反映出水体受营养盐的影响,同时表达出水体会引起藻类的繁殖,从而导致水体富营养化. K2 的贡献率为 18.785%,SD 为载荷量较高的负相关因子,TEMP,TSS 表现为载荷量较高的正相关因子,COD_{Mn} 为次较高因子,说明水体中受总固体悬浮物的影响,从而引起透明度的降低,也受到了有机污染物的影响. K3 的贡献率为 15.451%,正相关的因子主要是 pH,TSS 次之.

从以上分析来看,在一年的时间变化的因子分析中,汉丰湖水质主要受 Chl-a,TP,TN,NO_3^--N,DO 的影响,而 TSS、有机污染物(高猛酸钾指数)的干扰不可忽视. 这说明只要有充足的氮源、磷源等,便会促进水中的浮游生物的生长,胡圣[14]等对三峡水库香溪河库弯水体的研究也得出相似的结论.

表 2 研究区水质因子载荷矩阵

指 标	因 子			指 标	因 子		
	K1	K2	K3		K1	K2	K3
TEMP	−0.603	0.668	−0.164	COD_{Mn}	0.492	0.462	−0.304
SD	−0.094	−0.875	0.041	TSS	−0.105	0.666	0.463
pH	0.212	0.137	0.876	NO_3^-−N	0.829	−0.081	0.372
Chl-a	0.777	−0.01	0.106	DO	0.792	−0.224	−0.064
NH_4^+−N	0.454	0.161	−0.606	贡献率/%	36.936	18.785	15.451
TP	0.706	0.152	−0.271	累计贡献率/%	36.936	55.721	71.172
TN	0.876	0.254	0.051				

通过参考文献[15—17]计算出各采样点因子得分与各采样点因子综合得分. 表 3 所示,石龙船大桥、镇东大丘、东湖郡 K1,K2,K3 综合得分均较高,表明这 3 个断面的污染物含量均较高,受人为扰动较大,水质的污染程度较为严重. 东河大桥和调节坝 K3 均高于 K2,K1,说明受 Chl-a,TP,TN,

$NO_3^- -N$, DO 的影响较弱，水质受到污染相对较小，可能与水质自身的清洁程度和水体在移动过程中得到一定程度的净化有关. 而头道河大桥 K1 相对 K2,K3 高，由于生活、生产污水的影响，使其水质受到污染，有富营养化潜质. 在东南河交汇湖心地带，水质受东河水质影响后，Chl-a,TP,TN,$NO_3^- -N$,DO 的污染相对较弱，而总固体悬浮物含量较高，原因可能为东河的含沙量较高，大量的泥沙在交汇处淤积，同时当三河交汇时，水体受水文的干扰，在河岸水流拐角处不断侵蚀岸边土壤，悬移质增加所致；同时 pH 变化也较大.

因子综合得分可以反映出各采样点的污染程度，采样点因子得分越高，其水质越差. 结果表明，汉丰湖采样点的受污染程度大小顺序为镇东大丘，石龙船大桥，东湖郡，三河交汇，头道河大桥，东河大桥和调节坝. 镇东大丘污染程度最严重，而东河大桥和调节坝受到污染最弱. 从空间来看，镇东大丘、石龙船大桥、东湖郡、头道河大桥 4 个监测点作为南河周边的重点断面与开县县城联系紧密，受人为干扰严重，致使水质受到严重的污染. 三河交汇和调节坝水质质量与东河水质有关，东河水质较好，两河交汇后水质得到改善；同时两河水质流经调节坝的途中，周边植被与水生植物对污染物的吸收，污染程度有所减低，使水体得到了净化.

表 3　采样点因子得分与排名

监测点	采样因子得分				排名
	K1 得分	K2 得分	K3 得分	综合得分	
调节坝(HF1)	−2.930	−0.707	0.420	−1.148	7
东湖郡(HF2)	1.350	0.060	−0.150	0.486	3
东河大桥(HF3)	−2.930	−0.890	0.710	−1.140	6
头道河大桥(HF4)	0.050	−0.344	−0.297	−0.092	5
石龙船大桥(HF5)	2.275	0.676	−0.574	0.879	2
镇东大丘(HF6)	2.422	1.072	−0.330	1.045	1
三河交汇(HF7)	−0.239	0.218	0.218	−0.013	4

为了使 Chl-a,TP,TN,$NO_3^- -N$,DO,pH 等 6 个显著的水质污染指标在空间上反映得更直观，采用 GIS 中的 Kriging 插值方法，以汉丰湖采样点为基准，湖岸为界，生成汉丰湖主要影响指标的空间分布图. 由图 4 可以看出，汉丰湖 pH 值，由西南向东北方向递增，在东河大桥断面最高，pH 值在空间上表现为东河较高，湖心次之，南河 pH 值较低. DO 的质量浓度随

空间地理差异而不同，但有由西南向东北方向递增的趋势，DO 质量浓度在空间上表现为东河较高，湖心次之，南河 pH 值较低. TP 质量浓度由东向西南呈递增趋势，在空间上表现为南河最高，湖心次之，东河较低. TN 质量浓度由东向西南呈递增趋势，在空间上表现为南河最高，湖心次之，东河较低. Chl-a 质量浓度由东向西呈递增趋势,在空间上表现为南河最高，东河次之，湖心较低. NO_3^--N 的质量浓度随空间地理差异而不同,由东向西南呈递增趋势,其质量浓度在空间上表现为南河最高，湖心次之，东河较低. 从整个湖区来看，污染程度为南河污染严重，东河水质较南河好，经两河交汇后向调节坝逐步减弱. 因此，南河应作为主要防治对象.

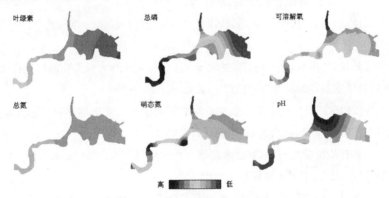

图 4　主要影响指标插值空间分布图(色彩见原发稿)

3　结　论

在时间聚类分析上，将采集水样按时间划分为蓄水期和汛期，在蓄水期中水质受三峡库区蓄水影响，而在汛期中暴雨引起水质变化较大，说明水质具有时间变化特征.从空间聚类的分析结果来看分为两类，汉丰湖湖区水质在一定程度上受人为扰动程度、水文、支流水质的影响，与汉丰湖水质空间分布一致.

因子分析中，对各采样点提取了 3 个公因子，说明汉丰湖呈现富营养化现象主要受 Chl-a,TP,TN,NO_3^--N,DO,pH 的影响,而 COD_{Mn} 和 TSS 的干扰不可轻视.

概括主成分综合得分,采样断面的受污染程度排名依次为镇东大丘,石龙船大桥,东湖郡,三河交汇,头道河大桥,东河大桥和调节坝. 根据排序结果,结合空间地理分析可知汉丰湖水质东河最好,南河水质最差,南河应作为主要治理对象.

参考文献:

[1]谢德体,范小华,魏朝富.三峡水库消落区对库区水土环境的影响研究[J].西南大学学报(自然科学版),2007,29(1):39—47.

[2]郭劲松,谢 丹,李 哲,等.三峡水库开县消落区水域冬季蓄水期间藻类群落结构与水质评价[J].环境科学,2012,33(4):1129—1135.

[3]郭松松,方 芳,郭劲松,等.三峡库区消落带落干期间土壤有机质氮磷含量变化分析[J].三峡环境与生态,2012,34(2):17—21.

[4]杨桂山,翁立达,李利锋,等.长江保护与发展报告(2007)[M].武汉:长江出版社,2007.

[5]裴廷权,王里奥,韩 勇,等.三峡库区小江流域水体富营养化的模糊评价[J].农业环境科学学报,2008,27(4):1427—1431.

[6]WILLISON M J H,李 波,王 强,等.重庆开县汉丰湖湿地生态恢复的潜力[J].重庆师范大学学报(自然科学版),2012,29(3):4—7.

[7]国家环境保护总局《水和废水监测分析方法》编委会.水和废水监测分析方法(第4版)[M].北京:中国环境科学出版社,2002.

[8]姜永明,吴 明,陈 旭,等.基于因子分析法的管道外腐蚀因素分析与评价[J].油气储运,2010,29(8):605—608,556.

[9]秦明海,高大水,操家顺,等.三峡库区开县消落区水环境治理水位调节坝设计[J].人民长江,2012,43(23):75—77,100.

[10]孙 阳,王里奥,叶 闽,等.三峡蓄水后开县城区污水排放对小江水质影响[J].重庆大学学报,2004,27(5):115—118.

[11]万州气象局.重要天气消息及预警信号,开县暴雨黄色预警[EB/OL].(2013—07—20).http://www.wzqx.gov.cn/site/article/readArc.action?id=ARC20130720150530573380020&sortId=site_disaster.

[12]曲疆奇,张清靖,刘 盼,等.北京陶然亭湖水质的时空变化[J].应用生态学报,2013,24(4):1077—1084.

[13]王召唤,张廷荣.喻家湖水质时空分布特征和影响因子分析[J].环境监测管理与技术,2013,25(2):16—20,66.

[14]胡 圣,邱光胜,印士勇.三峡水库香溪河库湾水体富营养化演化监测分析[J].人民长江,2012,43(12):10—13.

[15]LOVE D,HALLBAUER D,AMOS A,et al.Factor Analysis as a Tool in Groundwater Quality Management:Two Southern African Case Studies[J].Physics & Chemistry of the Earth Parts A/B/C,2004,29(S15—18):1135—1143.

[16]卜红梅,刘文治,张全发.多元统计方法在金水河水质时空变化分析中的应用[J].资源科学,2009,31(3):429—434.

[17]万金保,何华燕,曾海燕,等.主成分分析法在鄱阳湖水质评价中的应用[J].南昌大学学报(工科版),2010,32(2):113—117.

作者简介: 黄　祺(1987 -),男,贵州赤水人,硕士研究生,主要从事城市水土保持的研究.

基金项目: 国务院三峡工程建设委员会办公室生态与环境系统重点支流水质监测项目(JJ2013—016).

原载: 《西南大学学报》(自然科学版)2016 年第 3 期.

收录: 2016 年入选"领跑者 5000 平台".

责任编辑 陈绍兰

京东快递物流终端服务质量的影响因素研究
——697 份调研数据

张卫国， 谢 鹏

西南大学经济管理学院,重庆 400715

摘 要:电商的快速发展带来自建快递物流的必要性.该文以京东自建物流为研究对象,根据消费顾客满意度理论,运用多元线性回归方法,采用697份西南4省市的调研数据,研究了京东快递物流终端服务质量的影响因素,提炼出员工沟通质量(SCQ)、订单释放质量(ORQ)、误差处理质量(EPQ)、货品运送质量(GDQ)和服务创新质量(ISQ)5个指标,实证研究发现员工沟通质量、订单释放质量、货品运送质量和服务创新质量对顾客满意度有显著的正向影响.基于此,本文提出培训增强员工服务意识、建立物流服务质量测量体系、加强与第三方物流企业合作、完善企业硬件设施和注重服务创新与服务弹性的改进策略.

据发改委网站统计数据显示,2015 年一季度全国网上商品和服务零售额达 7 607 亿元,同比增长 41.3%；电子商务同时带动快递物流业发展,一季度快递业务量同比增长 46.8%.中国经济的增长和消费结构变化引起了电子商务的井喷式发展,但社会化快递物流的供给能力严重滞后于电子商务的发展需求.因此,电商企业纷纷自建物流,以破解电商平台纵深发展的瓶颈制约,这也是国内电商提升配送体验的重要途径.其中,京东电商作为国内最大自建物流的电商企业,逐渐获得了消费者的认可.

2007 年获得融资 1 000 万美元时,京东就决定自建物流,2009 年又出资 2 000 万继续投资,2012 年获得快递牌照,2015 年京东在全国 36 个城市建立了 86 个库房,有近 3 万名快递员工.2014 年一季度的自营订单里,有

7 成都是当天或第二天送达消费者. 一系列数据表明京东自建物流不仅解决了自身发展的问题,而且形成了以电商为基础的新型零售业态. 对消费者来说,这种新型业态终端的快递服务在某种程度上决定了它能够走多远. 基于此,本文根据消费者满意度理论,在获取调研的 697 份问卷的基础上,运用多元回归方法实证研究影响京东快递服务终端质量的因素,以期提升这种新型零售业态的价值增值能力,促进传统快递业提升服务质量.

1 分析框架与计量模型

1.1 顾客满意度的衡量与评价

20 世纪 30 年代,德国学者最早提出"满意度"一词,Cardozo[1]则将顾客满意度引入营销学,并发现顾客满意可以带动再次购买行为,Howard等[2]认为顾客满意度是顾客对其牺牲所换来报酬的一致性认知评价. Zeithaml 等[3]将满意度定义为顾客购买前后的"态度"差异. Woodside 等[4]将顾客满意度视为一种购后评价,反映消费者的喜爱程度及消费态度. Oliver[5]认为顾客满意度是顾客对于自己愿望满足程度的反映. 20 世纪 80年代,学界重点研究顾客满意度的定量测度. 前人根据服务行业建立了 SERVQUAL 量表,Johnson 等[6]分别从单一和全面的角度进行了顾客满意度评价,Kotler 等[7]采用"顾客对产品或服务的可感知效果/期望值"来描述满意度. Woodruff 等[8]对顾客满意度模型进行了概括研究,归纳出"期望差异模型、KANO 模型、规范模型、多过程模型、归因模型、情感模型和公平模型". 美国顾客满意度指数模型(ACSI)构建顾客期望、感知质量、感知价值、顾客满意、顾客忠诚和顾客抱怨 6 个指标衡量顾客满意度[9]. 欧洲顾客满意度指数模型(ECSI)则在其基础上增加企业形象指标,去除顾客抱怨指标[10],聚焦到网络购物,顾客的满意度决定了网购重复率[11]、信息的准确性[12]、可靠性[13]、顾客偏好和服务态度[14]. 理论上,Sang 等[15]研究了顾客满意度、可靠性、信息质量及速度等因素对顾客购物行为的影响. Cho 等[16]构建了网上购物顾客满意度测评体系、Kim[17]提出测评网上购物满意度综合指数模型. Soh[18]运用三角模糊层次分析法分析第三方物流企业,并给出灵敏度分析结果. Medjoudj 等[19]将层次分析法运用于电力行业的顾客满意度调查. Lin 等[20]通过对调查问卷进行主成分分析,建立了电子商务客户满意度评价模型. 清华大学结合 ACSIy 和 ECSI 构建中国顾客满意度指数模型(CCSI)[21],但 ACSI 模型仍是应用较为广泛的模型. 国内学者查金祥等[22],构建了购物网站服务质量、顾客期望与网络顾客满意度之间的结构关系模型. 申文果等[23]从服务质量和顾客感知角度对网站服务质量进行实证分析. 何其帼等[24]探索了服务质量、第三方物流启动对消费者感知风险的影响. 叶作亮等[25]在 C2C(Customer-to-Customer)环境下,构建网络购物环境中第三方物流服务质量与顾客满意度的物流服务质量测评模型(LSQ-CS). 陈文沛[26]从转换成本角度研究物流服务质量、网络顾客满意及顾客忠诚之间的关系. 刘宏等[27]提出了网络消费者满意度的测评模型和测评指标,魏斐翡[28]构建了"产品配送速度、产品配送质量、配送沟通管理、隐私保护质量、服务监督质量"5 维评价体系.

基于以上分析,本研究从消费者经历比较角度[29]、顾客对服务过程的整体感知角度[30]、期望与实际服务的差距感知角度和个人差异感知角度[31]衡量顾客满意度. 与之前学者的研究相比,综合了多个维度和多视角,能充分诠释和衡量消费者对快递物流终端服务质量的满意度.

1.2 快递终端服务质量的影响因素

近年来快递业迅速发展,快递服务质量受到诸多因素的影响,国内外学者也重视对快递服务质量的研究,对于快递终端服务质量影响因素划分的文献也较多,如表 1 所示.

表 1 快递终端服务质量影响因素归纳

研究者	维度构成	内容
Martínez 等[32]	可靠性、保证性和有形性	SERVQUAL
Stank 等[33]	时效性、可靠性、准确性	
张长根等[34]	保险性、可靠性、切实性、执着度和响应度	
徐剑等[35]	绩效、过程和能力	

研究者	维度构成	内容
郑兵等[36]	时间质量、人员沟通质量、订单完成质量、误差处理质量、货品运送质量、灵活性和便利性维度	我国本土的 LSQ 物流服务质量测量量表
李军等[37]	接单及时性、包装质量、配送准时率、途中破损率、配送准确率、人员素质、配送安全性、配送价格、问题处理及时性	
刘亚[38]、陈争辉等[39]、庄德林等[40]、赵彩等[41]	可靠性、响应性、保证性、移情性、有形性、便利性、价格、安全性、补救性	
于宝琴等[42]	服务前质量、服务中质量、服务后质量和企业形象	从服务过程进行划分

学界主要基于快递业的服务流程、顾客评价视角等标准构建第三方物流服务质量评价体系. 主要从时效性、货品完好程度、配送人员素质、订单完成质量、时间质量、误差处理质量、人员沟通质量、灵活性和便利性等维度衡量快递终端服务质量. 但相比第三方物流, 自建物流的特点主要表现为配送环节少, 配送物品质量高, 配送人员更为专业, 配送速度快捷, 但可能配送成本较高. 京东快递对配送人员提出了更高的素质要求, 自建物流需要更多关注消费者的多样化、个性化需求, 在及时消化处理庞大运送订单的同时, 需要保证配送的时间、配送的准确性. 基于此, 本文将京东自建物流的服务质量分为: 员工沟通质量(SCQ)、订单释放质量(ORQ)、误差处理质量(EPQ)、货品运送质量(GDQ)和服务创新质量(ISQ).

1.3　模型构建与研究假设

在美国顾客满意度指数模型(ACSI)和 Oliver[5]顾客满意度测量模式的基础上, 结合 Martínez[32]和刘亚[38]等关于物流终端服务质量的维度划分, 在研究京东自建物流特点的基础上, 从员工沟通质量、订单释放质量、误差处理质量、货品运送质量和服务创新质量五个因素衡量京东快递终端服务质量, 构建物流终端服务质量与顾客满意度关系模型(图 1).

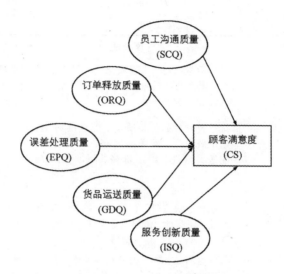

图1 物流终端服务质量与顾客满意度关系研究模型

物流配送作为电子商务交易最后的重要环节,物流服务质量的高低将直接影响到顾客的体验,消费者感知价值正向影响消费满意度和重购意向[43].京东快递作为中国最大的 B2C(Business-to-Customer)电子商务企业之一,通过自建物流保证订单的配送速度、配送质量,确保了配送环节的信息可控性,避免了与第三方物流配送合作模式中存在的信息不对称、可控性差、资金周转慢等问题.

(1)员工沟通质量对顾客满意度有显著的正向影响

企业在提供物流服务过程中,与客户的交流和响应性影响着顾客满意度.顾客满意度与物流服务过程相关,不同的物流服务对顾客的满意度有不同的影响,但人员沟通质量与顾客满意度之间有较强的相关性[33].相对于传统的购物,B2C 购物环境下消费者更加重视配送人员的服务态度、专业素质.京东快递配送人员的沟通技巧、热情程度、情绪状况、语言表达等将会对快递的服务质量产生直接的影响,进而影响消费者对京东快递的服务感知程度.

(2)订单释放质量对顾客满意度有显著的正向影响

顾客期望货物以最快的速度、最短的距离和最低的费用到达,物流配送中心选址、线路设计对配送的及时性、响应性起到至关重要的作用.信息传递技术迅猛发展的今天,货物传递的速度与效率成为物流企业服务水平的瓶颈,货物配送的准时性、准确性成为顾客对快递公司服务质量的重要评价指标.

(3)误差处理质量对顾客满意度有显著的正向影响

在企业服务出现问题时及时提供补救措施可以缓解消费者的负面情绪,而且服务补救程度越高对消费者产生积极情绪越有帮助,通过积极主动地补救可以转变消费者情绪和重建购买信心[44],因此误差处理质量对于京东快递终端服务质量有着重要的影响.面对配送过程中出现的失误,公司的态度表现、补救方式、处理问题效率等都对消费的满意度产生影响.

(4)货品运送质量对顾客满意度有显著的正向影响

B2C 购物环境下,运送货物的完好程度[32]、包装质量[37]、快递人员所使用的硬件设施会影响顾客对快递服务及所在平台的评价.消费者最关心所配送的货物是否完好无损,快递企业的硬件设施、所选包装材料与包装方式等对商品的完好性都会产生影响.

(5)服务创新质量对顾客满意度有显著的正向影响

面对竞争日益激烈的网络购物市场,如何留住客户,增加客户的重复购买率显得极为重要,京东商城通过自建物流,针对顾客需求个性化、精细化和多样化的趋势,在物流配送环节提供定制服务、个性化服务,提升物流服务柔性,为顾客提供更灵活、多样的服务,满足客户多样化需求,这对提高顾客满意度,打造企业品牌形象,形成核心竞争力有重要作用,是京东快递的必行之路.

2 变量测度与数据来源

2.1 变量测度

2010 年,京东商城已然成为中国第一家破百亿的网络零售企业,成为我国 B2C 市场上的巨头,结合京东快递物流终端服务质量的现状及学者对物流终端服务质量的测评,给出本研究物流终端服务质量的题项量表设计、顾客满意度的题项量表设计(表 2).

表 2　物流终端服务质量及顾客满意度测量

自变量	维度	题项设计
物流终端服务质量(LSQ)	员工沟通质量(SCQ)	X_{11} 对顾客的请求回应迅速
		X_{12} 专业地回答顾客问题
		X_{13} 礼貌、热情地帮助顾客
		X_{14} 服务人员形象整洁
	订单释放质量(ORQ)	X_{21} 承诺时间内送达物品
		X_{22} 按顾客要求送达指定地点
		X_{23} 服务收费合理
		X_{24} 京东快递配送网点分布合理
	误差处理质量(EPQ)	X_{31} 京东快递积极主动地解决错误
		X_{32} 客服人员认真对待投诉、快速反应解决问题
		X_{33} 保险赔偿机制合理
		X_{34} 退货换货处理迅速
	货品运送质量(GDQ)	X_{41} 快递物品完好
		X_{42} 快递服务硬件设施可靠齐全
		X_{43} 包装方便、结实、易用、合理
		X_{44} 所张贴票据干净、票据上字迹清晰
	服务创新质量(ISQ)	X_{51} 收取快递时间限制小
		X_{52} 根据顾客需要确定发货时间
		X_{53} 实时主动反映货物情况
		X_{54} 满足客户的定制服务
顾客满意度(CS)		Y_{11} 京东快递公司的服务和我预期的相同
		Y_{12} 对京东快递公司的服务整体上感到满意
		Y_{13} 比较其他快递,京东快递的服务较为让我满意

2.2　数据来源

本研究调查分为两个阶段进行,第一阶段进行小范围的预调查,检验问卷的信度和效度,形成最终成型问卷. 第二节阶段进行大规模问卷发放和收集. 预调查中,选取了 100 位在京东快递有网购经历且使用过京东快递的可靠同学作为调查对象,收回有效问卷 85 份,并运用 SPSS19.0 软件对问卷进行分析,将通过信度检验 X_{34} 剔出之后,问卷各题项和维度的

Cronbach's α 均在 0.8 以上，问卷信度较好. 之后对问卷进行效度分析，通过效度分析由表 3 得到量表的 KMO(Kaiser-Meyer-Olkin)测度值为 0.916，大于 0.9，表明问卷的结构系数效度较好，可以进行因子分析. 由表 4 采用探测性因子分析，通过主成分分析法，以特征值大于 1 为标准，提取因子负荷大于 0.5 的题项，剔除因子负荷小于 0.5 的题项，提取 5 个因子，再次进行探索性因素分析. 由表 4 可知，在效度分析的基础上剔除了 X_{14} 和 X_{23} 两个题项后，各题项均落在了相应的因子内，提取的 5 个因子与预先设定的变量相符合，5 个因子总共解释了总体方差的 65.312%.

表 3　京东快递物流终端服务质量效度分析

取样足够度的 Kaiser-Meyer-Olkin 度量		0.916
Bartlett 的球形度检验	近似卡方	3 231.661
	df	66
	Sig.	0.000

表 4　服务质量因子分析载荷矩阵(最大方差旋转法)

测量题项	因　子　载　荷				
	1	2	3	4	5
X_{12}	0.726				
X_{11}	0.674				
X_{13}	0.607				
X_{22}		0.760			
X_{24}		0.735			
X_{21}		0.681			
X_{31}			0.773		
X_{33}			0.754		
X_{32}			0.715		
X_{42}				0.814	
X_{43}				0.793	
X_{41}				0.733	
X_{44}				0.699	
X_{52}					0.786
X_{54}					0.784
X_{51}					0.732
X_{53}					0.701

正式的问卷收集主要有网络发放和实地发放两种途径,以在京东商城有过购物经历并使用过京东快递的人作为调查对象,收回了来自重庆市、云南省、四川省、贵州省等地问卷共计 793 份,其中有效问卷 697 份,问卷有效率为 87.89%.问卷收集时间为 2015 年 6 月 7 日至 2015 年 12 月 20 日,数据收集后采用 SPSS19.0 软件进行处理分析.对问卷的信度、效度进行检验,然后对 LSQ-CS 模型进行检验.

3   实证结果与讨论

3.1   样本人口统计特征描述

调研数据的人口学统计描述见表 5.由表 5 可知,在受访者中,女性顾客比例(58.3%)略高于男性(41.7%).在文化素质方面,本科生以上学历占比 70.2%,虽然与调查对象选择有关,但是在一定程度上反映了网购群体的基本文化素质较高.年龄分布上,69.5% 的调查对象在 21-30 岁,是较为年轻的 80 后和 90 后,乐于接受新鲜事物,热爱网络与电子商务,喜欢网购.经济来源上,72.8% 的调查对象是收入在 2000 元以下的低收入阶层,这也与调查对象中很大一部分为大学生有关,其收入主要来自父母,没有太多的经济来源.京东使用频率上,54.5% 的人每月 2-5 次,10.7% 的人每月要在京东商城购物 6-10 次,总体来说调查对象的购物频率较高,京东快递的使用次数较多.

表 5   京东快递消费者人口学统计描述

变量	变量值	占比/%
性别	男	41.7
	女	58.3
年龄	20 岁以下	16.3
	21~30 岁	69.5
	31~40 岁	11.9
	41 岁以上	2.3
每月京东快递使用次数	1 次	30.3
	2~5 次	54.5
	6~10 次	10.7
	10 次以上	4.5

变量	变量值	占比/%
学历	初中及以下	15.3
	高中	14.5
	大学本科	50.8
	硕士及以上	19.4
家庭月收入(元)	1 000 以下	27.1
	1 000—1 999 元	45.7
	2 000—3 999 元	15.7
	4 000 元以上	11.5

3.2 问卷的信度、效度分析

根据收回的有效数据,首先进行信度分析,采用 Cronbach's Alpha 值衡量问卷信度,如表 6 所示. 快递物流终端服务质量的 SCQ,ORQ,EPQ,GDQ 和 ISQ 的 Cronbach's Alpha 值均在 0.8 左右,各二级指标 Cronbach's Alpha 系数值均 0.6 左右,快递物流终端服务质量的 Cronbach's Alpha 值为 0.851. 顾客满意度(CS)3 个相关题项的 Cronbach's Alpha 值也高于 0.6,整体 Cronbach's Alpha 值为 0.812. 问卷总体的 Cronbach's Alpha 值均较高,这表明问卷的内部一致性较高.

表 6 京东快递物流终端服务质量问卷信度分析

变量		题项	校正的项总计相关性	项已删除的 Alpha 值	分量表的 Alpha 值	总量表的 Alpha 值
快递物流终端服务质量	员工沟通质量 (SCQ)	X_{11}	0.578	0.745	0.783	0.851
		X_{12}	0.643	0.683		
		X_{13}	0.648	0.676		
	订单释放质量 (ORQ)	X_{21}	0.778	0.737	0.835	
		X_{22}	0.644	0.801		
		X_{24}	0.547	0.814		
	误差处理质量 (EPQ)	X_{31}	0.824	0.736	0.867	
		X_{32}	0.722	0.83		
		X_{33}	0.692	0.862		
	货品运送质量 (GDQ)	X_{41}	0.665	0.702	0.799	
		X_{42}	0.625	0.745		
		X_{43}	0.64	0.729		
		X_{44}	0.712	0.77		

续表

变量	题项	校正的项总计相关性	项已删除的 Alpha 值	分量表的 Alpha 值	总量表的 Alpha 值
服务创新质量（ISQ）	X_{51}	0.616	0.715	0.789	
	X_{52}	0.599	0.71		
	X_{53}	0.677	0.7931		
	X_{54}	0.645	0.696		
顾客满意度（CS）	Y_{11}	0.684	0.712	0.812	
	Y_{12}	0.684	0.687		
	Y_{13}	0.697	0.768		

基于预测问卷中的探索性因子分析，采用验证性因子分析对京东快递物流终端服务质量进一步进行效度分析，由分析结果得到测量指标的因子负载都大于0.50，并且因子的内部指标之间都有较大的因子载荷，服务质量的结构效度较好，测量的构思效度符合研究要求，模型拟合效果较好(图2).

3.3 相关性分析与回归分析

分析表7可知，员工沟通质量、订单释放质量、误差处理质量、货品运送质量和服务创新质量5个变量与顾客满意度均为正相关，相关系数分别为0.520，0.509，0.409，0.528和0.544，均在0.01的水平上显著.其中除误差处理质量与顾客满意度相对较低外，其他维度与顾客满意度的相关性均在0.5以上.

表7 京东快递物流终端服务质量与顾客满意度相关分析 Pearson 相关性系数

Pearson 相关性系数	京东快递物流终端服务质量维度				
CS	SCQ	ORQ	EPQ	GDQ	ISQ
	0.520**	0.509**	0.409**	0.528**	0.544**

注：** 表示0.01的显著性水平.

采用多元线性回归方法进行回归，回归结果如表8.整个模型调整后的R^2为0.406，F值为74.372，其显著性概率为0.000，小于0.05显著性水平，回归模型整体解释变异量达到显著性水平.说明回归效果理想，模型拟合程度较好，解释力度较强.SCQ、ORQ、GDQ和ISQ在0.01的显

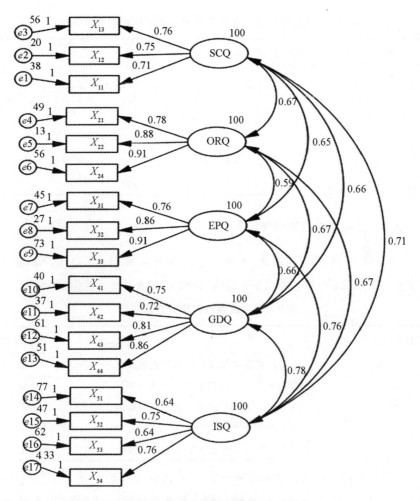

图 2　京东快递物流终端服务质量验证性因子分析结果

著性水平下显著,EPQ 没有通过显著性检验.SCQ、ORQ、GDQ 和 ISQ 的标准化回归系数分别是 0.207,0.148,0.169 和 0.247,ISQ 对顾客满意度的影响最大,其作用最大;其次是 SCQ 和 GDQ,ORQ 对顾客满意度的影响相对较弱.其中各个自变量的容忍度大于 0.1,VIF 值均小于 5,表明不存在序列相关问题.从回归分析中得到标准化回归方程

$$CS = 0.207 \times SCQ + 0.148 \times ORQ + 0.169 \times GDQ + 0.247 \times ISQ$$

表 8 京东快递物流终端服务质量与顾客满意度回归分析

	标准化回归系数	t	Sig.	容差	VIF
常　　量	—	4.182	0.000	—	—
SCQ	0.207	4.637	0.000	0.551	1.814
ORQ	0.148	3.227	0.001	0.521	1.920
EPQ	0.006	0.136	0.892	0.598	1.673
GDQ	0.169	3.554	0.000	0.488	2.051
ISQ	0.247	5.346	0.000	0.515	1.940

3.4　实证结果及可能原因

京东快递物流终端服务质量 5 个维度中，SCQ、ORQ、GDQ 和 ISQ 4 个变量在 0.01 的显著性水平下显著，EPQ 没有通过显著性检验(表 9).

表 9 对回归效应假设的验证结果

研究假设	内　　　容	检验结果
H_1	SCQ 对顾客满意度有显著的正向影响	是
H_2	ORQ 对顾客满意度有显著的正向影响	是
H_3	EPQ 对顾客满意度有显著的正向影响	否
H_4	GDQ 对顾客满意度有显著的正向影响	是
H_5	ISQ 对顾客满意度有显著的正向影响	是

京东快递物流终端服务质量对顾客满意有正向影响这一结果与 Sang 等[15]、Fornell 等[9]的研究结论相一致；查金祥等[22]，庄德林等[40]通过实证研究也得出相关的结论. 其中误差处理质量不显著，可能的原因：① 数据上产生误差，题项设计不够充分，不能很好地衡量所要探讨的问题；② 顾客对快递终端的服务更加注重准时性、准确性、响应性，快递公司"幕后"处理配送问题，问题处理环节消费者缺乏参与，所以消费者对误差处理的感知不强；③ 京东快递在误差处理过程中已有良好的机制，使得京东快递理赔程序完善快捷、配送错误事件较少发生，消费者对京东快递误差处理质量认可度较高，所以误差处理质量对顾客满意度的影响反而不显著.

4　结论及启示

自建物流作为京东发展自身核心竞争力的重大战略举措,其在满足消费者多样化需求、赢得市场竞争力、抢占电商发展先机、增强其在 B2C 市场中的主导地位等方面均有不可小觑的作用,战略的高度重视及先后的巨大投入使其在全国建成 7 大物流中心、近 200 家大型仓库,形成多网点、全覆盖的高效配送系统,但最终评价京东自建物流系统是否成功并非是看是否有花哨的先进硬件、悦耳的宣传标语及夸张的宣传,而是基于消费者良好口碑和较好用户体验支撑下的良性发展.本文站在消费者角度通过相关数据分析,得出员工沟通质量、订单释放质量、货品运送质量和服务创新质量对顾客满意度具有显著正向影响,误差处理质量对顾客满意度的影响不显著.

员工沟通质量对顾客满意度具有显著正向影响.快递服务是以货物为运输对象、以人为服务对象的商业服务活动,最终的服务评价也是由处于整个环节末端的消费者给出,而与消费者进行直接接触及终结整个服务过程的是京东快递配送环节的工作人员,其作用可以是恶化消费者感知,也可以为物流服务质量锦上添花,所以京东快递必须高度重视一线配送员工自身素质的提升.

订单释放质量对顾客满意度具有显著正向影响.快递服务的高效完成离不开高效协作的信息系统、完善的仓库网点建设和优化的运输线路设计,京东物流耗费巨资修建的物流基础设施在满足巨量订单的消化、提升配送的速度方面发挥着重要作用.消费者对自身所购买的商品具有早点收到的迫切性,漫长的等待将会让消费者等待的幸福感变质成为对较慢物流速度的愤怒和不满,订单释放质量的提升是提高顾客满意度一个重要的途径.

误差处理质量对顾客满意度的影响不显著.京东物流规范的退货流程、7天无理由退货的售后服务及多种具有弹性的付款方式使其在误差处理环节具有较大的缓冲空间,较小的误差率以及高效的误差处理过程保证了京东快递消费者的良好体验,进而导致了顾客对误差处理质量的不敏感.

货品运送质量对顾客满意度具有显著正向影响."第一印象效应"很好地阐释了消费者对京东物流的满意度在一定程度上与所收到货物整洁的包装、票据准确及完好的粘贴等"第一印象"有关,其对消费者的感知及满意度均产生影响.打动消费者要从第一次接触、第一眼对视开始,如果说员工沟通质量是连接消费者和京东快递的桥梁,那么货物运送质量便是给消费者带来踏实愉悦的漂亮扶手.

服务创新质量对顾客满意度具有显著正向影响.京东快递自建物流体系本身就是一次创新,不断的创新是企业在竞争日益激烈的互联网时代下永葆青春的重要路径.通过不断提升企业服务弹性、增强企业自身核心竞争力以适应"上帝"日新月异的消费需求,通过主动创新以满足甚至制造消费者需求,当消费者沉浸在企业服务所给予的惊喜和感动中,就能达到提升顾客满意度、实现服务价值的目标.

根据上述实证研究结论,为提升京东快递物流终端服务质量,提出以下几点建议:

(1) 培训增强员工服务意识

建立培训考核制度,定期培训,提高员工素质,减少员工与客户的摩擦,灌输服务意识,将服务意识、服务理念上升至企业文化.与顾客接触,保持积极情绪,表达准确,语气谦和.统一员工着装,保持衣着整洁,给顾客留下良好第一印象.快递发放按流程操作,争取快速高效,减少顾客等待时间.

(2) 建立物流服务质量测量体系

京东快递要建立服务质量测量体系,对快递的服务质量有一个清楚的把握.可以在本文已有的配送质量、员工素质、配送应急措施、信息服务质量 4 个指标的基础上,完善信息管理系统中的指标,如准时发货率、订单成交率、订单好评率、订单退货率、紧急订单处理效率等等指标,对京东快递的物流服务质量进行实时测量,找出问题,进行对应的改善.

(3) 加强与第三方物流企业合作

京东商城自营的京东快递配送能力也很难将所有订单消化吸收,只由京东快递单独派送会带来派送时间延长、派送质量下降、顾客满意度降低等问题,所以京东快递已寻求一个专业的快递企业,形成快递联盟,分化巨大的包裹数量,以提高包裹的派送速度,增强网站对订单的响应能力,将自己的力量集中到核心地区、核心业务上,保证其服务质量,提升其核心竞争力.但这绝非长久之计,长远来看京东快递需要放弃与第三方物流的合作,尤其是在最后的配送环节,必须通过京东快递自身服务质量的提升换取顾客的良好感知,进而形成自己的核心竞争力.

(4)继续完善企业硬件设施

只有完善企业硬件设施才能提高"最后一公里"送达速度,加大京东快递订单消化能力.可为一线员工配备合适的交通工具、扫描装置,压缩发件复杂程序,提高京东快递一线员工的收款效率.讲究标准化与多样化结合,因地制宜配置企业硬件设施,在实用的基础上争取标准化.加强公司品牌建设,公司设施及设备张贴统一标识,提高京东快递知名度,加大品牌营销,形成京东快递的品牌认知.

(5)注重服务创新与服务弹性

顾客需求的个性化、多样化,要求京东快递服务具有"弹性"和创新性.整合全国网点,优化运输路线,加强全国7大物流中心、近200个大型仓库的"互联互通",及时调剂货物,保证京东快递对京东商场巨大订单的配送效率.提高订单预测的准确性和预测频率,统筹安排,提前做出响应,缩短配送时间,提升企业的反应缓冲时间,进而为企业的创新优质服务提供保障.满足客户对不同配送时段的选择范围及个性化要求,强调顾客存在感,让顾客在最大程度上体验到"理解、尊重、真诚".

参考文献:

[1]CARDOZO R N.An Experimental Study of Customer Effort, Expectation, and Satisfaction[J].Journal of Marketing Research,1965,2(3):244—249.

[2]HOWARD J A,JAGDISH N S.The Theory of Buyer Behavior[M].New York:Wiley,1969.

[3]ZEITHAML V A,BERRY L L,PARASURAMAN A.The Nature and Determinants of Customer Expectations of Service[J].Journal of the Academy of Marketing Science,1993,21(1):1—12.

[4]WOODSIDE A G,FREY L L,DALY R T.Linking Service Quality,Customer Satisfaction and Behavioral Intention[J].Journal of Health Care Marketing,1989,9(4):5—17.

[5]OLIVER R L.Measurement and Evaluation of Satisfaction Processes in Retail Settings[J].Journal of Retailing,1981,57(3):25—48.

[6]JOHNSON M D,FORNELL C.A Framework for Comparing Customer Satisfaction Across Individual and Product Categories[J].Journal of Economic Psychology,1991,12(2):267—286.

[7]KOTLER P.Marketing Management:Analysis,Planning,Implementation and Control[M].Englewood:Prentice Hall,1980.

[8]WOODRUFF R B.Customer Value:The Next Source for Competitive Advantage[J].Journal of the Academy of Marketing Science,1997,25(2):139—153.

[9]FORNELL C,JOHNSON M D,ANDERSON E W,et al.The American Customer Satisfaction Index:Nature,Purpose and Findings[J].Journal of Marketing,1996,60(4):7—18.

[10]MANUEL J V,PEDRO S C.The Employee-Customer Satisfaction Chain in the ECSI Model[J].European Journal of Marketing,2003,37(11/12):1703—1722.

[11]刘　辉,宋福丽.基于服务的顾客感知价值与重复购买意愿关系的实证[J].统计与决策,2009(12):183—185.

[12]VANSCOYOC K.An Examination of a Multidimensional Model of Customer Satisfaction with Internet Purchasing[D].Virginia:Old Dominion University,2000.

[13]YANG Z L,JUN M J.Consumer Perception of e-Service Quality:from Internet Purchaser and Non-Purchaser Perspectives[J].Journal of Business Strategies,2008,19(1):19—41.

[14]VIJAYASARATHY L R.JONES J M.Intentions to Shop Using Internet Catalogues:Exploring the Effects of Product Types,Shopping Orientations,and Attitudes towards Computers.[J].Electronic Markets,2000,10(1):29—38.

[15]KIM S Y,LIM Y J.Consumers' Perceived Importance of and Satisfaction with Internet Shopping[J].Electronic Markets,2001,11(3):148—154.

[16]CHO N, PARK S. Development of Electronic Commerce User-Consumer Satisfaction Index(ECUSI)for Internet Shopping.[J].Industrial Management & Data Systems,2001,101(8):400－406.

[17]KIM H R.Developing an Index of Online Customer Satisfaction[J].Journal of Financial Services Marketing,2005,10(1):49－64.

[18]SOH S.A Decision Model for Evaluating Third-Party Logistics Providers Using Fuzzy Analytic Hierarchy Process[J].African Journal of Business Management, 2010,4(3):339－349.

[19] MEDJOUDJ R, LAIFA A, AISSANI D. Decision Making on Power Customer Satisfaction and Enterprise Profitability Analysis Using the Analytic Hierarchy Process ［J］. International Journal of Production Research, 2012, 50(17):4793－4805.

[20]LIN H H,WANG Y S.An Examination of the Determinants of Customer Loyalty in Mobile Commerce Contexts[J].Information & Management,2006,43(3): 271－282.

[21]国家质量监督检验检疫总局质量管理司,清华大学中国企业研究中心.中国顾客满意指数指南[M].北京:中国标准出版社,2003.

[22]查金祥,王立生.网络购物顾客满意度影响因素的实证研究[J].管理科学, 2006,19(1):50－58.

[23]申文果,张秀娟,谢礼珊.网络企业服务质量的测量及其影响的实证研究[J]. 管理科学,2007,20(1):38－45.

[24]何其帼,廖文欣.网络零售企业服务质量对消费者感知风险的影响——第三方物流启动信息的调节作用[J].经济管理,2012,34(2):89－96.

[25]叶作亮,蔡　丽,叶振华,等.3PL 服务质量与 C2C 顾客满意度的实证研究 [J].科研管理,2011,32(8):119－126.

[26]陈文沛.物流服务质量、网络顾客满意与网络顾客忠诚——转换成本的调节作用[J].中国流通经济,2014(10):44－51.

[27]刘　宏,黄小刚,刘振涛,等.B2C 模式下网络消费者满意的研究[J].商业研究,2004(18):143－144,129.

[28]魏斐翡.基于网上消费者风险的快递服务满意度分析[J].武汉理工大学学报(信息与管理工程版),2011,33(6):1003－1006,1010.

[29]WOODRUFF R B,CADOTTE E R,JENKINS R L.Modeling Consumer Satisfaction Processes Using Experience-Based Norms[J].Journal of Marketing Research,1983,20(3):296—304.

[30]MARTILLA J A,JAMES J C.Importance-Performance Analysis[J].Journal of Marketing,1977,41(1):77—79.

[31]JAYANTI R,JACKSON A.Service Satisfaction:An Exploratory Investigation of Three Models[J].Advances in Consumer Research,1991,18(1):603—610.

[32]MARTÍNEZ J A,MARTÍNEZ L.Some Insights on Conceptualizing and Measuring Service Quality[J].Journal of Retailing & Consumer Services,2010,17(1):29—42.

[33]STANK T P,GOLDSBY T L,VICKERY S K,et al.Logistics Service Performance:Estimating Its Influence on Market Share[J].Journal of Business Logistics,2003,24(1):27—55.

[34]张长根,郑金忠.物流服务质量评估的指标体系研究[J].物流技术,2002(3):74—76.

[35]徐　剑,刘俊强,方小昌.物流企业服务质量评价指标体系研究[J].物流科技,2006,29(1):48—51.

[36]郑　兵,金玉芳,董大海,等.中国本土物流服务质量测评指标创建及其实证检验[J].管理评论,2007,19(4):49—55.

[37]李　军,史　伟.物流配送业客户满意度分析[J].工业工程,2007,10(5):127—130.

[38]课题组.快递业服务质量对服务价值的影响[J].中国流通经济,2014(5):106—111.

[39]陈争辉,王　倩,朴明燮.邮政快递服务质量要素与品牌忠诚研究[J].商业研究,2011(11):127—132.

[40]庄德林,李　景,夏　茵.基于 CZIPA 法的快递企业服务质量评价研究[J].北京工商大学学报(社会科学版),2015,30(2):48—55.

[41]赵　彩,陈　阳.快递企业服务质量评价体系的制定[J].物流科技,2009(11):128—129.

[42]于宝琴,杜广伟.基于 SERVQUAL 模型的网购快递服务质量的模糊评价研究[J].工业工程,2013,16(2):127-133.

[43]倪红耀.B2C 电子商务消费者重复购买影响因素研究——基于结构化方程模型的实证研究[J].消费经济,2013,29(3):60-64.

[44]张圣亮,高　欢.服务补救方式对消费者情绪和行为意向的影响[J].南开管理评论,2011,14(2):37-43.

作者简介: 张卫国(1965 -),男,安徽南陵人,教授,主要从事战略管理及区域经济研究.

基金项目: 国家社科基金重大项目(12xgl007);中央高校基本业务费专项资金资助项目(SWU1609240,SWU1609242).

原载:《西南大学学报》(自然科学版)2016 年第 7 期.

收录: 2016 年入选"领跑者 5000 平台".

责任编辑　夏　娟

桑树内生细菌多样性及内生拮抗活性菌群的研究

任慧爽, 徐伟芳, 王爱印, 左伟东, 谢洁

西南大学生物技术学院,家蚕基因组生物学国家重点实验室,重庆 400715

摘 要:为探究桑树内生细菌多样性,获得拮抗性内生菌,开发利用桑树内生菌资源,通过非培养法构建 16S rDNA 文库,并结合组织分离培养法对桐乡青(桑树品种)内生细菌的种群特征进行了研究. 非培养法研究结果显示所构建文库的 111 个阳性克隆属于 22 个分类单元,其分属于 3 门 10 属,其中,鞘氨醇单胞菌属(*Sphingomonas*)、*Massilia* 和甲基杆菌属(*Methylobacterium*)为优势菌属;使用不同培养基通过培养法从桐乡青茎中获得 25 个内生细菌分离株,基于 16S rDNA 序列系统发育分析其属于 15 个分类单元,分属于 3 门 12 属,其中肠杆菌属(*Enterobacter*)、芽孢杆菌属(*Bacillus*)和泛菌属(*Pantoea*)为优势菌属. 培养法得到的内生细菌种群与非培养法差异较大,仅假单胞菌属(*Pseudomonas*)和鞘氨醇单胞菌属(*Sphingomonas*)为共同菌属,且培养法得到的内生细菌多样性和均匀度指数(H' 2.54, D 0.91, J 0.79)均高于非培养法(H' 2.21, D 0.84, J 0.48). 采用抑菌圈法,以 10 株植物病原菌作为指示菌,结果显示多达 18 株桑树内生细菌对一种或多种病原菌有抑制作用. 综上结果表明,桑树内生细菌具有丰富的多样性,并且包含大量具有抗菌活性的菌株,以桐乡青材料为例,抗菌活性菌株约占其内生细菌的 72%.

桑树(*Morus alba* L.)适应性强,几千年来作为家蚕唯一的饲料源,在全国各省区广泛种植. 由于桑树具有耐寒耐旱耐山火,可保持水土[1-2],萌生能力极强,对氯气、二氧化硫和硫化氢具较强耐受性[3]等特性,因而是生态改良的主要树种. 桑果不仅基础营养物质含量丰富,而且富含氨基酸、维生素以及白藜芦醇、花青素等抗氧化活性物质[4],具有增强人体免疫力、延缓衰老和美容养颜等功效[5]. 然而,近年来桑疫病和菌核病等各类病害日趋严重,而现有针对桑树病害的化学农药防治方法所导致的负面影响亦日益

凸显，严重制约生态桑产业的健康发展，故寻找高效且绿色环保的桑树病害防治方法已迫在眉睫.

植物内生菌(Endophytes)是生活于健康植物各组织器官的细胞间隙或者细胞内部，并与宿主植物和谐共处的一类微生物[6-7]. 作为植物微生态系统的重要组成部分，内生菌构筑了宿主植物的健康屏障[8-10]，能够通过合成抗菌活性物质[11]、竞争性排阻[12]、促进植物生长[13]及诱导抗性[14]等方式增强宿主植物的抗病能力. 近几年，对桑树内生菌多样性及利用其进行植物病害生物防治方面已有研究，但主要集中于培养法. 路国兵等人[15]从不同桑树品种的不同组织中共分离得到内生细菌229个分离株，并从中筛选得到67个分离株对桑树炭疽病菌或桑粘格孢菌具有拮抗作用；谭广秀[16]从桑枝中分离获得内生细菌26个分离株，并从中筛选出2株具有抑菌活性的内生菌. 此外，本研究小组的研究结果表明桑树内生拮抗菌成团泛菌(*Pantoea agglomerans*)及特基拉芽孢杆菌(*Bacillus tequilensis*)分别对桑细菌性疫病病原菌、桑椹缩小性菌核病病原菌有稳定而显著的抑制作用[17-18]. 然而培养法存在一定局限，无法全面客观反映植物内生菌的种群结构. 因此，本文采用构建桑树内生细菌16S rDNA文库的非培养法和培养法，对桑树内生细菌的多样性进行系统研究，并检测培养法获得的内生细菌对桑疫病病原菌(丁香假单胞菌桑致病变种)等10株病原指示菌的拮抗作用，以期阐明内生菌与桑树共生过程中的功能和潜在作用，为利用内生菌进行桑树病害的生物防治提供新的资源.

1 材料与方法

1.1 材料

1.1.1 供试桑树材料

健康桑树桐乡青于2013年7月取自西南大学生物技术学院实验桑园"桑之源".

1.1.2 拮抗菌筛选靶标菌株

丁香假单胞菌桑致病变种(*Pseudomonas syringae* pv. *mori*)、核盘菌

（*Sclerotinia sclerotiorum*）、终极腐霉（*Pythium ultimum*）、炭疽病菌（*Colletrichum lagenarium*）、腐皮镰刀菌（*Fusarium solani*）、疫霉菌（*Phytophthora nicotianae*）、立枯丝核菌（*Rhizoctonia solani*）、链格孢菌（*Alternaria* sp.）、轮枝菌（*Verticillium dahliae*）、纹枯病菌（*Thanatephorus cucumeris*），均为本研究小组收集保存.

1.1.3 培养基

马铃薯葡萄糖琼脂培养基（PDA）：马铃薯 200.0 g，葡萄糖 20.0 g，琼脂 15.0 g，蒸馏水 1 000.0 mL，pH 自然；马铃薯葡萄糖液体培养基（PDB）：马铃薯 200.0 g，葡萄糖 20.0 g，蒸馏水 1 000.0 mL，pH 自然；高氏 I 号培养基（GA）：可溶性淀粉 20.0 g，KNO_3 1.0 g，NaCl 0.5 g，K_2HPO_4 0.5 g，$MgSO_4$ 0.5 g，$FeSO_4$ 0.01 g，琼脂 15.0 g，蒸馏水 1 000.0 mL，pH=7.2～7.4；水琼脂培养基（WA）：琼脂 15.0 g，蒸馏水 1 000.0 mL，pH 自然. 以上培养基均在 121 ℃温度下灭菌 20 min 备用.

1.1.4 主要试剂和仪器

基因组提取试剂盒 PrepMan Ultra Sample Preparation Reagent 购自美国 ABI 公司；DNA marker、Taq 酶、dNTP、$10 \times$ PCR Buffer、Mg^{2+}、PMD19-T Vector 载体购自宝生物工程（大连）有限公司；凝胶回收试剂盒购自 AxyGEN 公司；PCR 引物购自南京金斯瑞生物科技有限公司；其余均为国产分析纯. 电泳仪、水浴锅均购自北京六一仪器厂，PCR 仪购自美国 ABI 公司.

1.2 方 法

1.2.1 样品的采集及处理

从实验桑园采集桐乡青的茎，用自来水冲洗干净、晾干、编号后于 4 ℃保存，并及时分离内生菌.

桑树茎表面消毒[11]：将桑树枝条剪成长度约 5.0 cm 的茎段，置于 75.0%的乙醇中完全浸湿，取出后于酒精灯上引燃茎表面乙醇，待乙醇燃尽，以此表面消毒的桑枝在空白培养基上滚动，使桑枝每个表面均接触培养基，于 22 ℃温度下培养作为空白对照，验证表面消毒是否彻底.

1.2.2 非培养法对桑树内生细菌多样性分析

采用消毒后桑树茎皮为实验材料,按照文献[19—20]的方法获得桑树皮总基因组 DNA,以此作为模板,使用细菌 16S rDNA 扩增通用引物 799F: 5'-AACAG-GATTAGATACCCTG -3'和 1492R: 5'-GGTTACCTTGTTACGACTT-3'进行 PCR 扩增[19—21]. PCR 反应体系(25 μL):Premix Taq 12.5 μL,引物各 1 μL,DNA 1 μL (20 ng),ddH$_2$O 9.5 μL. PCR 反应条件为:95 ℃ 预变性5 min;94 ℃变性 30 s,50 ℃ 退火 45 s,72 ℃ 延伸 1 min,30 个循环;72 ℃ 延伸 10 min.

16S rDNA 基因文库的构建[20]:PCR 产物 1%琼脂糖凝胶电泳,将 730 bp 左右的条带切下,进行回收纯化,产物与 PMD19-T Vector 载体连接,转化至 E. coli DH 5α 感受态细胞. 在含氨苄青霉素(50 μg/mL)的 LB 平板上筛选阳性转化子. 用菌落 PCR 的方法,以 PMD19-T 载体上的 M13-47 5'-CGCCAGGGTTTTCCCAGTCACGAC-3'和 M13-48 5'-AGCG-GATAACAATTTCACACAGGA-3'为引物,验证阳性克隆. PCR 反应体系 (25 μL):Premix Taq 12.5 μL,引物各 1 μL,菌液 1.5 μL,ddH$_2$O 9 μL. PCR 反应条件为:95 ℃预变性 10 min;94 ℃变性 1 min,53 ℃退火 1 min,72 ℃延伸 2 min,30 个循环;72 ℃延伸 10 min.

桑树皮内生细菌群落 16S rDNA 文库扩增性 rDNA 限制性酶切片段分析(ARDRA):取阳性克隆的菌落 PCR 产物 4 μL 分别用 Hae Ⅲ 和 Hha Ⅰ 内切酶进行酶切分型[19]. 酶切反应体系(5 μL):Hae Ⅲ 或 Hha Ⅰ (10 U/μL)0.2 μL,PCR 产物 4 μL,10× Buffer 0.5 μL,ddH$_2$O 0.3 μL. 37 ℃恒温放置 4 h,酶切产物用 2.5%的琼脂糖凝胶电泳进行检测. 选取两种限制酶的酶切带型不同的克隆送至金斯瑞生物科技有限公司进行测序.

1.2.3 培养法对桑树内生细菌多样性分析

将经表面消毒的桑树茎置于无菌培养皿内,用无菌手术刀片分 3 层剖开,并将所得碎片分别置于 PDA 培养基、GA 培养基和 WA 培养基表面,22 ℃培养 4 周,逐日观察. 待茎块边缘长出菌落后,采用平板划线法进行纯化培养.

利用基因组提取试剂盒获得菌株 DNA,以此为模板,用细菌通用引物 27F: 5′-AGAGTTTGATCCTGGCTCAG-3′ 和 1492R: 5′-GGTTACCTTGT-TACGACTT-3′扩增内生细菌 16S rDNA 序列. PCR 反应体系(25 μL): 10×PCR Buffer 2.5 μL,Mg^{2+}(1.5 mmol/L)1.5 μL,dNTP(10 mmol/L) 2.0 μL,引物各 1.0 μL,DNA 1.0 μL,Taq 酶 0.1 μL,ddH_2O 15.9 μL. PCR 反应条件为:95 ℃预变性 4 min;94 ℃变性 30 s,50 ℃退火 45 s, 72 ℃延伸 1 min,30 个循环;72 ℃ 延伸 10 min. 扩增产物送至生工生物 工程(上海)股份有限公司测序.

1.2.4 数据分析

通过 NCBI 的 VECTER SCREEN 去除非培养法测序所得的 16S rDNA 基因的载体片段[21],将所得到的 16S rDNA 序列在线进行嵌合序列鉴定 (http://comp-bio. anu. edu. au/bellerophon/bellerophon. pl)去除嵌合序 列[22]. 将获得的基因序列用 Blast 程序(http://blast. ncbi. nlm. nih. gov/ Blast. cgi)与数据库中已登记的基因序列进行同源性比较分析,获得菌种的 相似度信息.

采用分离频率(Relative frequency)、香农多样性指数(Shannon-Wiener Biodiversity index,H')、辛普森多样性指数(Simpson's Biodiversity index, D)、丰度(Richness)及皮耶诺均匀度指数(Pielou's evenness index,J)5 个 指标[23]及稀疏曲线(Rarefaction Curve)[24]对两种方法得到的桑树内生菌多 样性进行评价分析比较.

1.2.5 桑树拮抗性内生细菌的发育分析

将分离获得的内生细菌接种于 PDB 培养基,28 ℃、180 r/min 振荡培养 96 h;收获发酵液后 12 000 r/min 离心 30 min,取上清液备用[17]. 以桑疫病 病原菌丁香假单胞菌桑致病变种及其他 9 种常见植物病原真菌为靶标,灭 菌 PDB 培养液作对照,用抑菌圈法检测桑树内生菌发酵上清液对靶标病原 菌的拮抗活性,筛选桑树内生拮抗菌株.

将所得拮抗菌 16S rDNA 基因序列在 GenBank 里进行比对(http:// www. ncbi. nlm. nih. gov/BLAST),下载 GenBank 中同源性较高序列,利用 CLUSTALX 软件进行聚类分析,再利用 MEGA4.0 软件,使用 N-J 法进行 1 000 次步长计算,构建系统发育树[17].

2 结果和分析

2.1 桑树内生细菌种群分布

2.1.1 非培养法对桑树内生细菌种群分布分析

样品总 DNA 提取和 16S rDNA 基因的 PCR 扩增：提取的桑树皮总 DNA 片段较为完整，基因组片段大于 15 kb. 通过细菌 16S rDNA 基因特异性 PCR 扩增，得到大小为 750 bp 左右的目的片段，同时还扩增出 1 200 bp 左右的片段，推测可能是桑树线粒体 18S rDNA 的部分序列(图 1). 经表面消毒的桑枝滚动的培养基在培养后，于 22 ℃温度下培养 72 h，无菌落生长，说明实验中得到的结果均为桑树内生菌.

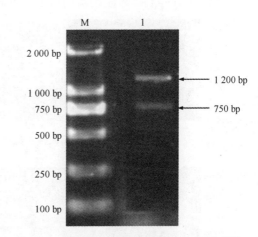

M:2 000 bp marker；1:桑树内生细菌 16S rDNA 基因片段的 PCR 扩增结果.

图 1　桑树基因组 DNA 和桑树内生细菌 16S rDNA 基因片段的 PCR 扩增结果

16S rDNA 基因克隆文库阳性转化子的筛选与酶切分析：从所构建 16S rDNA 基因文库中随机挑取 120 个单菌落，用质粒上的通用引物 M13-47 和 M13-48 进行菌落 PCR 扩增，验证阳性克隆，最终共筛选获得 111 个阳性克隆，阳性克隆大小约为 900 bp.

阳性克隆 PCR 扩增产物首先用内切酶 *Hae* Ⅲ 进行酶切，图谱结果显示共有 6 种带型(图 2)，选择带型相同的克隆，将其菌落 PCR 产物再次使用内切酶 *Hha* Ⅰ 进行酶切，验证其是否的确为同一克隆(图 3). 由图 2 和图 3 可见酶切产物得到片段大小在 100—700 bp 之间，其总和都接近于未消化的 PCR 产物全长.

经两次酶切比较，共得到 40 个酶切图谱不同的克隆，将不同的克隆进行测序. 根据酶切图谱和克隆测序结果，排除嵌合体后，111 个克隆分为 22 个分类单元(OTUs). 测序后将 16S rDNA 序列提交至 NCBI 数据库 GeneBank 获得登录号 KT766085－KT766118. 经 Blast 序列比对，111 个阳性克隆序列分属于细菌域的 3 个类群：变形菌门(Proteobacteria)、拟杆菌门(Bacteroidetes)和放线菌门(Actinobacteria)，包括 10 个属(表1).

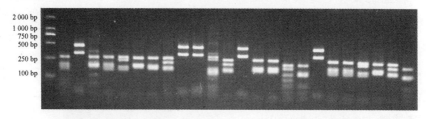

图2　桑树内生细菌阳性克隆 *Hae* Ⅲ酶切图谱(部分)

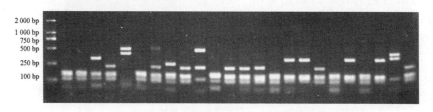

图3　桑树内生细菌阳性克隆 *Hha* Ⅰ酶切图谱(部分)

2.1.2　培养法对桑树内生细菌种群分布分析

采用 PDA 培养基、GA 培养基和 WA 培养基从经严格表面消毒的桐乡青茎中共分离获得内生细菌 25 个分离株. 采用细菌通用引物 27F/1492R 分别获得内生细菌的 16S rDNA，将其序列提交至 NCBI 数据库 GeneBank 获得登录号 KT766060－KT766084. 经 Blast 序列比对，桑树内生细菌 25 个分离株分属于细菌域的 3 个类群：变形菌门(Proteobacteria)、拟杆菌门(Bacteroidetes)和厚壁菌门(Firmicutes)，包括 12 个属(表1).

表 1　桑树内生细菌种群分布

门	种	分　离　频　率	
		非培养法	培养法
Actinobacteria	*Curtobacterium flaccumfaciens*	3.85	—
	Frigoribacterium faeni	1.92	—
Firmicutes	*Bacillus cereus*	—	4.00
	Bacillus thuringiensis	—	4.00
	Bacillus amyloliquefaciens	—	4.00
	Staphylococcus epidermidis	—	4.00
Proteobacteria	*Desulfonatronovibrio magnus*	0.96	—
	Duganella sacchari	—	4.00
	Enterobacter asburiae	—	4.00
	Enterobacter cancerogenus	—	20.00
	Enterobacter ludwigii	—	4.00
	Erwinia aphidicola	—	4.00
	Hymenobacter flocculans	1.92	—
	Leclercia adecarboxylata	—	8.00
	Massilia albidiflava	3.85	—
	Massilia kyonggiensis	0.96	—
	Massilia namucuonensis	16.35	—
	Massilia plicata	0.96	—
	Massilia timonae	0.96	—
	Methylobacterium aquaticum	0.96	—
	Methylobacterium fujisawaense	14.42	—
	Methylobacterium goesingense	6.73	—
	Methylobacterium komagatae	0.96	—
	Methylobacterium persicinum	3.85	—
	Methylobacterium phyllosphaerae	1.92	—
	Methylobacterium tardum	0.96	—
	Mucilaginibacter soli	0.96	—
	Novosphingobium barchaimii	—	4.00
	Pantoea agglomerans	—	12.00
	Peredibacter starrii	0.96	—
	Pseudomonas oryzihabitans	1.92	—
	Pseudomonas psychrotolerans	—	8.00
	Sphingobacterium caeni	—	4.00
	Sphingomonas melonis	18.27	—
	Sphingomonas pruni	13.46	—
	Sphingomonas roseiflava	2.88	—
	Sphingomonas sanguinis	—	8.00
	Xanthomonas campestris	—	4.00

2.1.3 利用非培养法与培养法分析桑树内生细菌种群分布比较

桑树内生细菌种群多样性分析结果表明,非培养法和培养法获得的种群分布特征差异显著. 放线菌门(Actinobacteria)为非培养法特有类群,而厚壁菌门(Firmicutes)仅在培养法中得到;仅假单胞菌属(*Pseudomonas*)和鞘氨醇单胞菌属(*Sphingomonas*)两个菌属为两种方法获得的共同菌属;而在种的水平上二者没有得到共同菌种(表 1). 非培养法研究结果显示,变形杆菌门(Proteobacteria)是该克隆文库中的优势类群,包含了 96 个克隆. 文库中优势菌属为鞘氨醇单胞菌属(*Sphingomonas*)、*Massilia* 和甲基杆菌属(*Methylobacterium*),分别占克隆文库的 18.27%,16.35% 和 14.42%(表 1). 培养法研究结果表明,变形杆菌门(Proteobacteria)亦为优势类群,包含了 20 个内生细菌分离株. 其中肠杆菌属(*Enterobacter*)、芽孢杆菌属(*Bacillus*)和泛菌属(*Pantoea*)为优势菌属,分别占内生细菌总数的 24.00%,12.00% 和 12.00%(表 1).

2.2 桑树内生菌的多样性分析

采用香农多样性指数、辛普森多样性指数、丰度、皮耶诺均匀度指数及稀疏曲线对两种方法得到的桑树内生菌多样性进行评价分析比较. 桑树内生细菌 16S rDNA 基因文库包含 111 个阳性克隆,有 22 个分类单元,香农多样性指数为 2.21,辛普森多样性指数为 0.84,均匀度为 0.48(表 2),稀疏曲线趋于平缓[图 4(a)],说明该克隆文库已基本代表桑树内生细菌群落的微生物多样性. 分离获得的 25 个内生细菌分离株,有 15 个分类单元,香农多样性指数为 2.54,辛普森多样性指数为 0.91,均匀度为 0.79(表 2),稀疏曲线仍呈上升趋势[图 4(b)],说明分离获得内生菌仍较有限,培养法具有更高的多样性.

从统计分析可以看出,桑树内生菌 16S rDNA 克隆文库的库容基本上可反映桑树内生细菌群落的种群多样性,然而非培养法获得内生菌的丰度虽然高于培养法,但其多样性和均匀度均不及培养法,且非培养法稀疏曲线较培养法更趋于平缓,也就是说采用培养法得到的内生细菌群落复杂性高于非培养法.

表 2　桑树内生细菌多样性分析

指　　数	非培养法	培养法	指　　数	非培养法	培养法
香农多样性指数（H'）	2.21	2.54	丰度	22	15
辛普森多样性指数（D）	0.84	0.91	皮耶诺均匀度指数（J）	0.48	0.79

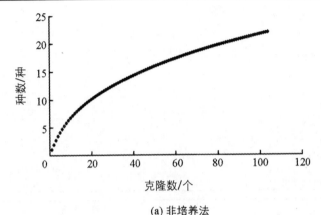

(a) 非培养法

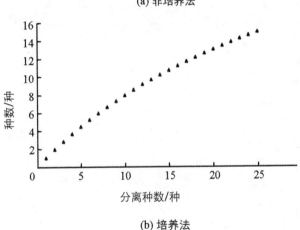

(b) 培养法

图 4　两种方法得到桑树内生细菌稀疏曲线

2.3　桑树拮抗性内生细菌的初筛及系统发育分析

抑菌圈法检测培养法分离获得的 25 株桑树内生细菌的抑菌活性，检测结果表明多达 18 株内生细菌分离株对靶标病原菌中的一株或者多株表现出拮抗作用，占内生细菌的 72%，其中内生细菌 TPY1 发酵上清液对 5 株指示菌具有拮抗作用，具有较广谱抑菌活性（表 3）. 由此可见，内生拮抗菌对提高宿主植物抗病性具有一定的作用.

表 3　桑树内生菌株的抑菌试验结果

指　示　菌	内生菌分离株								
	TGJ1	TGJ2	TGY1	TGY2	TPJ1	TPJ2	TPJ3	TPY1	TPY2
Pseudomonas syringae pv.*mori*	−	−	+	−	−	+	−	+	+
Sclerotinia sclerotiorum	−	−	−	+	−	−	−	−	−
Pythium ultimum	−	+	−	−	−	−	−	−	−
Colletrichum lagenarium	−	−	−	+	−	−	+	−	−
Fusarium solani	+	−	−	−	−	−	−	+	−
Phytophthora nicotianae	−	−	−	−	+	+	−	−	−
Rhizoctonia solani	+	−	−	−	−	−	−	+	+
Alternaria sp.	−	−	−	−	−	−	−	+	−
Verticillium dahliae	−	−	+	−	−	−	−	−	−
Thanatephorus cucumeris	+	−	−	−	−	+	+	+	+

指　示　菌	内生菌分离株								
	TPY3	TPY5	TPY6	TPY8	TPY11	TPY12	TPY14	TPY16	TPY17
Pseudomonas syringae pv.*mori*	+	−	−	−	+	+	−	+	−
Sclerotinia sclerotiorum	−	+	−	−	−	−	−	−	−
Pythium ultimum	−	−	−	−	−	−	−	−	−
Colletrichum lagenarium	−	+	−	−	−	−	−	−	−
Fusarium solani	−	−	−	−	−	−	−	−	−
Phytophthora nicotianae	−	−	+	−	−	−	−	−	+
Rhizoctonia solani	−	−	−	+	−	−	+	−	+
Alternaria sp.	−	−	−	−	−	−	−	−	−
Verticillium dahliae	−	−	−	−	−	−	−	−	−
Thanatephorus cucumeris	−	−	+	+	−	−	−	−	+

注：＋：抑制；－：无抑制.

　　为进一步了解拮抗菌在同一宿主内的进化多样性，对 18 株内生拮抗细菌进行了系统发育分析. 对 18 株拮抗内生菌的 16S rDNA 序列进行 BLAST 比对、分析，采用 MEGA4.0 软件 N-J 法构建系统发育树（图 5）.

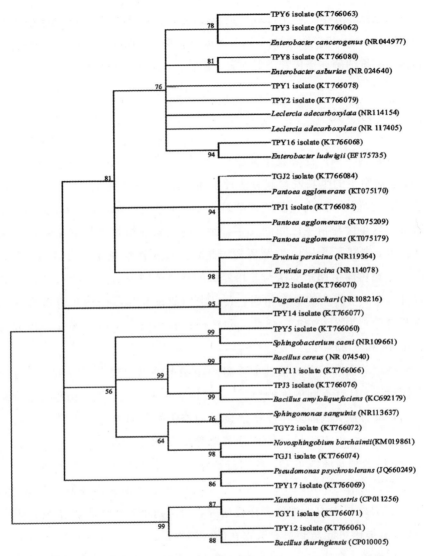

图5 桑树内生拮抗细菌基于 16S rDNA 序列的 N-J 法系统发育分析

从图 5 可见，18 株活性菌株在进化发育上分属 11 属. 分离株 TPY3，TPY6,[TPY16 为肠杆菌属（*Enterobacter*）]的同源性达 99%；分离株 TPY1，TPY2 有 99% 同源性，与勒克氏菌属（*Leclercia*）聚为一类；分离株 TGJ2 和 TPJ1 属于泛菌属（*Pantoea*）；分离株 TPJ2 为欧文氏菌属（*Erwinia*）；菌株 TPY5 为鞘氨醇杆菌属（*Sphingobacterium*）；分离株 TPY11 和 TPY12 为芽孢杆菌属（*Bacillus*）；分离株 TGY2 属于鞘氨醇单胞菌属（*Sphingomonas*）；分离

株 TGJ1 为新鞘氨醇杆菌(*Novosphingobium*);分离株 TPY17 属于假单胞菌属(*Pseudomonas*);分离株 TGY1 为黄单胞菌属(*Xanthomonas*). 结果表明桑树内生拮抗细菌在遗传和类群上表现出较为丰富的多样性特征.

3 讨 论

植物内生菌广泛存在于健康植物体内,是植物微生态系统的重要组成部分,对宿主的生长发育起着多种生物学作用. 本研究结合非培养法和培养法对桑树(桐乡青)内生菌的种群组成进行了系统、全面的研究. 为进一步了解桑树内生菌与宿主之间的关系,探究内生菌在植物体内的生命活动提供了依据,丰富了桑树内生菌资源. 通常香农多样性指数介于 1.5~3.5 之间[25],桑树内生菌培养法与非培养法的指数分别为 2.54 和 2.21,表明其多样性适中,与前人的研究相当,天目山山胡椒叶与茎中内生真菌香农多样性指数分别为 2.63 和 1.83[26],乔松松针和茎内生真菌的多样性指数分别为 2.48 和 2.23[27].

非培养法和培养方法的桐乡青内生细菌种群组成差异较大,仅有两个共同菌属,且有不同的优势种群. 通过构建文库得到的细菌菌落丰富度高于分离培养方法,然而多样性指数显示培养法得到的内生菌多样性要高于非培养法,该结果表明尽管传统分离培养得到的菌株数较少,但其组成较为复杂,结合稀疏曲线可知,利用分离培养法对桑树内生细菌多样性的研究具有更高的潜力. Impullitti 等人[24]对大豆内生真菌多样性研究及 Mariana等人[28]对水果中内生细菌多样性研究,均得到培养法多样性指数高于非培养法. 其原因可能是非培养法存在的限制因素:首先,总基因组提取需大量的植物组织,会造成总 DNA 中糖类、盐等杂质对后续的 PCR 扩增造成干扰[29];其次,总基因组在进行特异性扩增时存在 PCR 偏好性[24,30];再者,某些菌株在植物内的浓度过小,非培养法无法检测[28-29];另外,本研究所构建的克隆文库只包含了 16S rDNA 的部分片段,ARDRA 分型准确性有所下降[22];最后,由于实验条件限制,木质部无法被液氮速冻研磨,本研究非培养法仅取桐乡青韧皮部进行试验,可能会造成其多样性下降. 虽然非培养法存在上述局限性,但传统分离方法亦存在菌株对培养基的选择性、不可培养菌株的存在、某些菌株生长缓慢竞争力差被生长迅速的菌株淘汰等技术问题. 有多个研究报道表明,非培养法与培养法得到的内生菌种结构不一致甚至互补[29-32]. 因此非培养方法和培养方法结合使用可更有效、全面地研究植物内生菌的多样性,更有利于探索内生菌与宿主之间的作用.

本研究从 25 个分离株中共筛选得到 18 株对一株或多株病原菌具有抑制作用的桑树拮抗性内生细菌,占菌株总数的 72%. 其中有些菌株表现出较广的抑菌谱及较强抑菌活性,具有作为生物防治菌的潜能. 以上结果为进一步利用内生生防菌资源,探索对植物病害的安全有效的生物防治措施提供了材料及依据. 但拮抗菌的生物防治效果如何,尚需测定其在桑树体内的定殖力、持久性和回接后对桑树生长的影响,以及通过防病效果的田间试验等加以证实,也将是下一步研究的重点.

参考文献:

[1]SUSHEELAMMA B N.桑树种质的抗旱性评估[J].国外农学(蚕业),1992(1):34-36.

[2]张光灿,杨吉华,赵新明,等.桑树根系分布及水土保持特性的研究[J].蚕业科学,1997,23(1):59-60.

[3]买买提依明,徐 立,夏庆友,等.新疆维吾尔自治区桑树自然分布区域的地理生态环境及桑树形态特征[J].蚕业科学,2008,34(2):294-297.

[4]黄君霆,朱万民,夏建国,等.中国蚕丝大全[M].成都:四川科学技术出版社,1996:854-855.

[5]王储炎,范 涛,桂仲争,等.桑椹食品的开发探讨[J].食品工业,2011(3):95-98.

[6]BARRAQUIO W L,REVILLA L,LADHA J K.Isolation of Endophytic Bacteria Diazotrophic Bacteria from Wetland Rice[J].Plant and Soil,1997,194(1):15-24.

[7]HANADA R E,POMELLA A W,COSTA H S,et al.Endophytic Fungal Diversity in *Theobroma cacao* (Cacao) and *T. grandiflorum*(Cupuacu)Trees and Their Potential for Growth Promotion and Biocontrol of Black-Pod Disease[J].Fungal Biology,2010,114:901-910.

[8]ARNOLD A E, MEJIA L C, KYLLO D, et al.Fungal Endophytes Limit Pathogen Damage in a Tropical Tree[J].Proceedings of the National Academy of Sciences of the United States of America,2003,100(26):15649-15654.

[9]GOND S K,BERGEN M S,TORRES M S,et al.Endophytic *Bacillus* spp. Produce Antifungal Lipopeptides and Induce Host Defence Gene Expression in Maize [J].Microbiological Research,2015,172:79—87.

[10]HODGSON S,de CATES C,HODGSON J,et al.Vertical Transmission of Fungal Endophytes is Widespread in Forbs[J].Ecology and Evolution,2014,4(8):1199—1208.

[11]XIE J,STROBEL G A,MENDS M T,et al.*Collophora aceris*,a Novel Antimycotic Producing Endophyte Associated with Douglas Maple[J].Micorbial Ecology,2013,66(4):784—795.

[12]MARTINUZ A,SCHOUTEN A,SIKORA R A.Systemically Induced Resistance and Microbial Competitive Exclusion:Implications on Biological Control[J].Phytopathology,2012,102(3):260—266.

[13]VENDAN R T,YU Y J,LEE S H,et al.Diversity of Endophytic Bacteria in Ginseng and Their Potential for Plant Growth Promotion[J].The Journal of Microbiology,2010,48(5):559—565.

[14]CONN V M,WALKER A R,FRANCO C M M.Endophytic Actinobacteria Induce Defense Pathways in *Arabidopsis thaliana*[J].Molecular Plant-Microbe Interactions,2008,21(2):208—218.

[15]路国兵,冀宪领,张 瑶,等.桑树内生细菌的分离及生防益菌的筛选[J].蚕业科学,2007,33(3):350—354.

[16]谭广秀.具有抑菌活性的桑树内生菌的分离鉴定及其抑菌物质研究[D].镇江:江苏科技大学,2012.

[17]张飞官,高雅慧,任慧爽,等.桑疫病病原拮抗菌的分离、鉴定及发酵条件优化[J].微生物学报,2013,53(12):1285—1294.

[18]谢 洁,任慧爽,唐翠明,等.一株桑树内生细菌的鉴定和对桑椹核地杖菌的拮抗作用[J].蚕业科学,2015,41(5):815—824.

[19]邱服斌.培养方法与非培养方法对人参根内生细菌的研究[D].北京:首都师范大学,2007:3—8.

[20]程晓燕,李文军,王 芸,等.新疆野生胀果甘草内生细菌多样性的非培养初步分析[J].微生物学报,2009,49(6):718—725.

[21]CHELIUS M K,TRIPLETT E W.The Diversity of Archaea and Bacteria in Association with the Roots of *Zea mays* L.[J].Microbial Ecology,2001,41(3):252—263.

[22]孙　磊.非培养方法和培养方法对水稻内生细菌和根结合细菌的研究[D].北京:首都师范大学,2006:29—30.

[23]吴晓菌.几种樟科和木兰科植物内生真菌多样性比较研究[D].上海:华东师范大学,2011.

[24]IMPULLITTI A E,MALVICK D K.Fungal Endophyte Diversity in Soybean[J].Journal of Applied Microbiology,2013,114(5):1500—1506.

[25]GAZIS R,CHAVERRI P.Diversity of Fungal Endophytes in Leaves and Stems of Wild Rubber Trees (*Hevea brasiliensis*) in Peru[J].Fungal Ecology,2010,3(3):240—254.

[26]吴晓菌,李文超,秦路平.天目山山胡椒不同部位内生真菌组成及多样性分析[J].植物资源与环境学报,2012,21(2):107—113.

[27]QADRI M,RAJPUT R,ABDIN M Z,et al.Diversity,Molecular Phylogeny,and Bioactive Potential of Fungal Endophytes Associated with the Himalayan Blue Pine (*Pinus wallichiana*)[J].Microbial Ecology,2014,67(4):877—887.

[28]DIAS M,da CRUZ PEDROZO MIGUEL M G,DUARTE W F,et al.Epiphytic Bacteria Biodiversity in Brazilian Cerrado Fruit and Their Cellulolytic Activity Potential[J].Annals of Microbiology,2015,65(2):851—864.

[29]GUO L D,HYDE K D,LIEW E C.Detection and Taxonomic Placement of Endophytic Fungi within Frond Tissues of *Livistona chinensis* Based on rDNA Sequences[J].Molecular Phylogenetics and Evolution,2001,20(1):1—13.

[30]ARNOLD A E,HENK D A,EELLS R L,et al.Diversity and Phylogenetic Affinities of Foliar Fungal Endophytes in Loblolly Pine Inferred by Culturing and Environmental PCR[J].Mycologia, 2007,99(2):185—206.

[31]ZHOU S L,YAN S Z,LIU Q S,et al.Diversity of Endophytic Fungi Associated with the Foliar Tissue of a Hemi-Parasitic Plant *Macrosolen cochinchinen-sis*[J].Current Microbiology,2015,70(1):58—66.

[32]ALLEN T R,MILLAR T,BERCH S M,et al.Culturing and Direct DNA Extraction Find Different Fungi from the Same Ericoid Mycorrhizal Roots[J].The New Phytologist,2003,160(1):255—272.

作者简介: 任慧爽(1990 -)，女，河北邢台人，硕士研究生，主要从事植物内生菌及其次生代谢产物的研究.

基金项目: 国家自然科学基金项目(31601678)；重庆市基础科学与前沿技术研究院士专项(cstc2015jcyjys80001)；教育部留学回国人员科研启动基金项目(教外司留 2015 - 311).

原载:《西南大学学报》(自然科学版)2017 年第 1 期.

收录: 2017 年入选"领跑者 5000 平台".

责任编辑　潘春燕

耕地休耕的研究进展与现实借鉴

江娟丽[1]，　杨庆媛[2]，　阎建忠[3]

1.西南大学经济管理学院,重庆　400715

2.西南大学地理科学学院,重庆　400715

3.西南大学资源环境学院,重庆　400715

摘　要: 休耕作为土地利用的一种方式,具有悠久的历史. 而作为土地利用制度已在欧美、日本等地取得丰硕的研究成果. 运用文献研究和比较研究方法,从休耕制度目标、休耕申请程序与机制、休耕规模和空间布局、休耕影响与效益评价和我国休耕的区域实践等方面进行了学术回顾并总结了各国休耕经验和制度特征. 结果发现:① 这些经验和制度均对我国即将实施的休耕制度提供了逻辑起点和制度借鉴,但我国在申请程序、技术、补偿和监督等方面的研究仍需加强;② 目前我国应在积极借鉴已有研究成果与实践经验的基础上,探索符合国情的耕地休耕制度;尤其是在推行休耕制度过程中需审慎评估实行耕地休耕对粮食安全的积极作用和消极影响,结合我国耕地细碎化和小农经济特征设计休耕制度体系,休耕模式的设计需因地制宜、实现区域差异化.

党的十八届五中全会提出探索实行耕地轮作休耕制度试点,并强调实行耕地轮作休耕制度要以保障国家粮食安全和不影响农民收入为前提,不能减少耕地、搞非农化、削弱农业综合生产力,同时要加快推动农业走出去,增加国内农产品供给. 但耕地休耕在我国的理论基础和实践经验还十分薄弱,亟须开展耕地休耕相关领域的理论与实证研究. 基于这一客观现实与实际需要,笔者在系统把握国内外相关实践与研究成果的基础上,结合我国实际,探讨我国实施耕地休耕需要着重注意的问题,以期为我国进一步开展相关研究及制定政策、开展休耕制度试点提供参考.

1　耕地休耕的概念、类型与制度目标

1.1　休耕的概念与类型

休耕作为一种古老的耕作方式，我国在夏商周时期就已经采用，当时称之为"撂荒休耕"。而作为一项制度，休耕最早起源于 20 世纪 30 年代的美国，称之为土地休耕保护计划；20 世纪 80 年代欧盟开始实施休耕，是作为共同农业政策的一个组成；20 世纪 80 年代日本也开始实施休耕制度，称之为休耕项目；而 2015 年我国也开始试点休耕，称之为休耕制度。

休耕是指土地所有者或使用者为提高以后耕种效益、实现土地可持续有效利用，而采取的一定时期内土地不耕种，以保护、养育和恢复地力的一种措施[1]。为了进一步了解休耕的概念，在此有必要对休耕与撂荒进行区分。关于撂荒的界定有狭义和广义之分，狭义撂荒是指耕地在某一段时间没有被耕种而荒芜的状态。世界粮农组织界定抛荒耕地是指 5 年以上没被农业生产利用的可耕地[2]；广义撂荒则既包括耕地闲置时的状态，也包括耕地虽未闲置，但未被充分利用的状态。其本质均指闲置可耕地，不创造农业价值，并对耕地不进行任何的养护和管理。尽管撂荒与土地休耕都属于土地利用方式，但两者的区别是显而易见的。首先，在实施土地的管护措施上存在差别。撂荒是不做任何的养护和管理，而休耕是对肥力不足、地力较差的耕地在一定时期内不种农作物，但仍进行管理以恢复地力的方法[3]，且休耕需要对耕地进行长期的养护[4]。可见休耕是需要进行管护和恢复地力的。其次，两种方式所产生的影响不同。耕地撂荒会引起一系列的自然、社会和经济后果，耕地撂荒会对粮食安全、土壤侵蚀、生态环境、生物多样性以及景观等多方面造成影响[5]，撂荒的土地甚至容易成为飞蝗等病虫害的适生场所，长期撂荒耕地的土壤肥力也会因缺乏养护而大幅度减退。而大多数学者都认为休耕是可以保持土壤质量、恢复地力、减少病虫害、减少农业污染以及增强农产品安全性的重要手段[6]，对肥力差的土地进行休耕，有利于土地的休养生息，有效地防止耕地的无序抛荒，保护耕地资源肥力[3]。最后，撂荒与休耕产生的原因也是不一样的，休耕目前主要是一种由政府主导而产生的行为，而学者们对产生撂荒的原因有多种解释，其中有学者认

为经济因素是影响耕地撂荒的重要原因，也有学者认为耕地区位条件差也是影响耕地撂荒的重要原因等等[7].

关于休耕的类型，一般根据休耕时间长短分为季休、年轮休和长休. 季休是指可栽种两季或三季的土地只栽种一季或两季，其中一季休息；年轮休是指土地休耕周期为一年以上，多块土地轮流休养，有的休一年，有的休两年；长休则是以缓解农业生产过剩压力或保护自然环境为目标，对生态脆弱型的地块实行 10－15 年休耕[1]. 按照主体实施的自主性划分，休耕可以分为强制性休耕和自愿性休耕[8]. 此外休耕还可以分为轮作制和完全意义上的休耕[9].

1.2　休耕制度目标

1.2.1　以生态环境保护和土地永续利用为休耕制度的主要目标

美国的休耕制度主要是针对那些土壤极易侵蚀和其他环境敏感的作物用地进行补贴，扶持农作物生产者实施退耕还林、还草等长期性植被保护措施，最终达到改善水质、控制土壤侵蚀、改善野生动植物栖息地环境的目的[10]. 美国政府陆续出台了湿地储备计划、农地保护储备加强计划等土地休耕计划，建立了体系化的休耕制度来确保美国休耕制度保护生态环境和实现土地的永续利用的目标. 对我国来说，耕地休耕是一项新鲜事物，但学界对其目标也进行了探索性研究，认为耕地休耕是保持土壤质量、恢复地力的重要手段，是有效遏制土壤有机质下降趋势、改善土壤结构、实现可持续发展的重要措施[4, 11−12]；实行耕地休耕政策，能够使疲顿的土地得到间歇性休整，对耕地资源的可持续利用起至关重要的作用. 相较于其他土地保护措施，耕地休耕是相对成本较低、效果较为明显的土地低碳养护方式[13].

1.2.2　以调控粮食市场为休耕制度的主要目标

欧盟休耕主要以实行调控粮食市场为主要目标. 欧盟休耕的主要目标与美国具有相似性，但是制度的最初出发点不同. 欧盟主要从控制粮食产量、稳定粮价这一视角提出休耕制度[13]. 欧洲共同农业政策（CAP）是欧盟地区进行耕地休耕的主要制度载体，也是欧盟确定休耕规模的基本依据，该项制度随着粮食的供需变化进行调整[13]，2008 年因为粮食价格的变化而彻底终止. 粮食紧张缓解后, 土地休耕制度再度恢复[1]. 日本实施农田休耕项目的最初目标是在粮食生产供大于求的情况下, 减少粮食剩余, 作为供给控制的手段, 没有确定环境目标. 1993 年, 在"乌拉圭回合谈判"的农业协定中才将农田休耕作为一项环境手段, 生态环境效应开始正式作为休耕项目中的一项政策目标, 并制定了有助于实现生态环境保护目标的农田休耕办法. 目前, 土地利用向着重视农地保护和生态保护方向调整[14].

2 休耕申请程序、 补偿机制与空间布局

2.1 休耕的申请程序

休耕制度的申请程序一是遵循自下而上的自愿申请原则进行, 这主要以美国、日本的休耕制度为代表. 美国的申请程序基本遵循农民自愿参与休耕的申请制度, 由农民提出申请后, 政府针对申请, 基于环境效益指数(EBI)进行项目筛选[15]. 日本也遵循农民自愿参与休耕的申请制度, 只要农民自愿参与土地休耕, 一般情况下政府的补贴会产生足够的激励. 日本通过不同的休耕方式达到不同的政策目标, 对不同类的土地进行不同的休耕, 提高了灵活性和针对性, 也增强了有效性. 另一类是由政府监督的强制实施, 这主要以欧盟等为代表. 相对于美国、日本的休耕制度来说, 欧盟的休耕实施简单直接, 是政府监督下的强制实施, 要求每个农场主执行一定比例的休耕[16], 2000 年休耕比例被固定为 10%, 并被作为制度确定下来[17]. 当然欧盟各国又有自身独特的一些规则和措施, 如德国包括了强制性休耕与自愿性休耕[8]. 当然为了平衡供需, 政府相关的部门也施行相关休耕政策.

2.2 休耕补偿机制

美国休耕补偿制度属于生态补偿, 包括政府补偿、社会补偿以及非政府组织参与的补偿等机制, 以国家、州和土地所有者为 3 个实施层次的生态补偿模式取得了良好的环境和社会效益[18]. 美国的休耕补偿制度与休耕项目、空间布局、地块选择模式等结合。是一种竞标形式的激励机制, 休耕项目的激励补偿需进行定量测评, 根据 EBI 对每份申请书进行评估和筛选, 环境收益越高、农民补偿要求越低的项目将被批准[15]. 另一方面激励补偿制度有严格的标准, 农民获准加入 CRP(Conservation reserve program)后,

签订休耕合同,并按批准的面积和双方同意的年土地租金标准享受土地租金补贴,同时严格履行对参与休耕土地的用途管制和基本养护要求[18].美国休耕补偿机制体现出动态的、补偿标准多样化的、对公民自然资源产权体现尊重与保护的观念[10].欧盟休耕补偿机制研究则集中于补贴分类以及对具体补贴数额的明确定量等方面,欧盟各国之间又稍有区别.欧盟对休耕的补贴体现在两方面:一是对达到休耕比例的农民进行直接补贴,并为从事降低农业污染物质使用量、采用环保型农业经验及养护废弃的耕地和林地等活动的农民提供各种形式的奖励性补贴;对产量控制基础上的农业生产进行高额补贴.对农民自愿申请的休耕项目,也会进行补贴,但休耕比例要在 20% 以上[19].一些国家还设立奖惩措施,如德国对取得良好生态环境效益和地力保持的休耕地块进行奖励,制定了一些法律条文规定对违反规定而造成的土壤、水源等污染或不良影响处以一定的处罚和罚款[20].法国为鼓励农民自愿实行农田休耕制度,国家给予的土地补贴金逐年增加.1991年每公顷土地每年补贴 80 法郎,此后每公顷土地的年补贴金超过 100 法郎[21].欧盟国家休耕的补偿具有多元性,既对休耕者进行补偿,同时对休耕造成不良影响者进行惩罚,这对避免休耕造成不良影响能起到较好的控制效果.目前国内学者对耕地休耕补偿机制的研究,主要是预设性的或着眼于借鉴其他国家和地区的实践经验,包括补偿的定量规模研究和补偿原则的探讨,提出需要国土、农业等多部门合作,确定合适的休耕比例、制定详细严格的休耕审核体系及合理的休耕补贴[3];同时指出我国在选择补偿模式时应考虑被补偿主体的参与意愿,确立并尊重生态效益的产权,适时调整补偿评价指标,从而制定合理的补偿计划[18].我国的耕地休耕与美国、欧盟、日本等地区长达数年、数十年甚至永久性的土地休耕项目不同,需构建适合我国国情的轮作休耕的原则及补偿机制[22].

2.3 休耕规模和空间布局

从休耕规模和空间分布看,美国休耕规模逐年上升,中间稍有年份下降,后又有回升,而从区域分布的角度来看也呈现出不均衡性分布规律[15].Parks 等人利用理论模型,从农民角度研究休耕规模,对农民可能退耕的情况进行了预测[23].此外研究欧盟休耕的成果显示,欧盟的耕地规模根据粮食安全状况在不断调整，而对空间布局这一方面的研究较少. 1992 年欧盟规定农场主每年必须将一定比例的土地休耕，以保护环境. 根据粮食的供应情况，1993 年休耕 15％，2000 年以后均为 10％. 由于粮食问题日益突出，2007 年秋季至 2008 年春季欧盟将境内土地休耕率由过去的 10％降为零[16]. 关于我国休耕的空间布局，学界结合中国粮食安全需求保障确定休耕现实规模，并综合自然质量条件、耕地利用强度和经济保障水平 3 个方面进行休耕区域适宜性空间评价，确定休耕空间布局[4].

3 休耕效应评价、 区域实践与进展评析

3.1 生态效应

关于休耕对生态环境和粮食调节的效应，有两种截然不同的观点：一种认为对环境有较好的生态效应功能. 首先，美国的休耕计划在提高土壤肥力、保持水土、保护生物多样性和改善农地环境功能等方面起到了重要作用[24]. Szentandrasi 等人评价了美国休耕项目对生物多样性的影响，研究了如何利用 CRP 增强生物多样性以及怎样影响政策等[25]；Ribaudo 论述了休耕项目对水质量的影响[26]；Parks 等人研究了休耕项目对二氧化碳吸收的影响，预测了不同地区间休耕面积分配和二氧化碳吸收的关系及其相应的成本等问题[27]；Landgraf 等人研究休耕期内土壤营养成分流动情况，发现休耕地土壤侵蚀有效减少，生物量明显增加[28]；Price 研究了休耕项目实施对湿地的积极作用[29]；Dunn 等人认为休耕可以产生良好的生态环境效益，如恢复破碎化的景观，维护生物多样性，创造野生动物栖息地以及促使区域碳通量排放向有利方向逆转等[30]. 其次，欧盟土地休耕或轮作方式对环境大有益处，可以保持土壤质量，保护自然栖息地，长期休耕还将形成小型的自然公园和对各种动物与鸟类有价值的栖息地[9]. 有学者探讨了水稻田休耕期间蓄水对休耕后土壤肥力的影响，休耕后水稻根系腐化，造成土壤有机质以及有效磷显著增加[12]；还有学者研究现实水田在休耕期间蓄水，除了可维持水田原有之生态机能外，亦可增加土壤水分涵养与补注地下水[31]；另外也有学者认为休耕对于农业面源污染具有明显的改善作用[32]. 与此相对，另一种观点认为休耕造成了不好的环境效应. 有学者认为日本休

耕制度由于对休耕规模缺少控制机制和风险评估，虽然达成了降低稻米产量的目标，但休耕面积却超出预设的目标，对于生态维护与农民福祉所带来的外部性成本和对农村经济活动所造成的负面影响是日本当局始料未及的，一些地方的休耕地成了耕作地的虫害温床[14].

3.2 社会经济效应

对休耕的社会经济效应，学界主要从粮食安全、市场调控和社会经济等视角进行研究，但观点莫衷一是. Siegel 等人认为从全美国来看，CRP 的实施对于稳定粮食价格起到了一定作用，并且通过种植修复性植被等措施改善了生态与环境，他们还运用盈亏平衡分析研究了休耕对经济的综合影响，认为有利影响是娱乐经济活动增加，不利影响是服务类企业减少和农业就业率降低，并给出了盈亏平衡点所对应的补助水平和休闲消费水平[33].此外学界还从农地利用问题中探讨了休耕对粮食安全的影响，休耕政策对于农地生产力提升并无帮助，并形成土地资源的闲置等问题[34].还有部分学者们认为休耕政策使农民收入多元化，繁荣了当地的经济，达到了预期目的[10].当然也有学者认为休耕对经济的影响是双重的，认为影响具有不确定性，认为提高休耕补贴率既有可能造成环境保护和经济成长都有利的局面，也有可能造成有利环境保护，却不利经济成长的现象[35].

3.3 我国休耕的区域实践

现阶段由我国政府组织开展的耕地休耕的实践很少，皖东北泗县、苏北地区以及长春合心镇、河北邢台等地均开展了耕地休耕的实践，取得了较为可观的经济效益和生态效益.学界对这些地区实施休耕的影响、农户意愿、推广前景、休耕的规模估算、实施轮作休耕的方法和措施等进行了研究.这方面的研究主要有玉米高光效休耕轮作栽培技术在吉林省中部平原区的推广前景[36]、苏北轮作轮耕轮培的优化模式[37]、云南实施耕地轮作休耕的方法和措施[38]、基于京津冀水土利用平衡及分区分类科学休耕[39]等等.此外学界还借鉴国外经验对我国部分地区实施保护性耕作提出建议和措施，如盖·拉冯德、布莱恩·麦康和奇马克·斯塔伯格等在对比思考加拿大西部平原和中国西部实施保护性耕作制度之后，提出"中国西部应因地制宜，分类指导；突出重点，分步实施；政府要加大扶持力度，积极倡导农民参与；强化合作，共同促进．要加强技术创新和机制创新，不断完善技术模式和运行机制"的实施保护性耕作制度的指导原则[40]．也有不少学者通过田间试验的方法证实了耕地休耕的功能和优势．2008－2011 年中科院红壤生态站在江西省鹰潭县（现鹰潭市）建立秸秆还田和休耕试验田，研究结果表明休耕能够很好地维持或提高土壤养分含量，添加秸秆能显著增加土壤养分，所以对土壤肥力明显下降的中低产田可进行统筹安排，结合农村种植结构调整，逐步推广在 2－3 年的休耕轮作的同时施入水稻秸秆，来改善土壤结构、提升地力[41]．

3.4 研究进展述评

关于休耕制度的研究已受到国内外学界的高度关注，并呈现出几个特征．首先是有关休耕的研究涉及领域广泛，包括实行耕地休耕制度的战略目标、申请程序与补偿等运行机制、休耕制度的影响与效应和休耕的期限和模式、休耕的规模估算、耕地休耕制度实证研究等诸多方面．但对耕地休耕空间规模范围、休耕影响与效应、补偿机制等认识还不一致，甚至在某些焦点问题的看法上还未达成共识．其次是研究方法的多样性，学界从经济学、管理学、社会学、法学、环境科学和生态学等多学科视角出发，采用了比较分析、文献分析和个案分析等多种方法开展研究，对客观、科学地认识休耕制度有着重要意义，对我国进行休耕制度研究提供了逻辑起点．通过全面把握耕地休耕的研究进展与实践操作，可以反观出我国在申请程序、技术、补偿和监督等方面的研究仍十分薄弱，没有试点经验，尤其是在监督控制机制和风险评估等方面的研究尚属空白，如何在确保粮食安全基础上确定耕地休耕规模等方面的研究需大力深化．

4 国外休耕政策对我国的现实借鉴和启示

欧美、日本休耕制度理论和实证成果丰硕，在休耕制度的申请程序、补偿机制、激励机制等方面，以农民的长远利益为主，采用自下而上的模式，政府主导与市场机制相结合，注重项目监督和信息反馈的动态管理，在生态补偿过程中确立了明晰的产权关系,在耕地休耕地的选择和休耕规模的估算方面拥有完备的数据系统与现代科技手段支撑等等,这些成熟的经验均为我国实行耕地轮作休耕制度提供了很好的现实借鉴.具体而言,我国耕地休耕有 3 个方面的问题值得理论与实践界的关注与重视.

4.1 充分考虑我国基本国情, 审慎地评估耕地休耕对粮食安全的积极作用和消极影响

目前我国学者对土地休耕多数持乐观态度,强调耕地休耕对平衡粮食供需、调节粮食价格、稳定市场环境、改善土地质量、保护土地生态和促进土地资源可持续利用等方面的积极作用.但未来应审慎地解读现有粮食总产量与粮食进口快速增长的事实,应全面评估耕地休耕对粮食安全、粮食价格和国内外市场的不确定性影响,也应审慎地研究耕地休耕制度与现有支农惠农政策的相容性,此外还应加强休耕规模、控制机制和风险评估研究,以防休耕面积超出所预设的目标,应评估对生态维护与农民福利所带来的外部性成本和对农村经济活动所造成的负面影响,这样才足以为国家实行休耕提供全面科学的决策依据.为此,研究耕地休耕,必须审慎对待其积极和消极影响,客观、全面、科学地评估休耕对我国粮食安全和耕地健康等各方面的影响.

4.2 结合我国耕地细碎化和小农经济特征设计休耕制度体系

在一些发达国家土地休耕早已成为一项调控土地利用和粮食供需的公共政策,并在境域范围内得以普遍实施.但是,发达国家的休耕制度是建立在土地私有制、规模化经营、土地登记制、税收和信用制等制度基础上的.休耕的补贴对象一般是农场主,国外农场主拥有的地块面积大,同时每一地块都经过产权登记,能够进行税收、补贴和监控等方面的数字化管理.我国实行的是土地公有制,实行休耕制度是建立在耕地细碎化和小农经济这一基本国情之上的.同时,农户的诚信制度也没有建立起来.我国小农经济的特点和土地细碎化的国情将会深刻影响耕地休耕制度的建立、运行和监管.因此,需要系统地研究我国耕地轮作休耕制度的利益主体及其作用机制.土地细碎化的特征为土地轮作休耕带来了极大的不便,必然会增加制度

实行和监督成本. 由于每户拥有的地块多、面积小, 现阶段无法实现数字化、精准化管理, 要落实一定数量的休耕地, 需要投入巨大的人力和财力. 同时, 由于牵涉的农户太多, 监督农户的休耕也需要巨大的运行成本. 我国在实行退耕还林和草地生态补偿过程中, 也遇到制度运行成本高和效率低的问题. 比如, 在三江源区, 虽然政府实行了退牧还草工程, 发放了补贴, 但有 40% 以上的牧民仍然没有退牧. 因此, 需要系统地研究我国耕地休耕制度的客体, 如何基于耕地细碎化的国情设计一套运行成本和监督成本低的休耕制度体系, 是实行休耕制度的关键问题.

4.3 因地制宜地设计我国休耕模式, 实现区域差异化

我国与人地矛盾相对宽松的发达国家在休耕模式上存在着巨大差异. 在人口压力下, 我国农民长期以来形成了高度集约化甚至过密化的土地利用策略, 这与发达国家的休耕制度截然不同. 这种集约化表现在多样的复种、套种、间作模式, 以及种植业和畜牧业的结合. 通过种植业和畜牧业的结合, 实现物质和能量的流动, 确保了地力不降低, 且不需要通过休耕保持地力. 比较典型的是粮-猪模式, 农户种植粮食, 并用粗粮等作为猪饲料, 猪粪又施用到耕地. 农户种植耕地需要的时间较少, 而养猪则吸收大量劳动. 实行休耕制度, 对农户的影响不仅限于种植业, 同时也会影响畜牧业和农户的就业与生计. 在区域层面实证研究中, 也需要根据地域分异规律和技术经济特点筛选合适的休耕模式. 在地下水漏斗区, 目前主要考虑的模式是调减耗水的小麦, 实行"一季休耕、一季雨养", 没有考虑其他休耕模式, 有必要通过比较, 寻求其他节水的休耕模式. 在重金属污染区, 目前仅考虑重度污染区休耕, 且只进行了摸索试点, 而对休耕期间应采取什么方式稀释和削减重金属仍缺乏研究. 在我国生态环境严重退化区, 具有多样的人地关系, 在西南石漠化区和西北生态严重退化地区等不同区域, 均应采用不同的休耕模式.

总之, 学术界对休耕制度目标、休耕运行制度、休耕规模和空间布局、休耕的影响和评价、休耕技术的区域实践等方面开展了系统研究, 取得了显著研究进展. 可见, 明确的制度目标, 完善的申请程序, 完备且多样化的补偿制度、项目监督和信息反馈的动态管理体系, 休耕地的选择和休耕规模估算所拥有的完备数据系统与现代科技手段等, 对我国实施休耕制度具有借

鉴价值.我国在推行休耕制度过程中需审慎评估耕地休耕对粮食安全的积极作用和消极影响,并结合我国耕地细碎化和小农经济特征设计休耕制度体系,因地制宜地设计休耕模式,实现区域差异化.

参考文献:

[1]罗婷婷,邹学荣.摞荒、弃耕、退耕还林与休耕转换机制谋划[J].西部论坛,2015,25(2):40-46.

[2]联合国粮食及农业组织.亚太区域粮食和农业发展指标选辑:1996-2006[M].徐猛,田晓,贾焰,等译.北京:中国农业出版社,2009:89-90.

[3]张慧芳,吴宇哲,何良将.我国推行休耕制度的探讨[J].浙江农业学报,2013,25(1):166-170.

[4]赵雲泰,黄贤金,钟太洋,等.区域虚拟休耕规模与空间布局研究[J].水土保持通报,2011,31(5):103-107.

[5]杨国永,许文兴.耕地抛荒及其治理——文献述评与研究展望[J].中国农业大学学报,2015,20(5):279-288.

[6]揣小伟,黄贤金,钟太洋.休耕模式下我国耕地保有量初探[J].山东师范大学学报(自然科学版),2008,23(3):99-102.

[7]雷锟,阎建忠,何威风.基于农户尺度的山区耕地摞荒影响因素分析[J].西南大学学报(自然科学版),2016,38(7):149-157.

[8]朱立志,方静.德国绿箱政策及相关农业补贴[J].世界农业,2004(1):30-32.

[9]肖主安.欧盟环境政策与农业政策的协调措施[J].世界农业,2004(5):12-13,17.

[10]刘嘉尧,吕志祥.美国土地休耕保护计划及借鉴[J].商业研究,2009(8):134-136.

[11]肖大伟,潘文华,胡胜德.中国农业直接补贴政策体系分析[J].农业现代化研究,2010,31(3):262-266.

[12]叶一隆,许美芳,陈庭坚,等.休耕水稻田蓄水对土壤肥力影响试验[J].水科学进展,2002,13(4):478-483.

[13]程秀梅.中国农业支持政策体系构建研究——基于低碳经济视角[D].长春:吉林大学,2011.

[14]刘璨,贺胜年.日本农田休耕项目——从控制粮食到保护生态环境[N].中国绿色时报,2010-08-18(8).

[15]朱文清.美国休耕保护项目问题研究[J].林业经济,2009(12):80—83.

[16]王礼力.论农业的外部性与农业政策目标[J].陕西农业科学,1998(3):39—41.

[17]潘革平.粮食供应紧张欧盟暂停休耕[N].经济参考报,2007—09—28(3).

[18]王晓丽.论生态补偿模式的合理选择——以美国土地休耕计划的经验为视角[J].郑州轻工业学院学报(社会科学版),2012,13(6):69—72.

[19]农业部软科学委员会"对农民实行直接补贴研究"课题组.国外对农民实行直接补贴的做法、原因及借鉴意义[J].农业经济问题,2002(1):57—62.

[20]张　齐.我国耕地生态补偿法律法规研究[D].杨凌:西北农林科技大学,2012.

[21]李志明.法国的环境保护型农业[J].世界农业,1994(5):43—45.

[22]高玉强,沈坤荣.欧盟与美国的农业补贴制度及对我国的启示[J].经济体制改革,2014(2):173—177.

[23] PARKS P J, SCHORR J P. Sustaining Open Space Benefits in the Northeast:an Evaluation of the Conservation Reserve Program[J].Journal of Environmental Economics and Management,1997,32(1):85—94.

[24]向　青,尹润生.美国环保休耕计划的做法与经验[J].林业经济,2006(1):73—78.

[25] SZENTANDRASI S, POLASKY S, BERRENS R, et al. Conserving Biological Diversity and the Conservation Reserve Program[J].Growth and Change,1995,26(3):383—404.

[26]RIBAUDO M O.Targeting the Conservation Reserve Program to Maximize Water Quality Benefits[J].Land Economics,1989,65(4):320—332.

[27]PARKS P J,HARDIE I W.Forest Carbon Sinks:Costs and Effects of Expanding the Conservation Reserve Program[J].Choices,1996,11(2):37—39.

[28]LANDGRAF D,BOHM C,MAKESCHIN F.Dynamic of Different C and N Fractions in a Cambisol under Five Year Succession Fallow in Saxony (Germany)[J].Journal of Plant Nutrition and Soil Science,2003,166(3):319—325.

[29]PRICE M.Wetland Restoration on CRP[J].Soil and Water Conservation News,1991,12(2):13—16.

[30]DUNN C P,STEARNS F,GUNTENSPERGEN G R,et al[J].Ecological Benefits of the Conservation Reserve Program[J].Conservation Biology,1993,7(1):132—139.

[31]叶一隆.砂箱模型模拟休耕田区以砂桩补注地下水对溶质传输影响[J].水科学进展,2005,16(1):69—75.

[32]LANT C L.Potential of the Conservation Reserve Program to Control Agricultural Surface Water Pollution[J].Environmental Management,1991,15(4):507—518.

[33]SIEGEL P B,JOHNSON T G.Break-Even Analysis of the Conservation Reserve Program:The Virginia Case[J].Land Economics,1991,67(4):447—461.

[34]刘沛源,郑晓冬,李姣媛,等.国外及中国台湾地区的休耕补贴政策[J].世界农业,2016(6):149—153,183.

[35]孙钰峰,胡士文.休耕政策的环境保护与经济成长效果[J].农业与经济,2012(49):37—70.

[36]杨锡财,刘素波,任希武.浅析玉米高光效休耕轮作栽培技术在磐石地区推广的局限性[J].农业与技术,2012,32(12):68.

[37]刘世平,庄恒扬,沈新平,等.苏北轮作轮耕轮培优化模式研究[J].江苏农学院学报,1996,17(4):31—37.

[38]孙治旭,关于云南省实行耕地轮作休耕的思考[J].环境与可持续发展,2016(1):148—149.

[39]杨邦杰,汤怀志,郧文聚,等.分区分类科学休耕　重塑京津冀水土利用新平衡[J].中国发展,2015,15(6):1—4.

[40]盖·拉冯德,布莱恩·麦康,奇马克·斯塔伯格.加拿大西部平原和中国西部实施保护性耕作制度的对比思考[J].中国农业信息,2008(10):4—6.

[41]庞成庆,秦江涛,李辉信,等.秸秆还田和休耕对赣东北稻田土壤养分的影响[J].土壤,2013,45(4):604—609.

作者简介: 江娟丽(1978－),女,湖南娄底人,博士研究生,讲师,主要从事国土资源与区域发展及旅游经济研究.

基金项目: 国家社会科学基金重大项目(15ZDC032);国土资源部公益性子课题项目(201311006－4).

原载:《西南大学学报》(自然科学版)2017年第1期.

收录: 2017年入选"领跑者5000平台".

责任编辑　潘春燕

　　2017 年,西南大学期刊社决定将《西南大学学报》自然科学版编辑部编辑的《"领跑者 5000"论文集》与《西南大学学报》社会科学版编辑部编辑的《马克思主义与哲学文集》《文学与中国侠文化文集》《教育学研究文集》《心理学研究文集》《明清史研究文集》一起,定名为《〈西南大学学报〉建设丛书》,作为两刊创刊 60 周年暨改版 10 周年的纪念,由西南师范大学出版社出版。

　　国家科技部自 2000 年开始,先后立项进行了"中国精品科技期刊战略研究"和"中国精品科技期刊服务与保障系统"的研究工作,中国科学技术信息研究所承担了相关任务,在国内首先提出了"中国精品科技期刊"的概念,并于 2008 年进行了首次评选。2012 年 10 月又启动了"'领跑者 5000'(F5000)中国精品科技期刊顶尖学术论文"项目,旨在进一步提升"中国精品科技期刊"品牌价值,构建展示中国精品科技期刊最高学术水准的舞台,更好地宣传和展示中国优秀科研成果,促进学术交流和知识传播,增强我国的学术影响力和国际竞争力。

　　"'领跑者 5000'中国精品科技期刊顶尖学术论文"是以 5 年为滚动周期,从中国科技论文与引文数据库(CSTPCD)2000 余种核心期刊遴选出的 300 余种"中国精品科技期刊"中,针对各个学科类别每个年度发表的论文,通过严格的定量分析遴选和同行评议推荐相结合的方式,对每篇论文进行学术质量和影响力的客观评价,最终遴选出著录内容完整、学术水平和影响力较高的科技论文。入选论文为各学科前 1‰高被引论文,且报道原创性的科学发现和技术创新成果,能够反映期刊所在学科领域的最高学术水平。

　　《西南大学学报》（自然科学版）自 2007 年改版以来，始终坚持正确的办刊宗旨，遵守国家法律和期刊出版的有关规定，十分重视学术创新及学科的前沿性，重视社会效益，以质量求生存、求发展，形成了学报服务农业和教育的鲜明特色，取得了突出成绩。学报近年来多次荣获"中国高校百佳科技期刊"、"中国科技论文在线优秀期刊"一等奖；在重庆市历次期刊质量考核中，均被评为重庆市一级期刊，2012－2017 年度均获得重庆市重点学术期刊建设工程出版专项资金资助。

　　据中国科学技术信息研究所出版的《中国科技期刊引证报告（核心版）》统计，《西南大学学报》（自然科学版）近年来的综合评价总分在全国自然科学综合大学学报类期刊中一直名列前茅，因此，自 2011 年起便连续 3 次入选了"中国精品科技期刊"（3 年 1 评），4 次荣获"百种中国杰出学术期刊"称号，成为"'领跑者 5000'中国精品科技期刊顶尖学术论文"项目来源期刊，目前已有 35 篇刊发论文入选，将这些论文结集出版，既是对学报学术影响力的展示，也是对学报改版 10 周年工作的总结。

　　《"领跑者 5000"论文集》入选论文按照在《西南大学学报》（自然科学版）上发表的时间先后顺序编排，在每篇论文后写明了发表的年份和刊期，同时写明入选年度。因篇幅所限，收录时删掉了原文的收稿日期、关键词、中图分类号、文献标识码和英文摘要等内容。该论文集由欧宾负责编辑成书。

编者

2018 年 10 月